U0291884

水质水量联合调控与应急处置关键技术研究

王浩　蒋云钟　雷晓辉　练继建　王鹏　邵东国　著

中国水利水电出版社
www.waterpub.com.cn
·北京·

内 容 提 要

全书由 7 章构成,第 1 章介绍了本书的研究背景、国内外研究综述;第 2 章介绍了本书研究区概况,并分析了工程的现在工况及特征;第 3 章介绍了河库渠水量水质耦合模拟技术;第 4 章介绍了水污染事件水质水量快速预测及追踪溯源技术;第 5 章介绍了水质水量多目标调度研究及应急调控技术;第 6 章介绍了水污染事件预警及应急处置技术;第 7 章对本书的研究内容和创新成果进行了总结,并提出了研究展望。

本书主要面向应急管理、突发水污染处置、水资源调度等相关专业的教师和研究生以及长距离调水工程运行调度与管理领域的技术人员。

图书在版编目(C I P)数据

水质水量联合调控与应急处置关键技术研究 / 王浩
等著. -- 北京 : 中国水利水电出版社, 2018.7
ISBN 978-7-5170-6592-0

Ⅰ. ①水… Ⅱ. ①王… Ⅲ. ①南水北调-水利工程-水资源管理-研究-中国 Ⅳ. ①TV68②TV213.4

中国版本图书馆CIP数据核字(2018)第147739号

书　　名	水质水量联合调控与应急处置关键技术研究 SHUIZHI SHUILIANG LIANHE TIAOKONG YU YINGJI CHUZHI GUANJIAN JISHU YANJIU
作　　者	王浩　蒋云钟　雷晓辉　练继建　王鹏　邵东国　著
出版发行	中国水利水电出版社 (北京市海淀区玉渊潭南路 1 号 D 座　100038) 网址:www.waterpub.com.cn E-mail:sales@waterpub.com.cn 电话:(010)68367658(营销中心)
经　　售	北京科水图书销售中心(零售) 电话:(010)88383994、63202643、68545874 全国各地新华书店和相关出版物销售网点
排　　版	中国水利水电出版社微机排版中心
印　　刷	北京合众伟业印刷有限公司
规　　格	184mm×260mm　16 开本　13.75 印张　309 千字
版　　次	2018 年 7 月第 1 版　2018 年 7 月第 1 次印刷
印　　数	0001—1000 册
定　　价	**58.00 元**

凡购买我社图书,如有缺页、倒页、脱页的,本社营销中心负责调换

版权所有·侵权必究

前　言

　　南水北调工程是世界上最大的跨流域调水工程，横跨长江、淮河、黄河和海河四大流域，它具备调水线路长、调水规模大、涉及区域广、参与工程多、无在线调节水库、供水水质要求高等特点。南水北调供水对象是京、津、冀、豫、鲁等五省市重要城市的生活和工业用水，惠及 8700 万人，供水安全保障要求极高。南水北调工程是缓解我国北方地区水资源短缺、实现水资源合理配置、保障经济社会可持续发展、全面建设小康社会的重大战略性基础设施。

　　南水北调东线、中线一期工程已于 2013 年、2014 年通水，水质安全保障标准高、任务重、时间紧，如何永久保障中线地表Ⅱ类和东线地表Ⅲ类水质标准是实现工程效益的关键。同时，中线总干渠存在一千余座跨渠桥梁发生交通事故导致危化品翻倒入渠、四百余公里内排段劣质地下水渗入干渠、七百余条交叉河流洪水漫溢入渠等污染风险；东线工程交错河流中的污染物来源广、种类多、数量大，存在输水干线航运交通事故、船舶油污或生活污水随意排放、汛期大量接纳污染物质等污染风险，当前，缺乏有效的长距离调水工程水质风险评估、预警、调控、处置技术，一旦发生水质污染事件，除了直接中断输水，导致水资源需求无法满足外，还可能产生难以估量的经济损失，所以为了确保"一渠清水北送"，除了积极组织实施水污染防治规划外，还需要研究通过科学的闸泵群联合调控方式、应急处置方式来降低上述风险源对输水水质的影响。

　　本书的顺利完成与"水体污染控制与治理"国家科技重大专项——"水质水量联合调控与应急处置关键技术研究与运行示范"和国家科技支撑计划——"南水北调中线干线工程应急运行集散控制技术研究与示范"项目组

全体成员的共同努力密不可分。现将依托的两个项目的主要参加人员列出，衷心感谢他们对项目和本书所作出的贡献。

（一）"水体污染控制与治理"国家科技重大专项——"水质水量联合调控与应急处置关键技术研究与运行示范"项目（2012ZX07205-005）

项目负责人：王浩

主要完成人：

中国水利水电科学研究院

王浩、蒋云钟、雷晓辉、权锦、殷峻暹、廖卫红、张丽丽、秦韬、张云辉、甘治国、王旭、杨明祥、桑国庆、蔡思宇、吴辉明、郑和震、王家彪、孔令仲、李海辰、朱杰、唐鸣、徐意

天津大学

练继建、马超、穆杰、龙岩、孙萧仲、孙秋慧、刘晓轻

哈尔滨工业大学

王鹏、郑彤、姜继平、曹慧哲、杜兆林、史斌、郭亮

武汉大学

邵东国、肖宜、杨中华、彭虹、王卓民、陈述、方龙章

中国国际电子商务中心

刘军、王炯、易宇莘、蔡啸、吴彬、孔丽莉、杨远敏

中国科学院计算技术研究所

陈益强、王双全、焦帅、吴萍、刘军发、张绘国、赵雪艳

中蓝连海设计研究院

王洪亮、刘志奎、李学宇、汪升、王坤、王开春、年笑宇

（二）国家科技支撑计划——"南水北调中线干线工程应急运行集散控制技术研究与示范"项目（2015BAB07B03）

项目负责人：蒋云钟

主要完成人：

中国水利水电科学研究院

蒋云钟、雷晓辉、蔡思宇、崔巍、杨明祥、郑和震、孔令仲、穆祥鹏、秦韬、权锦、刘柏君、张靖文、白音包力皋、谭乔凤、陈文学、王晓松、杨星、王秀英、陈兴茹、许凤冉、刘慧、李想、高士林、曹平、陈云飞

大连理工大学

彭勇、周惠成、王本德、王国利、梁国华、何斌、张弛、袁晶瑄、李敏、

初京刚、王兆建、吴力文、霍丽明、孙鹏程、于千川、王成山、金思凡、徐炜、魏国振、彭安邦、薛志春、孙新国、王强、彭兆亮、杨爽、韩广、疏杏胜

河海大学

李臣明、张丽丽、王慧斌、高红民、王建华、贺志尧、高建兵、姜传港、葛晨曦、夏颖、顾朗朗、王敏敏、许磊、邓雪寮、沈洁、仲小琴、袁文晶、朱洁

济南大学

桑国庆、赵强、李庆国、孔珂、李猛、武玮、刘洋、桑泽栋、宋淑馨、王英、胡超、徐好、王维林、郑恒、薛霞、候龙潭、张锐、王一旭、崔吉瑞、王志超、徐畅、初蕊、玄鹏、周欣欣、马晓明、孙培岭、刘健、候瑞志、王坤、王江婷、丛鑫、王成帅、王荣震

华中科技大学

梁藉、张健、付文博、覃金帛、孙嘉辉、罗凯乐、门亮、文凡、范福新、张颖、张康、潘增、倪显锋、于雨、薛野、段美壮、牛亚男、李云嫚

本书是上述项目研究成果的凝练和升华。全书由前言和7章内容构成，前言主要由王浩、蒋云钟撰写；第1章主要由雷晓辉、王浩、龙岩、甘治国撰写，介绍了本书的研究背景、国内外研究综述；第2章主要由雷晓辉、廖卫红、秦韬撰写，介绍了本书研究区概况，并分析了工程的现在工况及特征；第3章主要由邵东国、肖宜、杨中华、彭虹、甘治国撰写，介绍了河库渠水量水质耦合模拟技术；第4章主要由邵东国、肖宜、杨中华、彭虹撰写，介绍了突发水污染事件快速预警预测技术；第5章主要由练继建、马超、龙岩、穆杰撰写，介绍了突发水污染事件应急调控技术；第6章主要由王鹏、郑彤、姜继平、曹慧哲撰写，介绍了突发水污染事件应急处置技术；第7章主要由王浩、雷晓辉、张丽丽、张云辉撰写，对本书的研究内容和创新成果进行了总结，并提出了研究展望。最后，由龙岩、蒋云钟、雷晓辉、权锦、张丽丽对全书进行统稿。

受时间和作者水平所限，本书许多内容还有待完善和深入研究，书中错误和不足之处，恳请读者批评指正。

作者

2018年1月于北京

目　录

第 1 章
综　述

1.1　研究背景

我国降水量受海陆分布和地形等因素的影响，在地区上分布很不平衡，年降水量和径流深由东南沿海向西北内陆递减。东南沿海径流深为 1200mm，而西北干旱区小于50mm。水资源的地区分布与人口和耕地的分布很不相称，南方耕地面积只占全国的36%，但水资源却占总量的 81%，人均水资源量约为全国平均水平的 1.6 倍，亩均水量为全国平均水平的 2.3 倍。北方黄河、淮河、海河、辽河四大流域片的耕地多、人口密，淡水资源量只有全国的 19%，人均占有水量只有全国平均水平的 18% 左右，亩均水量仅为全国平均值的 15%，是我国水资源最紧张的地区。

我国区域性缺水十分严重，特别是随着城市规模的扩张，城市需水量越来越大，全国缺水城市越来越多，缺水量也逐渐加大。据统计，在我国 600 多个城市中，400 多个城市供水不足，其中严重缺水的城市有 110 个，城市年缺水总量达 60 亿 m^3。为解决城市用水之急，保证其持续发展，许多城市都在规划建设新的水源性工程，甚至不得不从更远的地方跨流域、跨地区调水。

南水北调是举世瞩目的一项特大型跨流域调水工程，是实现我国水资源战略布局调整，优化水资源配置，解决黄淮海平原、胶东地区和黄河上游地区特别是津、京、华北地区缺水问题的一项特大基础措施。规划了从长江下游、中游、上游分别引水，形成了东、中、西三线的总体布局。通过东、中、西三条调水线路与长江、淮河、黄河、海河联系，构成以"四横三纵"的水网总体布局，为经济社会可持续发展提供水资源保障。

南水北调东线工程是从江苏扬州三江口通过扬州江都水利枢纽提水，途经江苏、山东、河北三省向华北地区输送生产生活用水的国家工程。规划的东线工程通过江苏省扬州市三江口江都水利枢纽从长江下游干流电力提水，基本沿京杭大运河逐级翻水北送，向黄淮海平原东部和胶东地区和京、津、冀地区提供生产生活用水。供水区内分布有淮河、海河、黄河流域的 25 座地市级及其以上城市，包括以天津、济南、青岛为主的特大城市和沧州、衡水、聊城、德州、滨州、烟台、威海、淄博、潍坊、东营、枣庄、济宁、徐州、扬州、淮安、宿迁、连云港、蚌埠、淮北、宿州等大中城市。

东线工程供水区地处黄、淮、海诸河下游，跨北亚热带和南暖温带，多年平均降雨量从南向北为 1000～500mm，由南向北逐步递减。受季风气候影响，降水量年内、年际不均，丰枯悬殊，连续丰水年与枯水年交替出现。

东线供水区人口密集，交通便利，地势较平坦，矿产资源丰富，是我国重要的能源化工生产基地和粮食等农产品主要产区。经济增长潜力巨大，但水资源供需矛盾日益突出，缺水制约了经济社会的发展并对生态环境产生严重影响。

南水北调中线工程从长江支流汉江丹江口水库陶岔渠首闸引水，沿线开挖渠道，经唐白河流域西部过长江流域与淮河流域的分水岭方城垭口，沿黄淮海平原西部边缘，在郑州以西孤柏咀处穿过黄河，沿京广铁路西侧北上，可基本自流到北京、天津，受水区范围 15 万 km²。从陶岔渠首闸至北京团城湖，输水总干线全长 1267km，贯穿中国河南、河北、北京、天津 4 个省（直辖市），沟通长江、淮河、黄河及海河四大流域。

根据《南水北调工程总体规划》，南水北调中线工程的规划调水规模为 130 亿 m³ 左右，规划建设项目包括水源工程、输水工程、调蓄工程和汉江中下游治理工程。中线工程分期建设，规划确定中线一期工程调水规模 95 亿 m³。南水北调中线一期工程中，渠首至北拒马河中支段长 1196.505km，采用明渠输水；北京段长 80.052km，采用 PC-CP 管及暗涵输水。天津干线全长 155.419 km，采用暗涵输水。输水工程总长 1431.976km。

由于南水北调工程具备调水线路长、调水规模大、涉及区域广、参与工程多、无在线调节水库、供水水质要求较高的特点。再加上中线水源区、总干渠和东线水网存在多类型导致水质不达标的风险源，一旦发生水质污染事件，除了直接中断输水，导致水资源需求无法满足外，还可能产生难以估量的经济损失，所以除了积极组织实施水污染防治规划外，还需要研究通过科学的库群联合调度和闸泵联合调控方式，以及应急处置方式来降低上述风险源对输水水质的影响。

1.2 国内外研究进展

1.2.1 河渠水动力模型

Saint - Venant 于 19 世纪通过研究建立了圣维南方程，奠定了非恒定流的理论基础。后期水动力数学模型的发展过程大致分为三个阶段：

首先是 20 世纪 50—60 年代，水动力数学模型刚刚开始发展，多为关于水流运动规律的基础性研究工作，以一维数学模型的研究为主，简单的二维模型开始出现。1952年，Hansen 提出了基于潮汐运动的周期性的二维潮流的数值计算方法。之后的两年间，莱克森和斯托克等建立了 Mississippi River、Ohio River 某河段的水动力模型。1965 年，Ziekiemicz 和 Cheung 将有限元法用于势流问题的解决中。其次是在 70 年代二维数学模型得到进一步研究和推广，开始了对三维问题的研究。这 10 年间，莱恩德兹提出了半隐格式，巴特勒发展了一种全隐格式，瓦西里耶夫、普列斯曼、艾布特等也提出了各自的数值方法，丰富了水动力学模拟方面的研究。二维的应用性研究在这个时期也得到相应发展，可以用来解决实际问题。从水动力学的纯理论研究发展到对于泥沙运移、盐水入侵和污染物扩散问题的探讨，扩展了数值模拟的研究方向。然后从 20 世纪 80 年代至今，二维数学模型的研究和应用日趋完善，三维数学模型的研究迅速发展。

1.2.2 水质模型

水质模型是指用于描述水体的水质要素在各种因素作用下随时间和空间的变化关系的数学模型，是水环境污染治理规划决策分析的重要工具。当发生突发性水污染事故污染物进入水体后，在迁移扩散过程中受到水流、水温、物理、化学、生物、气候等因素的影响，产生物理、化学、生物等方面的变化，从而引起污染物的稀释和降解。需要使用水质模型来描述水体的水质要素在各种因素作用下随时间和空间的变化关系，从而预测污染物时空变化过程和危害程度。从 1925 年出现的 Streeter - Phelps 模型算起，到现在的 90 余年中，水质模型的研究内容与方法不断深化与完善，已出现了包括地表水、地下水、非点源、饮用水、空气、多介质、生态等多种水质模型。

1.2.2.1 河渠水质模型

河渠中污染物的迁移转化是一种物理的、化学的和生物学的联合过程，相对湖泊水情形而言，维数要低。其中物理过程包括：污染物在水体中随水流的推移，与水体的混合，与悬浮颗粒如泥沙颗粒的吸附和解吸，随着颗粒的沉淀和再悬浮，随着底泥的输送及其传热、蒸发作用等。其中，重金属在水体中是以分子、离子、胶体和颗粒态存在，它随水、悬浮物、底泥而迁移到下游。

河流中水流特性与污染物迁移转化的研究随着人们对环境问题重视程度的增加发展迅速，从一维到三维、从简单到复杂。Streeter - Phelps 于 1925 年首次建立了水质模型，此后对水质模型的发展大致分为 4 个阶段。首先是 1925—1965 年间开发了较为简单的 BOD - DO 的双线性系统模型，将河流、河口问题视为一维问题解决。其次是1965—1970 年间，计算机开始在水质模型研究中使用，同时科学家也加深了对生化耗氧过程的认识，使得水质模型向 6 个线性系统发展，计算方法从一维发展到二维。接着在 1970—1975 年间，相互作用的非线性模型系统得到发展，研究涉及营养物质磷、氮循环系统，浮游动植物系统等。最后在 1975 年以后，研究已经涉及有毒物质的相互作用，空间尺度发展到三维。

实际上污染物在水中的迁移转化是一种综合复杂的过程，目前为止已发展出很多综合水质模型，如 QUAL - Ⅰ 和 QUAL - Ⅱ 模型，建立于 20 世纪 70 年代，是最早的综合水质模型之一。后经多次修改和增强，相继发展出了 QUAL2E、QUAL2EUNCAS 及 QUAL2K、QUAL2E 模型适合于混合的枝状河流系统，QUAL2K 则把系统分为不相等的河段。

WASP 模型，由 USEPA 开发，可以模拟一维不稳定流等，用途广泛。自 20 世纪 80 年代该模型被提出以来，在国内外已经得到广泛应用。在国内，逄勇等（2007）曾进行了太湖藻类的动态模拟研究，廖振良等（2004）对 WASP 模型进行了二次开发，建立了苏州河水质模型，杨家宽等（2005）运用 WASP6 模型预测了南水北调后襄樊段的水质。

CE-QUAL-RIV1一维水流与水质模拟模型，由美国陆军工程师水道试验站开发。该模型能够分析非恒定性严重的河川条件，如电站峰荷变化的尾水，还能够模拟分支河流系统。

MIKE SHE，是由 DHI 开发的一个模型系统，作为多个模型的系统，它包括蒸散发、地表径流、非饱和流、地下水流和明渠流以及它们之间的相互作用。此模型系统提供了极好的界面和一个综合的水质变化过程系列。

SMS，地表水系统模型，由美国 Brigham Young 大学图形工程计算机图形实验室开发。与其他模型不同之处在于它不模拟降雨-径流过程，它在二维方向模拟河流、河口、海岸。在该系统中的主要包括水动力和泥沙模型（RMA2、RMA4、SED2D、HIVEL、FEWWMS、WSPRO 等），仅含有限的水质变化过程。

此外，还有如 MMS、HEC5Q、GENSCN、OTIS、QUASAR、BLTM、AQUA-TOX2、FESWMS、SNTEMP、SIMUCIV 等国内外较长使用的水质模型。水质模型今后的发展将以 GIS 为平台，模拟结果趋于动态化、可视化，污染机理、模型的不确定性研究进一步加强，参数估值准确度逐渐提高。

1.2.2.2　湖泊水质模型

水质模型是以水动力学为基础学为基础，即以动量守恒、质量守恒定律建立水动力学方程和污染物浓度方程，通过数值计算得到污染物的时空分布。湖泊水质模型是在河流水质模型发展的基础上建立起来的，对它的研究最早可以追溯到 1925 年 Streeter 和 Phelps 建立的第一个水质数学模型（Streeter-Phelps 模型）。真正意义上对湖泊水质模型的研究始于 20 世纪 60 年代中期，经过 40 多年的发展，湖泊水质模型逐渐从简单的零维模型发展到复杂的水动力-水质-生态综合模型和生态结构动力学模型。

1975 年加拿大湖泊专家 Vollenweider 提出了第一个预测湖泊水中营养性物质的"Vollenweider 模型"；随后，Dillon 等（1977）用磷的滞留系数代替 Vollenweider 模型中的磷沉积系数，提出了 Dillon 模型，并运用该模型模拟了休伦湖、伊利湖的叶绿素、总磷年平均浓度，结果表明计算值与实测值十分一致；Thomas James（1993）模拟了南美 Okeechobee Lake 中营养元素（磷、氮、叶绿素 a）的含量；George B Arhonditsis（2004）模拟了 Washington Lake 的化学和生物特性；Magnus Dahl（2003）运用 LEEDS 模型模拟了瑞士 Vanern Lake 中悬浮颗粒和磷含量，LEEDS 模型重点针对的是湖泊中的磷浓度，是国际上应用比较广泛的一个模型，除 LEEDS 模型以外，Lake Web 也是应用比较多的一个模型。

我国从 20 世纪 80 年代中期才开始湖泊水质模拟的研究，刘玉生等（1988）将生态动力学模型与一维箱模型以及二维水动力学模型结合，运用于滇池；陈永灿（1998）建立了密云水库总磷、总氮、BOD、COD 完全混合系统水质模型；陈云波（1999）在 Vollenweider 模型的基础上分析了滇池水动力特征，将完全均匀混合质量平衡水质模型应用于滇池水质有机污染浓度预测；洪晓瑜（2004）模拟太湖的水质指标 COD_{Mn}；邢可霞（2005）运用 HSPE 模型对滇池流域的水文水质过程进行模拟，定量地计算出该流域的非点源污染负荷。

1.2.3　明渠运行控制

渠道自动控制起源于20世纪30年代，起初由法国人研制了许多用于自动控制的水力设备，并提出了水力自动化的控制方法，将其用于实际灌渠运行当中。Liu F采用显式有限差分的格式实现了罐渠闸前常水位控制，对多个渠池进行数值仿真模拟，结果比较理想。Ruiz-Carmona和Malaterre等对已有的研究成果进行分析总结，提出了将非线性的输水系统简化成为线性系统，但还没有在实际中得到应用。Rijo在一条141m长的模型渠道上研究闸前常水位和闸后常水位的PI控制过程，为研究渠道自动控制提供支持。

国内对渠道输水运行控制的研究开始较晚，始于20世纪50年代，20世纪80年代之后，由于国内调水工程的实施和大中型灌区自动运行控制的要求，有些科研单位陆续开展了渠道自动化试行的研究。王念慎等用现代控制理论构建了常水位和等体积实时控制模型，并进行了模型验证，总结出等水位控制比等体积控制简单，并具有计算速度、精度高等优点。20世纪90年代，武汉大学王长德运用水力自动闸门的控制原理，解决了水力自动闸门运行不稳定问题。之后，王长德又针对闸门过流的过程，假设闸门能任意速度进行调节，提出了P+PR与比威尔控制算法相结合的控制方式，并做了比较。近年来，国内学者尝试用现代控制理论、智能控制理论及模糊控制理论研究渠道运行系统。中国水利水电科学研究院用状态空间法仿真及实验研究了引黄济青工程等容量控制。韩延成运用两阶段的输水控制方法对渠道进行数值模拟，结果证明该方法具有响应时间短、闸门调节次数少等优点。目前，许多学者对下游常水位运行方式开展了大量的研究。姚雄等提出了流量主动补偿的前馈控制方法并与水位反馈控制相结合来改善闸渠道的响应特性，该模型没有考虑闸门开度变化对上下游渠道的影响，又由于在流量主动补偿阶段，需要各渠段上游流量变化都要超过下游流量变化，致使各渠段上游流量和闸门开度都有较大的超调，有待进一步改进。丁志良、王长德等把基于蓄量补偿的前馈控制运用到闸前常水位运行的方式中，并采用PI反馈控制对中线部分渠段进行了仿真模拟，在一定程度上改善了渠道的响应和回复特性。黄会勇、刘子慧等根据渠道初始和稳定时候渠道的流量、水位、渠道的蓄量、渠道水位降幅限制和水位波动限制条件等，制定了基于蓄量补偿的前馈控制策略，该方法涵盖了南水北调中线工程调度运行中可能出现的各种运行工况。

目前，国内外对明渠的水动力学计算有了一些研究基础，但大部分研究集中在改进渠道的控制运行算法上。然而还有许多算法仍旧停留在理论研究阶段，未能运用到实际工程中，对于大规模复杂明渠系统的模拟分析和应用还不成熟，自动控制方式的研究也主要是应用在灌溉工程方面，还不能完全解决大规模调水渠道的整体集中自动控制的问题。另外，与国内外已建成的调水工程相比，南水北调中线工程规模巨大，线路更长，并且可利用的水头有限，沿线中可用于反调节的调蓄工程几乎没有，其输水的困难程度远远超过目前世界上已建成的调水工程。所以，必须从南水北调中线工程总干渠输水安全和稳定性出发，对其展开相应的运行控制研究。

1.2.4 水质预测预报

在水质预测预报模型的研究方面，欧美国家已经达到了很高水平，在国际上处于领先地位。在早期大量的基础研究数据的基础上，国外建立了一系列的水质预测预报模型，目前比较成熟的模型有以下几种。

(1) QUAL 系列模型。美国环保局（USEPA）于 1970 年推出 QUAL-Ⅰ水质综合模型，1973 年开发出 QUAL-Ⅱ模型，该模型能被用于研究污染物的瞬时排放对水质的影响，如有关污染源的事故性排放对水质的影响。

(2) BLTM（the branched lagrangian transport model）即分支拉格朗日输移模型，由美国地质调查局（USGS）开发。它没有模拟水动力情况，水动力条件要由其他模型提供。这个模型包括 QUAL-Ⅱ包含所有的水质变化过程，而且是实时变化的。

(3) OTIS（one-dimensional transport with instream storage）即带有内部调蓄节点的一维输移模型，美国地质调查局开发的可用于对河流中溶解物质的输移进行模拟的一维水质模型。模型中的控制方程是对流扩散方程，并综合考虑了暂存、纵向入流、一阶衰减和吸附现象。

(4) WASP 模型（water quality analysis simulation program）是美国环保局（EPA）提出的水质模型系统，可用于河流、湖泊、河口、水库、海岸等不同环境污染决策系统中分析和预测由于自然和人为污染造成的各种水质状况，可以模拟水文动力学、河流一维不稳定流、湖库和河口三维不稳定流、常规污染物和有毒污染物在水中的迁移转化规律。

(5) QUASAR 模型是由英国 Whitehead 建立的贝德福郡乌斯河水质模型发展而来的，该模型用含参数的一维质量守恒微分方程来描述枝状河流动态传质过程，可模拟的水质组分包括 DO、BOD、硝氮、氨氮、pH 值、水温和任一种守恒物质。该模型属于水质控制数学模型，其研究的目的是建立污染物排放量与河流水质问题的关系。

另外丹麦、德国、荷兰等也分别开发了比较有效的水质模型。如由丹麦水动力研究所（DHI）开发的 MIKE 模型体系、荷兰开发的 PROTEUS 体系的水质模块（water quality）可以实现对江河水体的二维和三维水质模拟。

我国在水质预警模型方面也做了大量研究，并把地理信息系统（GIS）与水质模型有机结合，把人工神经网络（ANN）技术应用于水环境预测及评价方面，大大推动了水质预警模型的研究进展。

南京水利科学研究院河港所针对长江口开发了 CJK3D 模型，可以实现对江河水体的二维和三维水质模拟。重庆市环境科学研究院和重庆大学针对长江嘉陵江重庆段干流和城区江段，分别开发了一维和二维水质预测模型，取得了较好的模拟效果。侯国祥（2001）建立了一个适合于与自然河流中污染物排放的远区计算模型，并将其应用于汉江仙桃段、湘江衡阳段、三峡库区重庆江段及其他堵河段，取得了较好的结果。王惠中、薛鸿超等（2001）在 Koutitas 等建立的准三维数学模型的基础上，考虑垂向涡黏系数沿深度变化，对其计算模式进行修改，针对太湖环境保护问题建立了一个三维水质模型，对太湖水体的主要污染指标进行模拟和分析，并提出了控制太湖水污染的防治政策。郭永彬、王焰新等（2003）将 OUAL2K 模型用于汉江中下游的水质模拟。杨家宽、肖波等（2005）将 WASP5 模型运用于汉江襄樊段的水质模拟，都取得了较为满意的结果。

彭虹等（2005）结合了河流一维水质综合模型和 GIS 建立了汉江武汉段水质预警预报系统，系统考虑了污染物的迁移和生态转化过程，可以实现污染物迁移扩散的常规预报、水华预警预报及突发污染事件的模拟。李志勤（2006）通过直接求解三维污染物输移方程来研究水库中溢油等污染物的运动规律，利用研究结果开发了紫坪铺水库三维水质预警系统，并以之提出了该水利枢纽工程应急运行的具体建议。程聪、林卫青等（2006）重点研究了突发性溢油污染事故排放的有毒、有害污染物在水体中的迁移扩散和转化规律，建立黄浦江溢油漂移和扩散数学模型，使黄浦江发生溢油突发性污染事故后，能迅速预测事故后果，确定最佳的处理方案。窦明等（2007）在重金属模型研究成果的基础上建立了一维河流重金属迁移转化模型，并通过 2005 年广东省北江镉污染事故实测资料进行验证，表明该模型能够较准确地反映重金属随水流运动和变化的过程及遭遇不同潮位会引起污染事故影响范围的差异。

鞠美勤（2009）在二维水动力、风场模型基础上，结合溢油本身特性变化，建立了二维溢油污染事故模拟模型。模型采用修正的 FAY 公式模拟溢油的扩展运动，采用油粒子模型模拟溢油漂移运动，并模拟溢油在扩展漂移过程中的蒸发、乳化过程，以及风化过程对溢油黏度、密度等性质的影响，讨论了溢油在水体中的迁移转化规律，为河道突发性溢油污染事故预报和应急处理提供技术支持。蒋新新、李鸿等（2009）采用溢油扩延计算模式、油膜漂移分析计算方法和可溶性危险化学品一维瞬时扩散模型预测了突发性污染事故对水体造成的影响。该预测模型能预测水体中污染物的实时浓度，分析污染水团的轨迹变化，有广泛的应用价值。王祥、黄立文等（2010）以环境流体动力学模型 EFDC 为基础建立了三峡库区万州段水动力模型，并进行了典型水文条件下的水动力数值模拟。溢油模型能预测溢油在扩散漂移过程中组分、性质、状态的变化及最终归宿，为应急决策的制定、清除手段的选择及溢油损害评估提供依据。

国外虽然已经有很多成熟的水质模型软件，但现有水质模型和软件用于突发性水污染事故的水质模拟存在模型参数众多、参数率定困难、模型结构复杂、分析工作量大等问题，很难满足应急预警的需要。国内水质预警模型对预警过程中的机理性问题研究不足，基础不够，缺乏完善的有效定量计算方法，影响预警方法的建立。现有预警模型侧重于模拟溢油事故、重金属污染事故等，模拟指标有限，采用的数学模型结构较为单一，模拟所需时间长，未能够及时准确反应突发性污染物的迁移转化过程。

1.2.5　污染源追踪溯源技术

明确污染物的来源是实现水质预测和水体污染控制与治理的先决条件，但现实中往往缺乏对污染来源的准确掌握。近年来国外学者纷纷开展了水污染事件追踪溯源的研究，并取得了积极的进展。水体污染溯源的研究方法，大体上可以分为生物学方法和数值模拟方法。

（1）生物学方法。水体污染的指示微生物应能够反映水体的污染状况，与致病菌存在密切的联系，易于监测，且非自然存在于水体或自然环境中。不同的环境样品指示微生物之间存在克隆现象，说明它们之间可能存在着必然的联系。微生物源示踪（microbial source tracking，MST）技术（又称微生物溯源技术）是一种通过判断污染样品与可能的污染源中指示微生物之间的亲缘关系来确定污染来源的方法。该技术不仅可以正确识别污染源，同时又能评价单一污染源的污染贡献率，最终为水体粪便污染风险评估、分配每日最大负荷量以及制定最佳管理方案等提供科学依据。

Liberty 等依据指示微生物对于不同碳源或者氮源的利用情况（碳源利用分析）对废水处理系统中的微生物群落进行了分析。冯广达等以大肠杆菌为指示微生物，采用脉冲场凝胶电泳（PFGE）、肠杆菌间重复一致序列 PCR（ERIC-PCR）和 BOX 插入因子 PCR（BOX-PCR）3 种分子分型方法对广东省某典型农村塘坝饮用水污染来源进行了追踪研究。Martellini 等利用不同物种的细胞中线粒体 DNA 的差异进行了粪便污染溯源的研究。Bernhard 等在研究美国俄勒冈州提拉木克县附近海湾的水质污染情况时，针对拟杆菌 16S rRNA 基因设计了拟杆菌群体特异性引物，以期直接通过 PCR 扩增从样品中获得拟杆菌的基因片段，运用 LH-PCR 和 T-RFLP 技术进行水质污染情况的分析。张曦建立了一种基于拟杆菌群体特异性 16S rRNA 基因进行溯源的 PCR-DGGE 方法，在快速、准确进行水体污染溯源方面取得了良好的效果。

（2）数值模拟方法。自 20 世纪 80 年代起，发展了许多应用于水体污染源位置和排放历史追踪溯源的方法。针对不同的水体采用的方法不一样，例如，用 GIS 技术和地学统计方法识别地表水污染源项，利用水文地质统计方法研究地下水污染源，运用改进的遗传算法和蒙特卡罗模拟方法等更现代的方法对河渠进行追踪溯源。

1. 地表水及地下水污染源项的追踪溯源

由于水文地质统计方法在地下水研究中的广泛应用，以及直接监测地下水的巨大困难和环境管理研究中对地表水污染源识别的忽视，对地表水污染源追踪溯源研究的文献远远少于地下水。吴文强等通过建立准确的济源盆地地下水流场，结合周边污染源分布，运用 Pathline 模块模拟污染物迁移转化路径，从三维空间模拟济源盆地各区域浅层地下水污染物迁移转化规律，分析发现造成该区域面状污染的原因有侧向径流污染与垂向污染之分，各区域污染物垂向运移最大深度达 100m，同时提出了各区浅层地下水污染治理侧重点应根据污染来源而分别开展的观点。

近年来，越来越多的学者开始关注地表水污染源项的追踪溯源研究。Boana 等应用地学统计的方法识别水体中的污染源，该一维方法假定排放历史和观测数据是线性相关的，并且排放历史向量是高斯联合分布的。Katopodes 和 Piaseckis 利用二维伴随状态方程解决地表水环境中排污负荷优化问题，使其对环境影响达到最小。Cheng 使用反向位置概率密度函数法和 CCHE2D 模型程序对水体污染源进行了识别。陈媛华等采用 Matlab 软件编写源项识别算法的核心计算代码，采用 C#、C++和 NET 语言进行接口模块与主界面的编写，开发出独立的可视化应用软件，该模型系统应用于松花江苯污染突发事件的模拟取得了较好的效果。

随着 GIS 技术的发展，该技术逐渐被应用到水污染的追踪溯源中。韩天博认为在 GIS 中建立流域河系网络模型，并以河段为纽带，将污染源、水质监测站、取水口等信息集成后，就可利用 GIS 的网络分析功能对水体水污染源和突发性水污染事件的影响范围进行追踪，以提高水体污染源管理的效率，保障流域水环境安全。彭盛华等以 ArcView GIS 为平台，通过构建数字化河系网络模型、水体水环境数据库，建立了汉江流域河系网络模型，以及包括污染源、取水口、水质监测站等众多信息的水环境数据库，实现了水体污染物来源和去向追踪功能。杨海东等将溯源问题视为贝叶斯估计问题，在微分进化与蒙特卡洛基础上推导出污染源强度、位置和排放时刻等未知参数的后验概率密度函数；结合微分进化和蒙特卡洛模拟方法对后验概率分布进行采样，进而估计出这些未知参数，确定污染源项；该方法的稳定性和可靠性明显高于贝叶斯-蒙特卡洛方法，并能较好地识别突发性水污染源，为解决突发水污染事件中的追踪溯源难点问题提供了新的思路和方法。

2. 河渠追踪溯源

河渠突发性水污染事故溯源一般是指河渠发生水污染事故后，利用各种方式追踪定位污染的来源，主要工作包括：分析污染物的来源和种类，寻找出污染源位置、泄漏时间、泄漏强度等关键信息。

国内外许多学者在河渠水污染事件追踪溯源方面进行积极而努力的探索，并取得了一定的成果。就污染物迁移扩散模型参数识别而言，目前主要有理论公式法、经验公式法和示踪试验法等方法。然而，实际应用过程中无法通过理论公式法和经验公式法获得表征污染物迁移扩散模型参数的统一表达式，只有示踪试验法识别得到的参数值能准确地反映出污染物在水体中迁移转化特性。此外，Rao 和 Zhai 等将污染事件的污染源项识别方法分为正向、逆向及概率等三类模型方法。其中，逆向方法是基于反方向对污染物质的输运进行模拟，即从观测点至污染源位置方向的模拟；正向方法是指通过多次污染物迁移扩散模型的模拟，选用不同的候选结果进行迭代计算，最终目标是寻求合理的污染源项相关信息使得污染物浓度的模拟值与实际观测值吻合度最佳。

国内外有关河渠突发水污染追踪溯源研究大多是围绕优化思想和不确定分析的思路展开，即分别是从确定性理论方法和不确定性理论方法对河渠突发水污染事件进行追踪溯源研究与讨论。

（1）确定性理论方法。确定性理论方法包括传统优化方法和启发式优化方法，它是一种考察和衡量实际观测值与模型计算值之间匹配度的方法，这类方法的特点是在获取最优解的过程中涉及初始值的选取、全局收敛性或局部收敛性、收敛效率等方面。其中，传统优化方法一般采用目标函数的梯度信息来进行确定性搜索；启发式优化方法以仿生优化算法为主，它可以在目标函数不连续或不可微的情况下实现多可行解的并行、随机优化。

基于确定性理论方法的突发水污染追踪溯源研究是指求解过程中通过污染物迁移扩散模型模拟事件中污染物浓度分布，并建立以模拟结果与实测观测结果之间的误差平方和为目标函数的优化模型，之后利用确定性算法对优化模型的目标函数进行求解，通过迭代的方式寻求同实际观测值之间有最佳匹配度的计算结果。目前，在基于优化方法的河渠突发水污染追踪溯源研究中是以匹配度（目标函数）的优化为中心，利用不同优化算法实现对追踪溯源结果更新优化，偏向于不同方法的应用。

　　传统优化方法，如 GLS、共轭梯度法（conjugate gradient method，CGM）和变分同化方法（variational data assimilation method，VDAM）等，在测量值和污染物迁移转化扩散模型的基础上构建对应的目标函数，之后以目标函数的梯度方向作为待求参数的迭代更新方向。但对于含有多个追踪溯源结果的情形，则难以通过目标函数来获取对应的梯度信息，进而导致上述优化理论方法在突发水污染追踪溯源研究中受到限制。

　　随着人工智能和计算机技术的飞速发展，诞生了启发式方法，且这些方法在环境保护和防治过程中得到了广泛的应用。如王薇等利用 SAA 估计河流水质模型参数；Ng 等利用 GAs 对河流污染物迁移扩散模型的参数进行率定；Chau、刘国东等运用 GAs 率定了的水质扩散模型参数；闽涛等采用 GAs 分别研究了一维河流的流速、扩散系数和衰减系数等多参数识别问题和一维对流-扩散方程的右端项识别问题。

　　此外，进化策略（evolutionary strategy，ES）、ANNs 和模糊优化方法等被成功应用于环境污染事件追踪溯源研究中。其中，ES 是专门针对连续区间的优化方法，它能较好地用于污染事件追踪溯源研究中污染源项识别问题；ANNs 是一种模仿结构及其功能的非线性信息处理系统，它具有强大的记忆、较强的稳健性以及大规模交互计算等能力。

　　综上所述，优化理论方法适用于数据有限的情形下河渠突发水污染追踪溯源研究，即在有限信息条件下，采用优化理论方法较为快速地率定污染物迁移扩散模型参数（纵向弥散系数、横向扩散系数或降解系数等）和确定污染源特性（污染源的位置、排放强度及排放时间等），从而为应急决策提供依据。GAs、BP 网络、PSO 和 DEA 等确定性理论方法虽然能在河渠突发水污染追踪溯源研究中得到广泛的应用，但是计算成本较大且存在一定的局限性，主要表现为通过上述方法只能给出追踪溯源的"点估计"，即一组最优解，然而就河渠突发水污染追踪溯源本身而言，"点估计"无法提供更多有关污染事件追踪溯源的信息，从而不能保证预测结果的可靠性与模型应用的精度。另外，为验证突发污染追踪溯源方法的有效性，许多学者通常用污染物迁移扩散模型的模拟值替代监测设备的观测值，而监测设备得到的观测值一般存在由事发现场、监测仪器设备、取样等引起的测量误差，所以通过模拟模型得到污染物浓度不能准确地反映实际情况。因而从确定性理论方法着手进行河渠突发水污染事件追踪溯源研究，通常没有充分考虑污染物迁移扩散模型参数和观测数据的不确定性问题。

　　（2）不确定性理论方法。水环境系统是由水体与人工系统组成的一个复杂性系统，影响和制约该系统的因素很多，因而该系统具有很强的不确定性。另外，河渠突发水污染事件中广泛存在随机现象，如事发时间和事发地点的随机性。因此，对河渠突发水污染事件进行追踪溯源研究往往是追寻所有可行解而非"最优解"或"点估计"，此时确定性理论方法就难以胜任。当前，随机方法是处理不确定问题较为普遍的方法之一，它是通过概率分布来描述客观事物的随机性，常用的有统计归纳法、最小相对熵（minimum relative entropy，MRE）和贝叶斯推理（Bayesian inference）等。

贝叶斯推理是一种以概率论为理论基础的、能反映河渠突发水污染事件不确定性的方法，它在充分利用了似然函数和待求参数的先验信息基础上，求解待求参数的后验概率分布，再通过相应的抽样方法得到诸如污染物迁移扩散模型参数或污染源项各参数等待求参数的估计值，即该方法能给出水污染事件追踪溯源结果的分布函数。因此，基于贝叶斯推理的方法主要是对突发水污染事件的发生概率进行估计，它能得到追踪溯源结果的后验概率分布，而非单一解，同时能量化追踪溯源结果的不确定性，可以提供更多的关于突发水污染事件追踪溯源的信息。为有效获取突发水污染追踪溯源结果的估计值，需要贝叶斯推理与相关抽样方法结合，如马尔可夫链蒙特卡罗（Markov Chain Monte Carlo，MCMC）和随机蒙特卡罗（Monte Carlo，MC）等抽样方法。其中，MC方法是一种不管初始值是否远离真实值时均容易收敛到次优解的估计方法，因此该方法得到追踪溯源结果的准确率不高。通过将贝叶斯推理与MC方法或MCMC方法结合方式迭代得到的追踪溯源结果的分布函数，能够弥补MC方法的不足。如Bergin等和Sreedharan等认为传统MC方法的抽样结果与待求参数及其先验分布相关性较强；Sohn等利用BMC（Bayes Monte Carlo）方法通过比较传感器的数据流与模拟结果的一致性确定最匹配的模型输入以及对应的误差。然而，BMC方法虽然通过采用连续似然函数来改善误差估计，但它的计算效率不高。

MCMC方法是通过随机游动得到的一条足够长的Markov链，这样才能保证抽样结果接近于追踪溯源结果的后验分布，即用Markov链的极限分布来表示追踪溯源结果的后验概率密度函数。因此，MCMC方法推广了贝叶斯推理在环境污染事件追踪溯源研究中的应用。如Senocak等、Chow等研究了在污染物浓度观测值有限的条件下采用Bayesian-MCMC方法来获取污染源排放强度及其位置问题；曹小群等利用Bayesian-MCMC方法研究对流-扩散方程的污染源项识别问题，陈海洋等采用了Bayesian-MCMC方法研究二维河流污染源项识别问题，并将识别结果与基于GAs方法进行对比分析。然而，MCMC方法通常是经过几千甚至几万次迭代才能保证抽样结果与追踪溯源结果的后验分布接近，因此无法满足突发水污染事件应急要求。因此，国内外部分学者尝试将MCMC方法和其他的方法进行结合来应对突发水污染事件追踪溯源的需要。如Keats等、Yee等结合伴随方程和MCMC方法来确定待求参数的似然函数，数值研究结果表明该方法能显著提高追踪溯源的计算速度；Keats等研究得出非守恒情况下采用Bayesian-MCMC方法能快速识别污染源项各参数的结论。

但是，事先设定追踪溯源结果的先验分布是不确定性追踪溯源方法运行的前提条件，并且需要对追踪溯源结果的后验概率分布进行大样本抽样。因此，从不确定性理论研究河渠突发水污染事件追踪溯源的难点是提高其计算效率。

1.2.6 突发水污染事件应急调控

自20世纪60年代以来，许多发达国家环境污染事件处于高发期，关于环境污染事故的防范和应急在国际上开始受到重视。由于突发水污染事件具有不确定性、处理的艰巨性以及应急主体的不明确性等特点，因此主要采用数值模拟和一些水质监测网站结合的方法预测污染物浓度变化情况。随着突发性污染事件控制重要性的增加，应急监测在机构、编制、机制及装备上也有了较大的提高。

在突发水污染事件应急处理技术上，国内外主要都是利用计算机、无线通信等现代化手段，通过计算机编程与 GIS 界面结合，构建突发性水污染事件的预警系统。其中国外开发出一个称为"seans"的软件包，可以为突发性水污染事件提供应急决策，还有一些学者把人工智能和模式识别技术用于溢油事件过程的模拟、应急计划的评估，能够对大型溢油事件应急处理设施的选择和人员的配备进行辅助决策；我国虽然在突发性环境污染事件的防范和应急方面起步较慢，但是国内不少学者结合本地区具体情况，对突发性环境污染事件进行研究提出一些应对措施，如在 VB 集成环境下，用 MapBasic 语言、SQL 语言以及 DAO 来实现 MapInfo 电子地图上的空间数据处理技术；综合应用一些高新技术成果，实现指挥中心对污染现场的远程指挥和信息快速传输；通过对系统设计、数据库设计、系统实施、系统功能等方面的介绍，给出了一种突发性环境污染事件预警、应急监测和处理方面软件开发的新方法。而目前的这些技术与方法，主要还是借助于软件建立了一些水质预警系统来识别污染源，追踪污染物的迁移过程，但是这些模型的建立需要大量的基础数据，同时模型运行需要大量的时间，缺乏突发性水污染事件应急调控技术和不能快速有效地做出解决的方案。

因此，为高效应对南水北调输水工程中突发水污染事件，最大限度地减小污染范围和程度，对突发水污染应急调控技术的研究是十分必要的。

（1）突发水污染应急管理与决策支持系统。20 世纪 70 年代，关于环境污染事故的防范和应急在国际上开始受到重视。一些国际组织在环境污染事故应急的总体原则方法、实施机制和组织管理方面开展了专门研究，提出了系统的指导性成果。如：经济合作与发展组织（OECD）对各类环境污染事故情况组织了研究，并专门对化学品之类的环境污染事故的防治、应急处理准备和应急响应总结出版了指导性专著 *OECD's Guiding Principles for Chemical Accident Precention，Preparedness，and Response*，联合国环境署（UNEP）开发的用于指导防患环境污染事故的工具等。

发达国家在环境污染事故防范与应急计划与方法方面已取得了很多发展。美国对各类环境污染事故的应急处理技术做了最为全面、详尽的研究，并针对各种典型情况形成了规范性的综合处理流程和技术文件。美国对国内化学品类、石油泄漏等较常见的典型污染事故的防范、处理均推荐了专门的技术，并有一系列相关的法律规范环境污染事故管理和应急响应行动。美国对与邻近国家之间的跨国环境污染事故的应急处理也非常重视，与加拿大、墨西哥就污染事故的处理方法、管理方法、协同合作等方面进行了合作研究并达成了共时性的规范文件，如《美墨关于应对内陆边界地区有害物质泄漏、火灾或爆炸聚合应急计划》。加拿大对环境污染事故的防范和应急技术的研究和应用也非常重视，其国家环境保护局有专门的应急计划，即"E2 计划"，并在各方面与美国合作。

在危险源的定义、识别和监测方面，不少国家也做了许多基础性的工作。如美国、加拿大、澳大利亚等国，已将限制危险物质的生产与使用的各种控制措施列入法律，亚洲一些国家如韩国、菲律宾等也制定了《有毒化学品管理法》或类似的法律，对有害物质的生产、使用、存储与运输过程进行严格控制。

在整个美国突发性重大环境事故应急决策系统框架中最为重要的环节，是对于污染事故危害的合理评估、选取合适的应急措施、措施有效性的评估，以及协调中央和地方政府的应急处理工作。这些工作依赖环境污染事故应急决策系统、环境污染事故应急数据库、不同环境下不同污染事故危害传播模型、地理信息系统等系统完成。

欧盟的研究表明，欧盟突发性重大环境污染事故从 20 世纪 80 年代开始呈下降趋势，但是，欧盟突发性重大环境污染事故应急决策系统的建设一直在加强中，其突发性重大环境污染事故应急决策系统中最新的欧盟危险事故数据库（MARS4.0）在 2001 年开始使用，它主要包括两大内容：一是欧盟危险事故数据库（MARS），包含欧洲主要危险品、危险工业的各个方面的详细信息；二是相关的地理信息系统组件，该组件基于 GIS 技术服务于重大环境污染事故应急决策的辅助系统。

我国的突发性环境污染事故的应急管理起步较晚，1984 年 4 月国家环保局成立了"海上污染损失应急措置方案调查组"，开始了对海上突发性污染事故的调研工作；1988 年，《海上污染损害应急措施方案》诞生，成为我国第一份突发性污染事故应急方案。2002 年 5 月，广西壮族自治区南宁市应急联动系统正式运行，成为我国最早的城市应急管理系统。2005 年 1 月，温家宝总理主持召开国务院常务会议，原则通过了《国家突发公共事件总体应急预案》和 25 件专项预案、80 件部门预案。2005 年 7 月，全国应急管理工作会议的召开，标志着中国应急管理纳入了经常化、制度化、法制化的工作轨道。2006 年，国务院发布的《国家突发公共事件总体应急预案》，是国家应急预案体系的总纲，明确了各类突发公共事件分级分类和预案框架体系。

2011 年 10 月，国务院发布了《关于加强环境保护重点工作的意见》，对环境应急管理工作提出了新的更高的要求，首次将环境应急管理纳入国家战略层面。当前，环境风险异常突出并且突发环境事件频发，党中央、国务院高度重视环境应急管理工作，《国家环境保护"十二五"规划》将防范环境风险纳入指导思想，并将环境应急能力建设作为重要内容。

（2）突发水污染应急处置技术。发生在自然水体中的突发污染事件现场往往难以为一些处理技术的实施提供足够的环境条件，这使得其应急处置技术的选择除了要保证良好的去除效果之外，更要考虑其现场的适用性，即在大水量、污染物浓度高、停留时间短、污染团持续迁移扩散、流场情况复杂、动力供应设施有限等条件下，仍能够高效地将污染物从水中移除。

而在目前的污染处理技术中，膜分离法虽然工艺简单，但因膜通量有限、对水质要求较高，其实施前需先将污染水体截留储存，并需大量的配套设备，显然难以适用于大量连续流动、水质状况复杂的突发污染事件的现场应急处置，如果条件允许，可以作为移动式处理方法。吸附法是目前可以将污染物从水中直接移除的主要方法，已在一些应急处置事故中成功应用；然而由于吸附材料多为颗粒状多孔物质，且吸附容量越大的吸附材料，其粒径往往越小，这些吸附材料一般都须被装在编织网袋中固定，但对于水大流急的污染事故现场，紧密堆积的吸附材料会产生很大的流体阻力，吸附坝这样的装置难以继续适用。化学沉淀法虽已多次应用到重特大水体中突发污染事件中，操作简单，药剂来源较广泛，但在自然水体中，其与重金属形成的絮凝物会沉在水底并随推移质和悬移质一起继续迁移，通过水中食物链成为二次污染源。其他的化学法如电化学法等，因其操作较为复杂，所需的设备在现场难以应用，在短时间内难以适用于大水量、流场情况复杂、动力供应设施有限的突发污染事件的现场应急处置。如果条件允许，可以作为移动式处理方法。生物法操作成本相对较低，实施条件较为简单，但其处理速度较慢，难以快速从水体中去除重金属。根据情况，可在受污染水体引入到附近的可安置区域（如湿地或池塘）后进行静态处置时使用。

从总体上看，应急处置技术、材料和装备还有很大的研究空间，目前远没有满足政府、市场需求，有必要在"污染源控制—污染团防扩散—污染物消除—应急废物处置"全过程突发污染控制的框架下开发新型的应急处置装置和材料。

（3）应急处置技术预案。完善科学的应急预案在污染事故响应阶段能发挥作用巨大的作用。在当前的突发水污染应急机制下，应急预案编制和研究主要在应急管理领域，各级政府已经发布了各类应急管理行政预案，而具体指导应急处置工程实施操作的技术预案十分匮乏，这和目前应急处置技术缺少系统梳理、应急水处理技术装备仍旧有限等原因不无关系。和行政预案相对稳定不同，不同的污染情景所需要采用的应急处置技术以及相应的应急材料物资装备等都会有巨大差异。在技术预案编制过程中只可能依据典型污染情景提出应急处置操作路线，不可能穷尽所有可能情景。有必要建立一个动态的技术预案生成系统，来解决此问题。如何选择最适宜的应急处置技术及应急处置材料，集合专家知识经验确定工程实施操作和运行参数，都是在技术预案制定过程中要考虑的关键问题。从而有必要开展应急处置技术预案生成的研究。

1.3　本书结构

本书以长距离、大流量、地表水和地下水水力联系频繁和高水质目标的南水北调中线一期工程（总干渠和水源区）、东线一期工程江苏段为研究对象，以确保"一渠清水北送"为研究总目标，以水质水量自动化调控和应急调控处置为重点，开展了河库渠水量水质耦合模拟技术研究、污染源风险评估及水质安全诊断技术研究、水污染事件水质水量快速预测及追踪溯源技术研究、水质水量多目标调度及应急调控技术研究、水污染事件预警及应急处置技术研究、水质水量联合调控自动化运行系统研究等，取得了一系列研究成果。

本书结构如下：

第 1 章：综述。

第 2 章：研究区概况。对南水北调中线工程、东线工程进行概况分析，并分析其存在的水质安全风险。

第 3 章：河库渠水量水质耦合模拟技术。河库渠水量水质耦合模拟技术是本书"水质水量耦合模拟—评价诊断—预测预警—应急调控—污染处置—自动运行"技术体系的第一步，通过研究本技术，构建中线水源区、中线总干渠和东线复杂水网与输水干线的水质水量耦合模拟工程化应用模型，实现河库渠内的水量水质耦合模拟。

　　第 4 章：突发水污染事件快速预警预测技术。根据中线水源区、总干渠及东线输水干线的环境及风险源的特点，研发中线水源区、总干渠及东线输水干线水污染事件水质水量快速预测及追踪溯源技术，以实现在南水北调工程中发生突发水污染事件时，可迅速判别水污染事件的源头，快速预测突发污染物事件的影响范围及程度。

　　第 5 章：突发水污染事件应急调控技术。为了有效地应对南水北调中、东线可能发生的突发水污染事件，保障输水工程和输水水质安全，开展了中线水源区水质水量多目标优化调度研究及输水工程突发水污染事件应急调控技术研究。

　　第 6 章：突发水污染事件应急处置技术。以南水北调中线一期工程和东线一期工程江苏段为研究对象，以水质水量自动化调控和应急调控处置为重点，研发了突发水污染事件动态预警技术、应急处置预案智能生成技术、应急处置技术体系和相关关键技术，建设了突发污染应急处置预案库。

　　第 7 章：结语。对研究成果进行总结，并提出展望和建议。

第 2 章
研究区概况

南水北调工程是世界上最大的跨流域调水工程,是缓解我国北方地区水资源短缺、实现水资源合理配置、保障经济社会可持续发展、全面建设小康社会的重大战略性基础设施。

南水北调中线、东线工程的供水对象主要是城市生活用水和工业用水,供水水质状况直接关系到京、津、冀、苏、豫、鲁等省市缺水城市居民的用水安全。根据国务院批准的《南水北调工程总体规划》,要求中线工程全线输水水质达到国家地表水环境质量Ⅱ类标准,东线工程全线输水水质达到国家地表水环境质量Ⅲ类标准。南水北调中线一期、东线一期工程分别于 2014 年、2013 年通水,水质安全保障标准高、任务重,永保一库清水、永保清水廊道是工程能否保质保量供水及发挥工程效益的关键。

本书研究范围为整个南水北调中线一期工程和东线一期工程,主要包括中线总干渠、水源区丹江口水库及重点河流以及东线江苏段平交水网地区。

2.1 南水北调中线工程

南水北调中线工程南起汉江下游湖北丹江口水库,从陶岔取水口引水,沿唐白河平原北缘、华北平原西部边缘,跨长江、淮河、黄河、海河四大流域,直达北京的团城湖和天津市外环河。中线工程是一项跨流域、长距离的特大型调水工程,担负着北京、天津、石家庄、郑州等数十座城市供水的重大任务。中线一期工程多年平均调水量 94.93 亿 m^3,其中,河南、河北、北京、天津年调水量分别为 37.70 亿 m^3、34.71 亿 m^3、12.37 亿 m^3、10.15 亿 m^3。南水北调中线工程研究区域如图 2.1 所示。

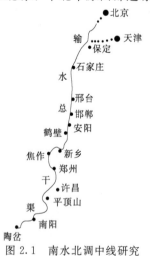

图 2.1 南水北调中线研究区域示意图

2.1.1 南水北调中线干线工程

南水北调中线工程总干渠陶岔渠首至北京团城湖,全长 1277km,分为 8 段,即陶岔—沙河南段、沙河南—黄河南段、穿黄工程段、黄河北—漳河南段、穿漳工程段、漳河北—古运河段、古运河—北拒马河中支段、北京段。渠首至北拒马河中支南长 1196.505km,采用明渠输水;北京段长 80.052km，采用 PCCP 管及暗涵输水。天津干线全长 155.419km，采用暗涵输水。输水工程总长 1431.976km。

沿线共布置各类建筑物 1750 座，其中河渠交叉建筑物 164 座（含穿黄工程），左岸排水建筑物 463 座，渠渠交叉建筑物 136 座，铁路交叉建筑物 41 座，跨渠公路桥 736 座，分水口门 88 座，节制闸 61 座，退水闸 51 座，隧洞 9 座，泵站 1 座。各分段建筑物数量见表 2.1。

表 2.1　　　　　　　总干渠工程各分段建筑物数量统计表　　　　　　　单位：座

建筑物型式	陶岔—沙河南	沙河南—黄河南	穿黄段	黄河北—漳河南	漳河段	漳河北—古运河	古运河—北拒马河	北京段	天津段	合计
河渠交叉	30	32	3	37	1	29	23	4	5	164
左岸排水	97	97	0	72	0	91	105	0	1	463
渠渠交叉	44	13	2	22	0	26	29	0	0	136
铁路交叉	3	11	0	17	0	8	2	0	0	41
公路交叉	143	157	7	149	0	149	131	0	0	736
控制建筑物	30	34	2	34	0	39	38	12	10	200
隧洞	0	0	0	0	0	0	1	2	0	9
泵站	0	0	0	0	0	0	0	0	1	0	1
合计	347	344	14	331	2	342	335	19	16	1750

总干渠主要控制点的流量规模：陶岔渠首设计流量 350m³/s，加大流量 420m³/s；穿黄河设计流量 265m³/s、加大流量 320m³/s；北拒马河（进北京）设计流量 50m³/s、加大流量 60m³/s；天津干线渠首设计流量 50m³/s、加大流量 60m³/s。

总干渠主要控制点设计水位：陶岔渠首（闸下水位）147.38 m、黄河南岸 118.00m、黄河北岸 108.00m、北拒马河 60.30m、北京团城湖 48.57m、天津干线渠首 65.27m、天津外环河 0.00m。

总干渠水头分配总的原则是，以陶岔渠首和北京团城湖设计水位为控制，将总水头在黄河南北两岸的明渠和建筑物上进行分配，力求总投资最省。总干渠总水头 98.81m，黄河以南分配水头 29.38m，黄河以北分配水头 59.43m，穿黄工程分配水头 10m。陶岔至北拒马河段采用明渠输水，总水头 87.08m，其中渠道分配水头 45.11m，建筑物分配水头 41.97m。

总干渠的水质安全风险主要包括以下几点：一是总干渠距离长，沿线存在大气降尘、微生物等多种潜在污染源；二是总干渠内深挖渠段包括四百余公里的内排段，通过单向逆止阀将地下水排入干渠。由于污染的地表水体下渗、传统污染企业生产区废水跑冒滴漏下渗和固体废物储存场地的淋滤液下渗，长达数十公里内排段的地下水劣于 Ⅳ 类，成为总干渠水质安全的重大隐患；三是总干渠工程检修时期污染物聚集后，再次通水时对下游渠段的污染；四是总干渠沿线有大量公路桥，存在发生农药、剧毒化学品翻车的突发水污染事件；五是交叉河流遭遇超标洪水，污染物漫溢进入总干渠。

2.1.2　丹江口水库及陶岔渠首

（1）丹江口水库。位于湖北省丹江口市，坝址以上控制流域面积 9.52 万 km²。是承担防洪、供水发电、灌溉、航运和养殖等综合利用任务的汉江关键工程。水库总库容 339.0 亿 m³，其中死库容为 126.9 亿 m³，兴利库容为 190.5 亿 m³；水库死水位为 150.0m，正常蓄水位 170.0m，防洪限制水位 160.0m，设计洪水位 172.2m，校核洪水位 174.35m。电站装机容量 94 万 kW（6 台 15 万 kW 机组和 2 台 2 万 kW 机组），多年平均发电量 38.3 亿 kW·h，保证出力 24.7 万 kW。

河流有汉江干流、丹江干流、老鹳河、淇河、滔河、浪河、柳林河、官山河、神定河、老灌河、巨家河等。

丹江口库区的水质安全风险主要包括以下几点：一是调水的高水质要求与水源区区域经济社会发展需求的矛盾突出，水源区结构性污染问题依然较重，污染源多而分散，治理难度大，加上水源区重要支流流经城市，城镇环境基础设施建设严重滞后，面源污染日益严重，水土流失量大面广，发生突发水污染事件可能大；二是丹江口水库加高后，库区水流进一步减缓，给库区发生水华提供了条件。

（2）陶岔渠首。

引水闸：布置在渠道中部右侧，采用 3 孔闸，孔口尺寸为 3m×7m×6.5m（孔数×宽×高）。闸室上游面与左、右岸非溢流坝上游面在同一平面内，闸室顶宽 24.6m。上游侧设交通通道宽 6m，交通道下游设门机，门机下游侧设工作闸门启闭机房。闸后设消力池，消力池顺水流向长 50m，宽 36m，池底段高程 139.5m。引水闸边孔为整体式结构，中孔孔中分缝。每段宽 15.5m，中墩厚 2.5m，孔口宽 7m，闸总宽 36m。闸室顺水流向长 38.5m，引水闸闸底板厚 2.5m，底板顶高程 140m，底板上游段设齿槽，齿槽深 5m。

电站建筑物：采用河床径流式电站，机组型式为灯泡贯流式，安装 2 台 25MW 发电机组，装机容量为 50MW。

2.2　南水北调东线工程

南水北调东线工程从长江下游扬州附近抽引长江水，利用京杭大运河及其平行的河道为输水主干线和分干线逐级提水北送，输水干线与当地河流全部为平行交叉，全长 1466km。工程作用主要是补充沿线城市及工业用水，兼顾部分农业和生态环境用水。东线工程分三期实施，其中第一期工程首先调水到苏北、山东半岛和鲁北地区，有效缓解该地区最为紧迫的城市缺水问题，并为向天津市应急供水创造条件。

2.2.1　南水北调东线干线工程

南水北调东线干线工程研究范围为南水北调东线沿线截污导流工程以下河段及东线一期主体工程所覆盖区域。调度对象包括水库、泵站、节制闸、分水闸、截污导流工程等。

南水北调东线输水干线是流域周围工农业生产废水、生活污水的唯一外排水体，全线废水排放量达到 30.3 亿 t，入河量为 21.7 亿 t，COD 排放量为 97.2 万 t，入河量为 67.1 万 t，氨氮排放总量为 13.9 万 t，入河量为 9.6 万 t。

2.2.2 南水北调东线洪泽湖

洪泽湖是我国第四大淡水湖，地处淮河、京杭大运河、苏北灌溉总渠道等黄金灌溉水道的交汇处，航运业十分发达。洪泽湖湖区面积为 2231.9km²，相应库容 52.95 亿 m³；湖面辽阔。湖区共有 4 条主要航线，洪泽境内就有两条，其中自老子山马浪岗至高良涧船闸上游的南线航道湖区段全长 32km，是湖区诸多航线中最主要的水运航通道，是豫、皖、鲁、苏数省的水运干线。航运船舶的污染如船舶排放的生活污水和油污等是其水质污染主要来源，洪泽湖区域概况如图 2.2 所示。

图 2.2　洪泽湖区域

P1—船闸上游避风港；P2—避风港；P3—避风港；P4—马良岗避风港；P5—蒋坝避风港

主要可能发生突发污染事故的位置为航线上岸边排放高良涧船闸、老子山镇马良岗和蒋坝船闸和湖中的船舶避风港 P2、P3、P4 位置。

2.2.3 南水北调东线骆马湖

骆马湖位于江苏省北部，面积 260km²（水位为 23.0m 时），是淮河流域第三大湖泊，江苏省第四大湖泊，年水位涨幅在 1.90～5.73m，年换水次数在 10 次左右，是典型的过水性湖泊。1949—1958 年，骆马湖前后完成了湖泊治理、水利枢纽设施等工程，成为受人工控制的大型平原型湖泊。

2.3　水质安全风险

通过对南水北调中线总干渠、丹江口水库及重要入库支流、丹江口上游库群及重点河流、东线总干线以及东线洪泽湖等典型区域的调查研究表明，上述区段都存在着不同程度的水质安全风险。

中线总干渠采取立体交叉布置形式，沿线有河渠交叉、左岸排水、渠渠交叉、铁路交叉、公路交叉等 5 种类型共计 1640 座。中线总干渠沿线周边设定了多层严格的保护区域，但是仍然存在大气降尘污染、挖方渠段地下水渗透污染、总干渠沿程与交叉河流超标准洪水所形成的突发性污染、我国南北不同地域不同水质的地表水水体遭遇后化学反应产生的新的污染、突发性水污染事件等水质安全威胁。另外，由于总干渠采取单向单线输水，沿程没有任何调蓄能力，一旦中间段发生水污染事件，都将对整个中线输水造成影响。如果处置不及时和不合理，除了会导致长时间的输水中断外，还将产生难以估计的后续影响，造成巨大的损失。

丹江口水库水质总体良好，但是，汉江、丹江两干流部分断面，特别是城市断面长期或时有超标；神定河、老灌河和泗河等支流入库断面或部分入干流断面长期或时有超标；丹江口水库汉库和丹库，包括中线直接取水口陶岔和坝前等水库断面，部分时段超标。丹江口水库及上游干支流大中型水库很多，组成庞大复杂的水库群。复杂水库群的建设既改变了原有的河库水动力条件，影响水体的自净能力，又可能造成新的污染物聚集，如果不能有效调节库区及上游河流水质污染物，将对水质安全保障带来威胁。

东线输水干线主要是以现有河道和湖泊为主，周围的工农业生产废水、生活污水排放，以及干线的航运船舶排放是主要的污染来源。东线洪泽湖作为豫、皖、鲁、苏等数省的水运干线，造成其水质污染的主要来源是航运船舶的污染，如船舶排放的生活污水和油污等。

第 3 章
河库渠水量水质耦合模拟技术

河库渠水量水质耦合模拟是本书"水质水量耦合模拟—预测预警—应急调控—污染处置—自动运行"技术体系的基础，其目标是构建水质水量联合调度自动化运行系统的中线水源区、中线总干渠和东线复杂水网与输水干线的水质水量耦合模拟工程化应用模型，实现河库渠内的水量水质耦合模拟。

3.1　河渠一维水流水质数值模拟技术

3.1.1　水流数值模拟技术

明渠非恒定流的计算通常基于一维圣维南（St. Venant）方程组，并采用简化的圣维南方程或者数值方法求解，工程应用上需要重点解决明满流交替、临界流、闸堰流边界处理等问题。

1. St. Venant 方程组

一维 St. Venant 方程组由连续性方程和动量方程组成：

$$\frac{\partial A}{\partial t}+\frac{\partial Q}{\partial x}=q \tag{3.1}$$

$$\frac{\partial}{\partial t}\left(\frac{Q}{A}\right)+\frac{\partial}{\partial x}\left(\alpha\,\frac{Q^2}{2A^2}\right)+g\,\frac{\partial Z}{\partial x}+g(S_f-S_0)=0 \tag{3.2}$$

式中：x、t 分别为空间和时间坐标；q 为单位长度渠道上的侧向入流流量；α 为动量修正系数；S_f 为水力坡度。

水力坡度可以根据流量模数计算确定：

$$S_f=\frac{Q|Q|}{K^2} \tag{3.3}$$

式中：K 为流量模数。

2. 方程组的差分

方程组的差分采用 Pressimann 四点时空偏心格式：

$$f_L=\theta f_j^{n+1}+(1-\theta)f_j^n \tag{3.4}$$

$$f_R=\theta f_{j+1}^{n+1}+(1-\theta)f_{j+1}^n \tag{3.5}$$

$$f_D=\psi f_j^{n+1}+(1-\psi)f_j^n \tag{3.6}$$

$$f_U=\psi f_{j+1}^{n+1}+(1-\psi)f_j^{n+1} \tag{3.7}$$

式中：j 为河道节点编号；n 为时间步长序列编号；θ 为时间权重系数；ψ 为空间权重系数。

由式（3.4）～式（3.7）可得到图 3.1 所示网格偏心点 M 的值：

$$f=\theta f_{\mathrm{U}}+(1-\theta)f_{\mathrm{D}}=\theta\left[\psi f_{j+1}^{n+1}+(1-\psi)f_j^{n+1}\right]+(1-\theta)\left[\psi f_{j+1}^n+(1-\psi)f_j^n\right] \quad (3.8)$$

式中：f 为偏心点 M 处的值。

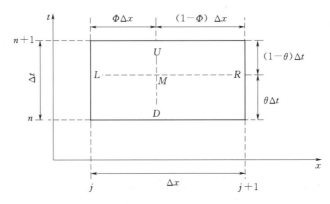

图 3.1　四点时空偏心格式示意图

研究表明，当水流是缓流 $Fr<1.0$ 时，圣维南方程组有两个特征根，$\lambda_1>0$ 或者 $\lambda_2<0$，有 $C_r=\lambda_1\dfrac{\Delta t}{\Delta x}>0$ 和 $C_r=\lambda_2\dfrac{\Delta t}{\Delta x}<0$，$C_r$ 为该格式稳定条件判别系数。

如果参数选择不当，甚至会出现波动现象和不稳定的现象，在时空的偏心格式的使用时，最好是对连续性方程和动量方程使用不同的权重系数，可确保无条件稳定。

3. 圣维南方程组离散

对圣维南方程组的动量方程和连续方程分别进行离散。

连续方程可以离散为

$$\frac{\psi}{\Delta t}(A_{j+1}^{n+1}-A_{j+1}^n)+\frac{1-\psi}{\Delta t}(A_j^{n+1}-A_j^n)+\frac{\theta}{\Delta x}(Q_{j+1}^{n+1}-Q_j^{n+1})+\frac{1-\theta}{\Delta x}(Q_{j+1}^n-Q_j^n)$$
$$=\theta\left[\psi q_{j+1}^{n+1}+(1-\psi)q_j^{n+1}\right]+(1-\theta)\left[\psi q_{j+1}^n+(1-\psi)q_j^n\right] \quad (3.9)$$

动量方程可以离散为

$$\frac{\psi}{\Delta t}\left(\frac{Q_{j+1}^{n+1}}{A_{j+1}^{n+1}}-\frac{Q_{j+1}^n}{A_{j+1}^n}\right)+\frac{1-\psi}{\Delta t}\left(\frac{Q_j^{n+1}}{A_j^{n+1}}-\frac{Q_j^n}{A_j^n}\right)+\frac{\alpha\phi}{2\Delta x}\left[\left(\frac{Q_{j+1}^{n+1}}{A_{j+1}^{n+1}}\right)^2-\left(\frac{Q_j^{n+1}}{A_j^{n+1}}\right)^2\right]$$
$$+\frac{\alpha(1-\phi)}{2\Delta x}\left[\left(\frac{Q_{j+1}^n}{A_{j+1}^n}\right)^2-\left(\frac{Q_j^n}{A_j^n}\right)^2\right]+\frac{\phi g}{\Delta x}(h_{j+1}^{n+1}-h_j^{n+1})+\frac{(1-\phi)g}{\Delta x}(h_{j+1}^n-h_j^n)$$
$$+\phi g\left[\varphi S_{f,j+1}^{n+1}+(1-\varphi)S_{f,j}^{n+1}\right]+(1-\phi)g\left[\varphi S_{f,j+1}^n+(1-\varphi)S_{f,j}^n\right]-gS_0=0 \quad (3.10)$$

4. 方程离散后线性化

离散后的方程是非线性的，需要应用循环迭代离散后的连续方程和动量方程才能求解。本书采用线性化处理离散后的方程，在循环求解过程中，用式（3.12）计算当前值：$h=h^*+\Delta h$，$Q=Q^*+\Delta Q$。其中，h^*、Q^* 代表上一个循环的变量值。

线性化连续方程用到如下关系式：

$$A_j^{n+1} = A_j^* + \Delta A_j = A_j^* + B_j^* \Delta h_j \\ A_{j+1}^{n+1} = A_{j+1}^* + \Delta A_{j+1} = A_{j+1}^* + B_{j+1}^* \Delta h_{j+1} \Bigg\} \tag{3.11}$$

$$Q_j^{n+1} = Q_j^* + \Delta Q_j \\ Q_{j+1}^{n+1} = Q_{j+1}^* + \Delta Q \Bigg\} \tag{3.12}$$

式中：带 * 号的变量表示上一循环的变量值；ΔQ、ΔA、Δh 分别为流量、过流面积和水深的增量；B 为过流水面宽度。

把式 (3.11)、式 (3.12) 代入式 (3.10) 并整理得

$$a_{2j} \Delta h_j + b_{2j} \Delta Q_j + c_{2j} \Delta h_{j+1} + d_{2j} \Delta Q_{j+1} = e_{2j} \tag{3.13}$$

其中：

$$a_{1j} = \frac{(1-\psi)B_j^*}{\Delta t} \quad b_{1j} = \frac{-\theta}{\Delta x} \quad c_{1j} = \frac{\psi B_{j+1}^*}{\Delta t} \quad d_{1j} = \frac{\theta}{\Delta x}$$

$$e_{1j} = -\frac{\psi}{\Delta t}(A_{j+1}^* - A_{j+1}^n) - \frac{1-\psi}{\Delta t}(A_j^* - A_j^n) - \frac{\theta}{\Delta x}(Q_{j+1}^* - Q_j^*) - \frac{1-\theta}{\Delta x}(Q_{j+1}^* - Q_j^n) \\ + \theta\left[\psi q_{j+1}^{n+1} + (1-\psi)q_j^{n+1}\right] + (1-\theta)\left[\psi q_{j+1}^n + (1-\psi)q_j^n\right]$$

圣维南方程组经过以上差分格式差分并线性化处理，可得到式 (3.13) 线性方程。

5. 线性方程求解

方程式 (3.13) 组成的系数均由初值或者上一次迭代的值计算，所以方程为常系数线性方程。对于该河道一共有 m 个断面，可列 $2(m-1)$ 个方程，然后该河道共有 $2m$ 个变量，再加上、下游外边界调节后，共有 $2m$ 个方程，形成封闭的代数方程组。形成的封闭代数方程组矩阵形式为

$$\boldsymbol{AX} = \boldsymbol{D} \tag{3.14}$$

其中，$\boldsymbol{A}$、$\boldsymbol{X}$、$\boldsymbol{D}$ 的矩阵形式分别为

$$\boldsymbol{A} = \begin{Bmatrix} a_1 & b_1 & & & & & \\ a_2 & b_2 & c_2 & d_2 & & & \\ a_3 & b_3 & c_3 & d_3 & & & \\ & & a_4 & b_4 & c_4 & d_4 & \\ & & a_5 & b_5 & c_5 & d_5 & \\ & & \ddots & \ddots & \ddots & \ddots & \\ & & & a_{2m-2} & b_{2m-2} & c_{2m-2} & d_{2m-2} \\ & & & a_{2m-1} & b_{2m-1} & c_{2m-1} & d_{2m-1} \\ & & & & & a_{2m} & b_{2m} \end{Bmatrix}, \quad \boldsymbol{X} = \begin{Bmatrix} \Delta h_1 \\ \Delta Q_1 \\ \Delta h_2 \\ \Delta Q_2 \\ \Delta h_3 \\ \vdots \\ \Delta Q_{m-1} \\ \Delta h_m \\ \Delta Q_m \end{Bmatrix}, \quad \boldsymbol{D} = \begin{Bmatrix} e_1 \\ e_2 \\ e_3 \\ e_4 \\ e_5 \\ \vdots \\ e_{2m-2} \\ e_{2m-1} \\ e_{2m} \end{Bmatrix}$$

对于以上方程组采用从下向上依次递推求解。

6. 恒定非均匀流计算模型

恒定非均匀流计算模型应能够计算各个分水口不同分水流量的组合情况，恒定非均匀流计算的水面线作为非恒定流计算的初始条件。首先计算恒定非均匀流水面线的常微分方程：

$$\frac{\mathrm{d}h}{\mathrm{d}x} = \frac{S_0 - S_f}{1 - Fr^2} \tag{3.15}$$

式中：Fr 为弗劳德数；S_f 为水力坡度；S_0 为渠道底坡。

用 Runge - Kutta 对式（3.15）进行积分，就算出各个断面的水深，并计算出各个节制闸的开度。

其次，用 Runge - Kutta 求解水面线方程所得的结果与非恒定流不具有相容性，在恒定流情况下，把求解水面线方程所得的结果作为恒定流圣维南方程组的初始条件来求解，恒定非均匀流可用式（3.16）表示：

$$\left.\begin{aligned} \frac{\partial Q}{\partial x} &= q \\ \frac{\partial}{\partial x}\left(\alpha\,\frac{Q^2}{2A^2}\right) + g\,\frac{\partial Z}{\partial x} + g(S_f - S_0) &= 0 \end{aligned}\right\} \tag{3.16}$$

式中：各个变量的含义同式（3.1）、式（3.2）。

对于式（3.16）用非恒定流的离散格式和数值计算方法进行求解，是为了使非恒定流可以收敛到相应的恒定流上，即恒定流模型与非恒定流模型满足"相容性"准则。

3.1.2　水质数值模拟技术

明渠水质模型用一维水质控制方程描述，其基本方程如下：

$$\frac{\partial AC}{\partial t} + u\,\frac{\partial QC}{\partial x} = \frac{\partial}{\partial x}\left(EA\,\frac{\partial C}{\partial x}\right) - KAC + \frac{A}{h}S_r + S \tag{3.17}$$

式中：C 为污染物的断面平均浓度；Q 为断面流量；E 为断面的扩散系数，S 为旁侧入流中污染物的量。

1. 离散方程推导

对于正常渠道没有边界条件的河段，水质模型的推导采用均衡域中物质质量守恒的方式进行，从而得出水质模型方程的离散方程格式。河道均衡域的示意图如图 3.2 所示。

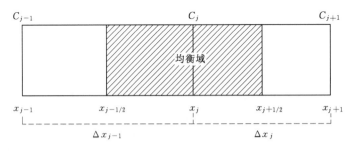

图 3.2　均衡域示意图

如图 3.2 所示，均衡域在任意时刻的体积为

$$V_j = \frac{1}{4}(A_{j-1/2} + A_j)\Delta x_{j-1} + \frac{1}{4}(A_{j+1/2} + A_j)\Delta x_j \tag{3.18}$$

式中：A 为河道断面的横截面积；x 为断面的桩号；Δx_j 为 x_{j+1} 与 x_j 的差值。

其中，$A_{j-1/2}=(A_{j-1}+A_j)/2$；$A_{j+1/2}=(A_{j+1}+A_j)/2$，则均衡域的体积为

$$V_j=\frac{1}{8}(A_{j-1/2}+3A_j)\Delta x_{j-1}+\frac{1}{8}(A_{j+1/2}+3A_j)\Delta x_j \tag{3.19}$$

计算时间步长 Δt 内均衡域中污染物质质量的变化量为

$$\Delta m=V_j^{n+1}C_j^{n+1}-V_j^n C_j^n \tag{3.20}$$

式中：C 为污染物浓度；n 代表前一计算时刻；$n+1$ 代表后一计算时刻。

2. 移流扩散作用引起均衡域的物质变化量

移流扩散是水体自净的一个重要作用，其形式主要有移流、分子扩散、紊动扩散和弥散。

（1）移流作用。污染物的迁移沿流向的输移通量为

$$F_x=uC \tag{3.21}$$

式中：F_x 为过水断面上某点沿 x 方向的污染物输移通量；u 为某点沿 x 方向时均流速；C 为某点污染物的时均浓度。

则整个断面的输移速率为

$$F_A=Au_{均} C_{均}=QC_{均} \tag{3.22}$$

式中：F_A 为断面 A 上的污染物输移通量；$u_{均}$ 为断面上的平均流速；$C_{均}$ 为平均浓度；Q 为断面上的流量。

（2）分子扩散作用。分子扩散过程服从费克第一定律，其公式为

$$M_m=-E_m\frac{\partial C}{\partial x} \tag{3.23}$$

式中：M_m 为在 x 方向上由于分子扩散通量；C 为某点的污染物浓度；E_m 为分子扩散系数，污染物在水中的分子扩散系数，一般在 $10^{-9}\sim10^{-8}\mathrm{m^2/s}$ 之间变化。

（3）紊动扩散作用。紊动扩散过程服从费克第一定律，其公式为

$$M_t=-E_t\frac{\partial C}{\partial x} \tag{3.24}$$

式中：M_t 为沿 x 方向污染物的紊动扩散通量；E_t 为 x 方向的紊动扩散系数。

对于雷诺数 $Re=10^4$ 左右湍流流场，紊动扩散系数可达 $E_t=3.36\times10^{-4}\mathrm{m^2/s}$，而分子扩散系数 E_m 为 $10^{-9}\sim10^{-8}\mathrm{m^2/s}$，可见河流中紊动扩散作用比分子扩散作用强得多。

（4）离散（弥散）作用。离散作用可以用式（3.25）表示：

$$M_d=-E_d\frac{\partial C}{\partial x} \tag{3.25}$$

式中：M_d 为污染物沿纵向的离散通量；C 为断面污染物平均浓度；E_d 为纵向离散系数。

通常的明渠流中 E_d 可达 $10\sim10^3\mathrm{m^2/s}$，与分子扩散系数 E_m 和紊动扩散系 E_t 数比起来要大得多，因此在明渠流中，起主导作用的基本上是纵向离散系数。

（5）均衡域污染物质量的变化。污染物质进入、离开均衡域引起的均衡域污染物质量的变化量，其表现形式为

$$\Delta m_1 = m_{11} - m_{12} + m_{21} - m_{22} + m_{31} - m_{32} + m_{41} - m_{42}$$

$$= Q_{j-1/2}C_{j-1/2}\Delta t - Q_{j+1/2}C_{j+1/2}\Delta t$$

$$- A_{j-1/2}E_{mj-1/2}\frac{C_j - C_{j-1}}{\Delta x_{j-1}}\Delta t + A_{j+1/2}E_{mj+1/2}\frac{C_{j+1} - C_j}{\Delta x_j}\Delta t$$

$$- A_{j-1/2}E_{tj-1/2}\frac{C_j - C_{j-1}}{\Delta x_{j-1}}\Delta t + A_{j+1/2}E_{tj+1/2}\frac{C_{j+1} - C_j}{\Delta x_j}\Delta t$$

$$- A_{j-1/2}E_{dj-1/2}\frac{C_j - C_{j-1}}{\Delta x_{j-1}}\Delta t + A_{j+1/2}E_{dj+1/2}\frac{C_{j+1} - C_j}{\Delta x_j}\Delta t \qquad (3.26)$$

3. 污染物源汇项处理

（1）旁侧入流进入均衡域的污染物质量。如果明渠有旁侧入流，并且旁侧入流中含有污染物，则需要考虑旁由侧入流携带的污染物的量。假设旁侧入流单位长度的流量为 q，入流污染物的浓度为 C_q，则旁侧入流进入均衡域的污染物的质量为

$$\Delta m_2 = \frac{(q_{j-1}C_{qj-1} + q_jC_{qj})\Delta x_{j-1}}{4}\Delta t + \frac{(q_jC_{qj} + q_{j+1}C_{qj+1})\Delta x_j}{4}\Delta t$$

$$= \frac{q_{j-1}C_{qj-1}\Delta x_{j-1} + q_{j+1}C_{qj+1}\Delta x_j}{4}\Delta t + \frac{q_jC_{qj}(\Delta x_{j-1} + \Delta x_j)}{4}\Delta t \qquad (3.27)$$

（2）生物化学反应降解的污染物的质量。如果模拟可降解或者可参加某些化学反应的污染物，本书认为这些反应和降解符合一级反应动力学方程，则该污染物的降解和化学反应都可以用一阶反应速率和零阶反应速率来考虑，反应系数分别为 α_1 和 α_0，并规定正号表示污染物减少的速率，则计算时间步长 Δt 内均衡域中污染物减少的质量为

$$\Delta m_3 = (\alpha_0 V_j + \alpha_1 V_j C_j)\Delta t \qquad (3.28)$$

（3）污染物的沉淀与再悬浮。当明渠水流中的污染物与悬浮于水流的微小颗粒相互碰撞时，就会有一部分被吸附在固体颗粒的表面，并且在一定的条件下沉入水底，使水体中的污染物的浓度降低，起到了一定的净化作用；然而，被吸附的污染物也会在一定的条件下，也会重新溶于水体中，使水体的污染物浓度增加。

在水质数学模型中，污染物的沉淀与再悬浮的模拟，一般采用一级动力反应方程：

$$\frac{dC}{dt} = -KC \qquad (3.29)$$

式中：C 为污染物的实时浓度；K 为沉淀与悬浮的综合系数，当 K 为正号时表示沉淀作用大于悬浮作用，当 K 为负号时，表示沉淀作用小于悬浮作用，K 的大小与水流速度、泥沙组成、温度等因素有关，可通过实际模型模拟计算，也可通过实验方法加以修正获得。

（4）突发点源污染。本书所指的点源污染是指突发性污染事件进入河道和湖泊的污染物。设单位时间内排放的污染物的质量可用式（3.30）来表示：

$$\Delta m_5 = mm\Delta t \qquad (3.30)$$

式中：mm 为单位时间排入均衡域的污染物的质量。

4. 离散方程及其系数

从污染物溶质平衡的角度出发，计算时间步长 Δt 内均衡域中污染物溶质质量的变

化应与进入、离开该均衡域中所有质量之和相等，则

$$\Delta m = \Delta m_1 + \Delta m_2 - \Delta m_3 + \Delta m_4 + \Delta m_5 \tag{3.31}$$

将式（3.27）～式（3.30）带入式（3.31）得

$$V_j C_j - V_j^n C_j^n = Q_{j-1/2} C_{j-1/2} \Delta t - Q_{j+1/2} C_{j+1/2} \Delta t$$

$$- A_{j-1/2} E_{\mathrm{d}j-1/2} \frac{C_j - C_{j-1}}{\Delta x_{j-1}} \Delta t + A_{j+1/2} E_{\mathrm{d}j+1/2} \frac{C_{j+1} - C_j}{\Delta x_j} \Delta t \times$$

$$\frac{q_{j-1} C_{\mathrm{q}j-1} \Delta x_{j-1} + q_{j+1} C_{\mathrm{q}j+1} \Delta x_j}{4} \Delta t + \frac{q_j C_{\mathrm{q}j} (\Delta x_{j-1} + \Delta x_j)}{4} \Delta t$$

$$- (\alpha_0 V_j + \alpha_1 V_j C_j) \Delta t - K C_j V_j \Delta t + mm \Delta t \tag{3.32}$$

式中：没有上标 $n+1$ 的变量都表示 $n+1$ 时刻的值。

5. 边界条件处理

（1）上游边界。上游边界为渠道的首断面，本书中均衡域格式中上游边界指第一个断面节点和第二个断面节点之间的半个河段，如图 3.3 所示。

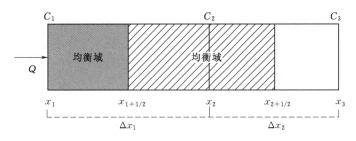

图 3.3 上游边界示意图

1）已知浓度的上游边界。河道上游边界节点处的污染物浓度已知，则可用式（3.33）表示：

$$C = C_1(t) \tag{3.33}$$

式中：C 为上游首断面（均衡域）污染物的浓度；$C_1(t)$ 为污染物浓度随时间的函数。

2）已知通量的上游边界。上游边界为渠道的首段面，当上游断面污染物的通量大小已知时，则由首断面进入均衡域的污染物的质量可用式（3.34）表示：

$$m_{11} + m_{41} = Q_1 C \Delta t \tag{3.34}$$

式中：m_{11} 为时间步长内，移流进入均衡域的污染物的质量；m_{41} 为时间步长内，离散作用进入均衡域的污染物的质量。

（2）下游边界。下游边界为渠道的末断面，本书均衡域格式中下游边界指第最后一个断面节点和倒数第二个断面节点之间的半个河段，如图 3.4 所示。

1）已知浓度的下游边界。河道下游边界节点处的污染物浓度已知，则可用式（3.35）表示：

$$C = C_{\mathrm{m}}(t) \tag{3.35}$$

式中：C 为下游末断面（均衡域）污染物的浓度；$C_{\mathrm{m}}(t)$ 是污染物浓度随时间的函数。

2）无条件的下游边界。对于河道下游末断面，由于水流流出河道，出流中污染物

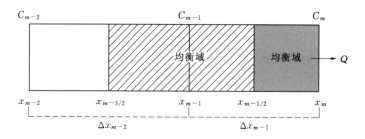

图 3.4 下游边界示意图

的浓度为外界的浓度，即可用式（3.36）表示：

$$m_{12} + m_{42} = Q_m C_m \Delta t \tag{3.36}$$

式中：m_{11} 为时间步长内，移流离开均衡域的污染物的质量；m_{41} 为时间步长内，离散作用离开均衡域的污染物的质量。

6. 分水口水质模拟

渠道的分水口处有流量被分流，相应的也会有一定量的污染物被分出去，分出去的

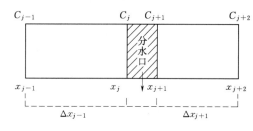

图 3.5 分水口示意图

这一部分就不属于系统内的物质，属于外界的污染。渠道在分水口处被分成了两段，分别为分水口上端和分水口下端，如图3.5所示。

（1）分水口上端处理。渠道在分水口处被分成了两段，分水口的上端位于上游河道的末端，分水口上端的处理与渠道末端的处理方法相同。按照渠道末端的处理方法对分水口上端处理得

$$\alpha_0 V_j - \frac{V_j^n C_j^n}{\Delta t} - \frac{q_j C_{qj} \Delta x_{j-1}}{4} - \frac{q_{j-1} C_{qj-1} \Delta x_{j-1}}{4} - mm$$

$$= \left\{ Q_{j-1/2} \theta + \frac{A_{j-1/2} E_{dj-1/2}}{\Delta x_{j-1}} \right\} C_{j-1}$$

$$+ \left\{ Q_{j-1/2}(1-\theta) - \frac{A_{j-1/2} E_{dj-1/2}}{\Delta x_{j-1}} - Q_j - \alpha_1 V_j - k V_j - \frac{V_j}{\Delta t} \right\} C_j \tag{3.37}$$

此时，$D_{1j} = Q_{j-1/2}\theta + \frac{A_{j-1/2} E_{dj-1/2}}{\Delta x_{j-1}}$；

$D_{2m} = Q_{j-1/2}(1-\theta) - \frac{A_{j-1/2} E_{dj-1/2}}{\Delta x_{j-1}} - Q_j - \alpha_1 V_j - k V_j - \frac{V_j}{\Delta t}$；

$D_{4m} = \alpha_0 V_j - \frac{V_j^n C_j^n}{\Delta t} - \frac{q_j C_{qj} \Delta x_{j-1}}{4} - \frac{q_{j-1} C_{qj-1} \Delta x_{j-1}}{4} - mm$；

$Q_{j-1/2} = \frac{Q_{j-1} + Q_j}{2}$；$A_{j-1/2} = \frac{A_{j-1} + A_j}{2}$；$E_{dj-1/2} = \frac{E_{dj-1} + E_{dj}}{2}$；$V_j = \frac{1}{8}(3A_j + A_{j-1})\Delta x_{j-1}$

（2）分水口下端处理。分水口的下端边界和已知通量的渠道入口边界类似，则此时

进入分水口下端的污染物通量为

$$m_{11}+m_{41}=Q_j C_{j-1}\Delta t \tag{3.38}$$

7. 方程组求解

对于一共有 m 个断面的河道，可列 m 个式（3.39）形式的方程，形成封闭的代数方程组。形成的封闭代数方程组矩阵形式为

$$DC=d \tag{3.39}$$

其中，D、C、d 的矩阵形式分别为

$$A=\begin{Bmatrix} D_{21} & D_{31} \\ D_{12} & D_{22} & D_{32} \\ & D_{13} & D_{23} & D_{33} \\ & & \ddots & \ddots & \ddots \\ & & & D_{1(m-1)} & D_{2(m-1)} & D_{3(m-1)} \\ & & & & D_{1m} & D_{2m} \end{Bmatrix}, \quad C=\begin{Bmatrix} C_1 \\ C_2 \\ C_3 \\ \vdots \\ C_{m-1} \\ C_m \end{Bmatrix}, \quad d=\begin{Bmatrix} D_{41} \\ D_{42} \\ D_{43} \\ \vdots \\ D_{4(m-1)} \\ D_{4m} \end{Bmatrix}$$

3.2 湖泊二维水动力水质模拟技术

3.2.1 沿水深平均的平面二维流动基本方程组

在天然水流中，水平尺度一般远大于垂向尺度，流速等水力参数沿垂直方向的变化比沿水平方向的变化要小得多，因此，可以不考虑水力参数沿垂向的变化，并假定沿水深方向的动水压强分布符合静水压强分布。将三维流动的基本方程式和紊流时均方程式沿水深积分平均，即可得到沿水深平均的平面二维流动的基本方程。

在垂向积分过程中，采用以下定义和公式：

定义水深为

$$H=\zeta-Z_0 \tag{3.40}$$

式中：H 为水深；ζ、Z_0 分别为某一基准面（图 3.6）下的液面水位和河床高程。

定义沿水深平均流速 U_i 和时均流速 $\overline{u_i}$ 的关系为

$$U_i=\frac{1}{H}\int_{z_0}^{\zeta}\overline{u_i}\mathrm{d}z \tag{3.41}$$

引用莱布尼兹公式：

$$\frac{\partial}{\partial x_i}\int_a^b f\mathrm{d}z=\int_a^b \frac{\partial f}{\partial x_i}\mathrm{d}z+f\mid_b\frac{\partial b}{\partial x_i}-f\mid_a\frac{\partial a}{\partial x_i} \tag{3.42}$$

自由表面及底部运动学条件：

$$\overline{u_z}\mid_{z=\zeta}=\frac{\overline{D\zeta}}{Dt}=\frac{\partial\zeta}{\partial t}+\frac{\partial\zeta}{\partial x}\overline{u_x}\mid_{z=\zeta}+\frac{\partial\zeta}{\partial y}\overline{u_y}\mid_{z=\zeta} \tag{3.43}$$

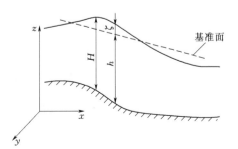

图 3.6 水位基准示意图

$$\overline{u}_z \mid_{z=z_0} = \frac{D\overline{Z}_0}{Dt} = \frac{\partial \overline{Z}_0}{\partial t} + \frac{\partial \overline{Z}_0}{\partial x}\overline{u}_x \mid_{z=z_0} + \frac{\partial \overline{Z}_0}{\partial y}\overline{u}_y \mid_{z=z_0} \tag{3.44}$$

1. 沿水深平均的连续性方程

用上述定义和公式对连续性方程式（即三维流动的基本方程）沿水深平均得

$$\frac{\partial H}{\partial t} + \frac{\partial H u_j}{\partial x_j} = q, j = 1, 2 \tag{3.45}$$

式中：q 为单位面积上进出水体的流量，流入为正，流出为负。

2. 沿水深平均的运动方程

在 x 方向上，紊流时沿水深平均的运动方程为

$$\int_{z_0}^{\zeta}\left[\frac{\partial \overline{u_x}}{\partial t} + \frac{\partial}{\partial x}(\overline{u_x}\,\overline{u_x}) + \frac{\partial}{\partial x}(\overline{u_x}\,\overline{u_y}) + \frac{\partial}{\partial x}(\overline{u_x}\,\overline{u_z}) + \frac{1}{\rho_m}\frac{\partial \overline{p}}{\partial x} - \varepsilon\left(\frac{\partial^2 \overline{u_x}}{\partial x^2} + \frac{\partial^2 \overline{u_x}}{\partial y^2} + \frac{\partial^2 \overline{u_x}}{\partial z^2}\right)\right]\mathrm{d}z = 0 \tag{3.46}$$

（1）非恒定积分：

$$\int_{z_0}^{\zeta}\left[\frac{\partial \overline{u_x}}{\partial t} + \frac{\partial}{\partial x}(\overline{u_x}\,\overline{u_x}) + \frac{\partial}{\partial x}(\overline{u_x}\,\overline{u_y}) + \frac{\partial}{\partial x}(\overline{u_x}\,\overline{u_z})\right]\mathrm{d}z = \frac{\partial H u_x}{\partial t} + \frac{\partial H u_x u_x}{\partial x} + \frac{\partial H u_x u_y}{\partial y} \tag{3.47}$$

（2）对流项积分。首先将时均流速分解为 $\overline{u_i} = u_i + \Delta \overline{u_i}$，式中 U_i 为垂线平均流速，$\Delta \overline{u_i}$ 为时均流速 $\overline{u_i}$ 与垂线平均流速 u_i 的差值。沿 x、y 方向的分量分别为

$$\overline{u_x} = u_x + \Delta \overline{u_x} \qquad \overline{u_y} = u_y + \Delta \overline{u_y} \tag{3.48}$$

$$\int_{z_0}^{\zeta}\frac{\partial}{\partial x}(\overline{u_x}\,\overline{u_x})\mathrm{d}z = \frac{\partial}{\partial x}\int_{z_0}^{\zeta}\overline{u_x}\,\overline{u_x}\mathrm{d}z - \frac{\partial \overline{\zeta}}{\partial x}\overline{u_x}\,\overline{u_x}\mid_{z=\zeta} + \frac{\partial \overline{z_0}}{\partial x}\overline{u_x}\,\overline{u_x}\mid_{z=z_0} \tag{3.49}$$

$$\int_{z_0}^{\zeta}\overline{u_x}\,\overline{u_x}\mathrm{d}z = \int_{z_0}^{\zeta}(u_x + \Delta \overline{u_x})(u_x + \Delta \overline{u_x})\mathrm{d}z = \int_{z_0}^{\zeta}(u_x u_x + \Delta \overline{u_x}\Delta \overline{u_x} + 2u_x \Delta \overline{u_x})\mathrm{d}z$$

$$= H u_x u_x + \int_{z_0}^{\zeta}\Delta \overline{u_x}\Delta \overline{u_x}\mathrm{d}z = \beta_{xx}H u_x u_x \tag{3.50}$$

式中的 $\beta_{xx} = 1 + \dfrac{\displaystyle\int_{z_0}^{\zeta}\Delta \overline{u_x}\Delta \overline{u_x}\mathrm{d}z}{H u_x u_x}$ 是由于流速沿垂线分布不均匀而引入的修正系数，类似于力学中的动量修正系数，β_{xx} 的数值一般取在 $1.02 \sim 1.05$ 之间，可以近似取为 1.0。因此：

$$\int_{z_0}^{\zeta}\frac{\partial}{\partial x}(\overline{u_x}\,\overline{u_x})\mathrm{d}z = \frac{\partial H u_x u_x}{\partial x} - \frac{\partial \overline{\zeta}}{\partial x}\overline{u_x}\,\overline{u_x}\mid_{z=\zeta} + \frac{\partial \overline{z_0}}{\partial x}\overline{u_x}\,\overline{u_x}\mid_{z=z_0} \tag{3.51}$$

类似地可以得到

$$\int_{z_0}^{\zeta}\frac{\partial}{\partial y}(\overline{u_x}\,\overline{u_y})\mathrm{d}z = \frac{\partial H u_x u_y}{\partial y} - \frac{\partial \overline{\zeta}}{\partial y}\overline{u_x}\,\overline{u_y}\mid_{z=\zeta} + \frac{\partial \overline{z_0}}{\partial y}\overline{u_x}\,\overline{u_y}\mid_{z=z_0} \tag{3.52}$$

$$\int_{z_0}^{\zeta}\frac{\partial}{\partial z}(\overline{u_x}\,\overline{u_z})\mathrm{d}z = \overline{u_x}\,\overline{u_z}\mid_{z=\zeta} - \overline{u_x}\,\overline{u_z}\mid_{z=z_0} \tag{3.53}$$

将式（3.47）、式（3.51）、式（3.52）、式（3.53）相加，并利用底部及自由表面运动学条件，可得

$$\int_{z_0}^{\zeta}\left[\frac{\partial \overline{u_x}}{\partial t}+\frac{\partial}{\partial x}(\overline{u_x}\,\overline{u_x})+\frac{\partial}{\partial x}(\overline{u_x}\,\overline{u_y})+\frac{\partial}{\partial x}(\overline{u_x}\,\overline{u_z})\right]\mathrm{d}z=\frac{\partial Hu_x}{\partial t}+\frac{\partial Hu_xu_x}{\partial x}+\frac{\partial Hu_xu_y}{\partial y}$$

$$(3.54)$$

（3）压力项积分：

$$\int_{z_0}^{\zeta}\frac{\partial \overline{p}}{\partial x}\mathrm{d}z=\frac{\partial}{\partial x}\int_{z_0}^{\zeta}\overline{p}\,\mathrm{d}z-\frac{\partial \overline{\zeta}}{\partial x}\overline{p}\,|_{z=\zeta}+\frac{\partial \overline{z_0}}{\partial x}\overline{p}\,|_{z=z_0}$$

$$=\frac{\partial}{\partial x}\int_{z_0}^{\zeta}\rho_{\mathrm{m}}g(\overline{\zeta}-z)\mathrm{d}z-\frac{\partial \overline{\zeta}}{\partial x}\rho_{\mathrm{m}}g(\overline{\zeta}-z)\,|_{z=\zeta}+\frac{\partial \overline{z_0}}{\partial x}\rho_{\mathrm{m}}g(\overline{\zeta}-z)\,|_{z=z_0}$$

$$=\rho_{\mathrm{m}}gH\frac{\partial h}{\partial x}+\rho_{\mathrm{m}}gH\frac{\partial \overline{z_0}}{\partial x}=\rho_{\mathrm{m}}gH\frac{\partial \overline{\zeta}}{\partial x}$$

$$(3.55)$$

（4）阻力项积分。通常，浅水水体中的阻力项包括底部床面阻力和表面风阻力引起的阻力项。另外，水体的流动还受到地转科氏力的影响，根据我国处于北半球的特点，综合考虑阻力作用，可以采用式（3.56）表示：

$$\frac{\tau_{\mathrm{w}x}}{\rho}-\frac{\tau_{\mathrm{b}x}}{\rho}+fu_y$$

$$(3.56)$$

式中：$\tau_{\mathrm{w}x}$ 为水面风应力 x 分量；$\tau_{\mathrm{b}x}$ 为水底摩擦力 x 分量；ρ 为水体密度；f 为 Coriolis 系数，$f=2\omega\sin\varphi$（φ 为当地纬度，$\omega=7.29\times10^{-5}\mathrm{rad/s}$，即地球自转角速度）。

根据推导过程中所引用的假定条件，在使用上述方程时应注意以下几个方面的问题：

（1）方程推导中引用了牛顿流体所满足的本构关系式，因此上述方程只适用于牛顿流体，对类似高含沙水流的非牛顿流体不适用。

（2）方程推导中对流体做了均质不可压缩的假设，因此上述方程只能在含沙量较小的情况下近似使用，当含沙量较大时，应考虑密度变化的影响。

（3）在垂向积分过程中，略去流速等水力参数沿垂直方向的变化，假定沿水深方向的动水压强分布符合静水压强分布。因此所研究问题的水平尺度应远大于垂向尺度，流速等水力参数沿垂直方向的变化较之沿水平方向的变化要小得多。

3. 平面二维浅水方程

由以上推导可得浅水方程组的连续方程和运动方程。忽略紊动项的影响，并用 u 表示 x 方向的流速，用 v 表示 y 方向的流速，将浅水方程组简化为

连续方程：

$$\frac{\partial H}{\partial t}+\frac{\partial(uH)}{\partial x}+\frac{\partial(vH)}{\partial y}=q$$

$$(3.57)$$

动量守恒方程：

x 方向上为

$$\frac{\partial u}{\partial t}+u\frac{\partial u}{\partial x}+v\frac{\partial u}{\partial y}+g\frac{\partial z}{\partial x}-fv=\frac{\tau_{\mathrm{w}x}}{\rho}-\frac{\tau_{\mathrm{b}x}}{\rho}$$

$$(3.58)$$

y 方向上为

$$\frac{\partial v}{\partial t}+u\frac{\partial v}{\partial x}+v\frac{\partial v}{\partial y}+g\frac{\partial z}{\partial y}+fu=\frac{\tau_{\mathrm{w}y}}{\rho}-\frac{\tau_{\mathrm{b}y}}{\rho}$$

$$(3.59)$$

初始条件为

$$H(x,y,t)\big|_{t=0}=H_0(x,y),(x,y)\in G$$

对于地表浅水流动方程，常需截取一部分水体形成的有界计算域，因而边界可以分为两类：一是陆边界（闭边界），是实际存在的；二是水边界（开边界），是人为规定的。为了求解浅水方程，对不同的流动，方程是统一的，决定了解的定性构造，而初始条件和边界条件是解的定量依据。

3.2.2　平面二维水质模型基本方程

在涉及浅水水体（如湖泊等）宽阔水域的水质问题分析时，可以近似认为水流浓度垂向分布均匀，只需要进行水流、水质变量在纵向与横向的水平方向上的分析模拟计

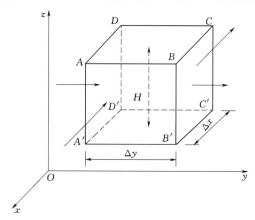

图 3.7　污染物迁移扩散均衡单元体

算。由于污染物在地表水体中迁移、扩散和离散作用，在考虑单元体污染物的物质守恒情况时主要研究 3 个作用的影响。同时，还需要研究单元体内物理、化学、生物作用的影响。在流场中取一从底部至水面的微小水体，即如图 3.7 所示的均衡单元体，根据质量守恒定律，通过分析单元体内污染物的物质守恒情况来推导平面二维水质模型的基本方程。

任意 dt 时段内，各种因素作用所引起的微分单元体内某种污染物的质量增量包括在水平面（x，y）方向上的各种因素引起的变化量。这些因素包括移流运动、分子扩散运动、紊动扩散作用、水流离散作用和其他作用引起的质量增量。根据质量守恒原理，各项作用引起单元体积内污染物的增（减）量相加，必然等于该单元体内污染物在 dt 时段内的变化量，因此，可以建立均衡单元体的水质迁移转化的微分方程。由于在浅水流动中，离散作用（离散系数）比分子扩散作用（分子扩散系数）、紊动扩散作用（紊动扩散系数）大得多，后者与前者相比，常常可以忽略。因此，可得平面二维水质方程的数学模型：

$$\frac{\partial(CH)}{\partial t}+\frac{\partial(uCH)}{\partial x}+\frac{\partial(vCH)}{\partial y}-\frac{\partial}{\partial x}\left(E_x\frac{\partial CH}{\partial x}\right)-\frac{\partial}{\partial y}\left(E_y\frac{\partial CH}{\partial y}\right)+H\sum S_i+F(C)=0$$

$$(x,y)\in G,t>0$$

(3.60)

式中：C 为求解污染物的浓度，g/m³；H 为水深，m；t 为时间，h；u，v 分别为 x，y 方向上的速度分量，m/s；E_x，E_y 分别为 x，y 方向上的离散系数，m/s²；S_i 为源汇项 g/(m²·s)；$F(C)$ 为反应项。

3.2.3　平面二维浅水方程的求解

目前，对于二维浅水方程的求解研究较多，提出的方法也不少。很多研究人员将有限差分法、特征法、有限元法和有限体积法用于求解平面二维浅水动力学方程组；将有

限差分法、有限元法和有限分析法用于求解平面二维水质模型方程组。尽管对于单一的水动力方程或者单一的水质方程某个方法应用较好，且在精细模拟和解的精度上都有优势，但是对于解决区域性的问题效率太低，而且在结果分析上也不能凸显其精确性。因此，对于应用平面二维浅水方程（包括水动力和水质模型方程）来描述区域性的水环境问题，本书选择有限元法求解。

3.2.4　边界处理

对于水动力和水质数值模型计算，边界条件可分为两类：一是规定边界点的部分或全部变量值，或变量之间的关系，以反映计算域外部对计算域的影响，称为物理边界条件（简称边界条件）；二是为了确定边界点其余变量而给出的补充数学条件，反映了计算域内部的影响，称数值边界条件。这两类边界条件的处理在浅水方程的有限元求解过程中有阐述。本节主要介绍一下有限元内边界处理和动边界处理。

1. 内边界

研究域可能存在内边界。如图 3.8 所示。由于有限单元法的剖分网很方便，所以内边界的处理方法完全同于外边界。

2. 动边界

另外，水动力模型中的动边界处理较有难度。这是因为在有限元法计算过程中，计算域内部分计算单元存在干湿循环变化的现象，可根据本单元及相邻单元的水力条件来计算。在单元变干的过程中，有水的单元通过流量（即单元边质量通量）向四周邻近单元传输水量，当单元内水深小于指定的阈值后变成干单元。反之，在单元变湿的过程中，由于周边邻近单元来水流量，当单元内水深大于指定的阈值后干单元变成湿单元。在本书设计的程序中，水深阈值取为 0.04m。当某一单元处于干状态，该单元不参加计算；当单元为湿单元时，加入单元计算，应用有限元法求解方程组。

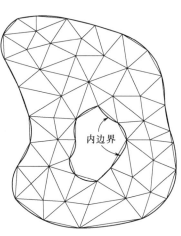

图 3.8　含内边界研究域的剖分

3.2.5　一维、二维模型连接处理

1. 连接守恒

计算区域通过任意数量的大断面被划分成一维水系网络结构，而二维系统由矩形或三角形计算单元组成。其一维水系网络与二维系统内部衔接并基于各计算层间的动量平衡及质量守恒进行联立处理。

就动量平衡来讲，一维和二维系统是严格分开的。就质量守恒来讲，因为是标量，一维、二维的水体是结合在一起的，因此他们有相同的水位值。

对于质量和动量方程，一维和二维计算层都有其基于交错网格方法限定的不同的公式。也就是说质量体是考虑一维和二维水位约束的质量守恒；动量体在一维和二维的动量体之间无交互作用，忽略了一维和二维水流间的垂向速率和剪切应力。

对于每一动量体运用以下法则：动量变化率＋动量传递＋静水总压力＋摩阻损失＝0。一维、二维间的互相作用通过他们共有的体积来体现，对于其共同的质量体有

$$\frac{\mathrm{d}V_{i,j}(\zeta)}{\mathrm{d}t} + \Delta y\big[(uh)_{i,j} - (uh)_{i-1,j}\big] + \Delta x\big[(vh)_{i,j} - (vh)_{i,j-1}\big] + \sum_{l=K_{i,j}^1}^{l=K_{i,j}^L}(Q_n)_l = 0$$

(3.61)

式中：V 为一维、二维结合的体积；u 为 x 方向速率；v 为 y 方向速率；h 为二维底面以上的水头；ζ 为参照面以上的水位（一维和二维相同）；Δx 为 x（或 i）方向二维网格尺寸；Δy 为 y（或 j）方向二维网格尺寸；Q_n 为与质量体表面垂直方向上的流量；i，j，l，K，L 为节点编号。

对时间项离散，通过将动量方程代入连续方程速率项消失。对于纯二维体块其结果是线性的。但如果包含一维部分，因关系到体积 $V(\zeta)$，方程可能是非线性的。这时可利用牛顿迭代法进行求解。

而连续方程是以排除体积负值可能性的方式进行离散。在一维河流漫流到其周围的二维区域时这种处理可以很有效且符合干床过水情况。一般情况下，如没有发生溢流，其二维区域就没有激活。这就意味着上式中 uh 和 vh 的值为 0。

2. 连接假定

一维、二维组合模拟的主要优点在于它使得模型的情况接近于实际的物理行为，更接近自然状态。它在一维系统中很具体地模拟河/渠网格内的水流，包括一些综合建筑物，如围堰、涵洞、闸门以及这些水工建筑物沿河/渠的在线控制等。它在二维系统中结合物理障碍物如道路、铁路、堤坝等也能进行很具体的模拟。

其次，采用一维、二维结合进行模拟时，往往允许有比纯二维模拟大得多的网格单元。原因是采用一维、二维组合模拟时，河流、渠道、小溪等不在二维而只在一维系统中模拟。对于一条相对二维单元尺度很窄的渠道或弯曲河流，纯二维系统要求进行很细的网格划分，这会降低二维数值计算的可行性，甚至无法进行模拟。事实证明，一维、二维组合模拟在这种情况下常常具有优势。

根据美国陆军工程兵团的相关研究，本书采用一维、二维组合模拟的单元之间的连接如图 3.9 所示，根据单元的特点，在动量和质量守恒上采用相关假定和过渡约束见表 3.1。

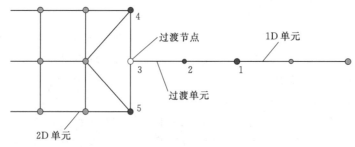

图 3.9　一维与二维连接单元结构图

表 3.1　　　　　　　　　　一维、二维组合计算的相关假定和过渡约束

维数	假　　定	过　渡　约　束
一维	横向流速的量级和方向一致	示意图中节点 3、节点 4 和节点 5 的流速方向必须一致。因此，岸线边界节点 4 和节点 5 必须是近似平行的
一维	梯形形状断面水深一致	二维单元中的节点 4 和节点 5 定义的断面也必须水深一致
二维	垂直的侧面边界墙	给定节点 3 的一维参数时，边坡必须为 0
二维	过渡的宽度由节点 4 和节点 5 的距离决定	在节点 3 初始的宽度必须给定

3.3　水库三维水动力水质模拟技术

3.3.1　水动力模型

　　水动力模型主要计算的是不同水体的水文特性和流场时空分布的规律，是后面计算水质项的迁移转化的基础，准确地掌握水体流动特性才能够掌握污染物的分布。

　　本书中采用的模型为 EFDC（the environmental fluid dynamics code）模型，该模型是由威廉玛丽大学维吉尼亚海洋科学研究所的 John Hamrick 等人开发的三维地表水水质数学模型，可实现河流、湖泊、水库、湿地系统、河口和海洋等水体的水动力学和水质模拟，是一个多参数有限差分模型。

　　（1）基本假设。水动力过程满足质量守恒、动量守恒和能量守恒等自然界朴素的基本规律。如果仅仅根据这些定律计算大时间、空间尺度下的水体动力过程的数值解，即使是目前先进的计算机来进行也需要消耗很多时间，所以有必要对方程进行简化。

　　EFDC 模型主要采用以下的近似条件。

　　1）Boussinesq 近似。近似认为，密度的改变并不显著改变流体的性质，即认为，黏滞性等保持不变；同时在动量守恒方程中，密度的变化对于惯性力项、压力差项和黏性力项的影响忽略不计，而仅考虑对质量力项的影响。

　　2）静水压近似。对于大多数地表水体来说，水平尺度远远大于垂直尺度，即水深 H 远远小于波长的 $1/2\pi$，在此基础上引出了应用在诸如地理学、水力学等学科的静水压近似：即垂向压力梯度与浮力相平衡，垂向加速度可以忽略不计。

　　垂向动量方程为

$$\frac{\mathrm{d}\omega}{\mathrm{d}t}+g+\frac{1}{\gamma}\frac{\Pi p}{\Pi z}=0 \tag{3.62}$$

式中：ω 为垂向速度；g 为重力加速度；p 为水体压力；t 为时间；z 为垂向坐标。

　　而运用静水压近似后，动量方程变为

$$\frac{1}{\gamma}\frac{\Pi p}{\Pi z}=g \tag{3.63}$$

如果当水体的垂向尺度接近水平尺度时便不适用于静水压假设。

3）准 3D 近似。如果将水体看成是一套只沿水平方向分层的结构，层间水体交换利用源汇项来表示，这样不必求解三维纳维斯托克斯方程，使得计算效率得到提高。

（2）σ 坐标系。EFDC 在垂向上采用 σ 坐标系，方式如下：

$$z = \frac{z^* + h}{\zeta + h} \tag{3.64}$$

Z 为变换的无量纲垂向坐标，直称为 σ 坐标，z^* 为直角坐标。ζ 和 $-h$ 代表自由水面和地面的垂向坐标，$H = h + \zeta$ 为总水深。

无论水深为多少，σ 坐标在垂向上都有等量的层数，所以每个网格都可以提供等量的垂向分层值。然而各个点在垂向上深度不同，导致每一层厚度是不同的。

（3）水动力模型方程。EFDC 模型的水动力模型基本方程是建立在水平曲线坐标、σ 坐标基础上的连续方程、动量方程、温度和盐度方程。

3.3.2　水质模型

（1）水质控制方程。水动力过程满足质量守恒、动量守恒以及能量守恒等自然界的基本规律。简化后的方程为

$$\frac{\partial C}{\partial t} + \frac{\partial (uC)}{\partial x} + \frac{\partial (vC)}{\partial y} + \frac{\partial (wC)}{\partial z}$$
$$= \frac{\partial}{\partial x}\left(K_x \frac{\partial C}{\partial x}\right) + \frac{\partial}{\partial y}\left(K_y \frac{\partial C}{\partial y}\right) + \frac{\partial}{\partial z}\left(K_z \frac{\partial C}{\partial z}\right) + S_c \tag{3.65}$$

式中：C 为水质状态变量浓度；u、v、w 分别为 x、y、z 方向速度分量；K_x、K_y、K_z 分别为 x、y、z 方向的湍流扩散系数；S_c 为每单位体积内部与外部的源和汇。

动力方程表示如下：

$$\frac{\partial C}{\partial t} = KC + R \tag{3.66}$$

式中：K 为动力学速率；R 为由于外部负荷和/或内部反应引起的源汇项。

（2）水质模型状态变量。水质模型中具有较多的状态变量，本研究包含有 21 项，可以分为 6 个水质变量组：①藻类；②有机碳；③磷；④氮；⑤硅；⑥其他。详细名称见表 3.2。

表 3.2　　　　　　　　　　　　水质模型水质变量

分组	中文名称	英文名称
藻类	蓝绿藻	Blue – green algae（BC）
	硅藻	Diatom（Bd）
	绿藻	Green algae（Bg）
有机碳	难溶颗粒有机碳	Refractory particulate organic C（RPOC）
	活性颗粒有机碳	Labile particulate organic C（LPOC）
	溶解有机碳	Dissolved organic C（DOC）
磷	难溶颗粒有机磷	Refractory particulate organic P（RPOP）
	活性颗粒有机磷	Labile particulate organic P（LPOP）
	溶解有机磷	Dissolved organic P（DOP）
	总磷酸盐	Total phosphorus（PO$_4$t）

续表

分组	中文名称	英文名称
	难容颗粒有机氮	Refractory particulate organic N (RPON)
	活性颗粒有机氮	Labile particulate organic N (LPON)
氮	溶解有机氮	Dissolved organic N (DON)
	氨氮	Ammonium N ($NH_3 - N$)
	硝酸盐	Nitrate N (NO_3)
硅	颗粒生物硅	Particulate biogenic silica (SU)
	可用硅	Available silica (SA)
	化学需氧量	Chemical oxygen demand (COD)
其他	溶解氧	Dissolved oxygen (DO)
	总活性金属	Total active metal (TAM)
	粪大肠菌群	Fecal coliform bacteria (FCB)

3.4 南水北调河湖渠水质水量耦合模拟

将上述河库渠水量水质耦合模拟技术分别应用于南水北调中线水源区（水库）、南水北调中线干渠（河渠）和南水北调东线骆马湖（湖泊）。各应用区域的基本条件和建模过程不再赘述，仅重点展示模型的模拟结果。

3.4.1 中线水源区三维水动力水质数值模拟

（1）水力学模型模拟结果。

1）水位。丹江口水库水位变化主要受到丹江、汉江入流及坝前出流的影响，2012年丹江口水库坝前水位变化较大，图3.10显示的是坝前水位模拟结果和实测结果。可以看出，模拟值与实测值基本一致，2012年的年均实测水位为145.85m，全年进行模拟的实测水位为145.83m，误差仅为0.1%。

2）水温。如图3.11所示，模拟结果与实测值拟合度较好，可以较为精确地反映出一年之内水库水温的动态变化情况。

（2）水质模型模拟结果。以丹江口水库2012年各水质监测站的溶解氧和氨氮的模拟值与实测值对比结果（表3.3和表3.4）进行说明，表明模型精度较高，可应用于丹江口水库水质变化情况模拟。

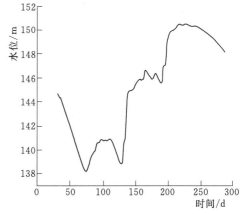

图3.10 丹江口水库坝前2012年模拟
与实测水位过程线图

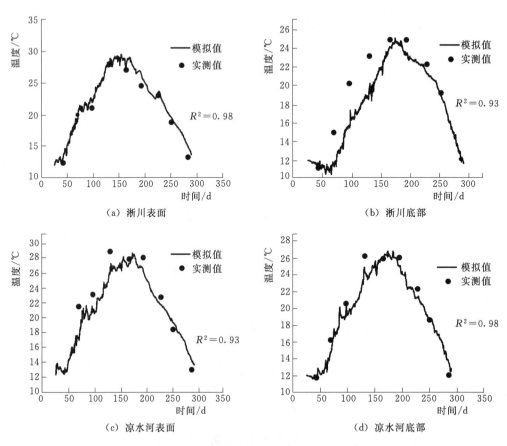

图 3.11 丹江口水库各水温监测站温度模拟实测过程

表 3.3 丹江口水库 2012 年各站溶解氧的模拟值与实测值的误差统计

站　名	所在层	绝对平均误差	均方根误差	相对误差/%	相对均方根误差/%	平均误差/%
凉水河	下层	0.319	0.451	2.971	9.129	4.33
凉水河	上层	0.321	0.408	1.985	17.00	3.96
陶岔	下层	0.267	0.337	1.387	6.885	3.32
陶岔	上层	0.352	0.435	2.184	14.06	4.01
坝上	下层	0.457	0.561	4.377	65.51	6.97
坝上	中层	0.880	1.078	16.49	34.90	14.5
坝上	上层	0.204	0.253	0.745	8.199	2.33
丹库库心	下层	0.518	0.744	7.494	17.57	7.32
丹库库心	上层	0.499	0.544	3.525	23.66	5.94
肖川	下层	0.678	0.894	11.05	24.61	9.68
肖川	上层	0.780	0.879	8.703	41.86	8.65
何家湾	上层	0.593	0.957	10.96	21.25	5.60
江北大桥	上层	0.494	0.629	4.733	13.66	5.66

表 3.4　　　　丹江口水库 2012 年各站氨氮的模拟值与实测值的误差统计

站　名	所在层	绝对平均误差	均方根误差	相对误差/%	相对均方根误差/%	平均误差/%
凉水河	下层	0.011	0.015	0.224	16.17	9.877
凉水河	上层	0.012	0.016	0.266	28.61	11.61
陶岔	下层	0.023	0.031	0.863	42.14	17.93
陶岔	上层	0.026	0.032	0.971	39.66	21.97
坝上	下层	0.034	0.042	1.545	54.70	26.14
坝上	上层	0.028	0.041	1.566	58.32	23.01
丹库库心	下层	0.014	0.017	0.274	15.55	11.26
丹库库心	上层	0.007	0.007	0.052	6.567	7.365
肖川	下层	0.021	0.027	0.684	37.75	18.57
肖川	上层	0.019	0.025	0.600	36.56	16.72

3.4.2　中线干渠一维水流水质数值模拟

（1）水力学模型模拟结果。渠道糙率系数取为设计值 0.015，通过在合理的取值范围内逐步调整局部水头损失系数，使得水位的模拟值和实测值的误差最小。选取前 2015 年 12 月 25 日 8 时的工程运行实测数据接入模型计算，选取前 56 个节制闸对比闸后水位实测值与模拟值，基本一致（图 3.12），结果表明模型精度较高，可以应用于常规及应急工况下的水力学变化过程的模拟。

（2）水质模型验证。由于无法获取实测数据，将本模型与 MIKE 11 模型对同一算例进行对比，以验证本模型的精度。

假设有一棱柱形梯形断面河道，长 10km，底宽 67.5m，边坡 2.5，底坡约 0.00015，河道粗糙系数取为 0.027，河道上游较远处有一水库恒定泄流 2000m³/s。假定某一时刻在河道上游断面右岸突然泄露了 1t 的可溶性难降解污染物质，试估算污染发生后下游出流断面处的污染物浓度

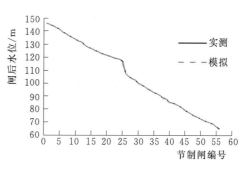

图 3.12　闸后水位模拟与实测值对比

变化过程以及 0.5h、1h、1.5h、2h 后河道的污染物浓度分布。

首先计算河道水力要素如下：按明渠均匀流公式 $Q = AR^{2/3}\sqrt{i}n^{-1}$ 估算水深 $h = 11.20$m；过流断面面积 $A = 1069.60$m²；断面平均流速 $u = 1.87$m/s；断面水力半径 $R = 8.34$m；断面摩阻流速 $u^* = \sqrt{gR_i} = 0.1$m/s；河道扩散系数估算 $D_x = D_y = 0.15hu^* = 0.18$m²/s；包括弥散在内的纵向扩散系数估算 $D = 6.01hu^* = 7.4$m²/s；得到以上水力要素后分别采用 2.3 节水质模型与 MIKE 11AD 模块估算下游 5km 和 10km 处（出流断面）污染物浓度变化过程见（图 3.13）。

从图 3.13 可看出，无论是采用一般条件下的数值模型进行模拟还是采用 MIKE 11

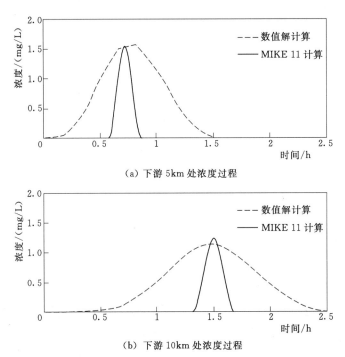

（a）下游 5km 处浓度过程

（b）下游 10km 处浓度过程

图 3.13　不同水质计算方法计算河道污染物浓度过程

进行模拟，其模拟结果在浓度峰值和浓度峰现时间都很接近，模拟结果能较好地反应出污染物随河渠水流发生的运移规律。

3.4.3　东线骆马湖二维水动力水质数值模拟

（1）水力学模型模拟结果。

1）水位。骆马湖模拟时期的水位波动较剧烈，总体水位出现下降趋势，图 3.14 是湖心水位的多年变化过程。从时间上来看，湖区的水位受季节的影响较大，冬季湖区水位达到全年最低水平；随着春季的到来，雨水增多，湖区的水位升高；秋季降雨减少，湖区的水位随之降低，如图 3.14 所示。

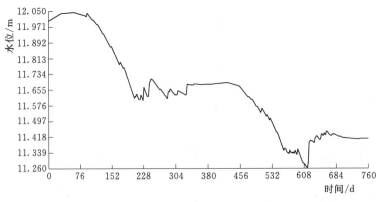

图 3.14　湖心水位变化过程

2）流场。骆马湖湖流形成原因主要有两种：出入湖泊引起的吞吐流及湖区上方风场引起的风生流。本章在选用水位边界的同时，在闸调度河道还设置了相应流量边界，真实还原骆马湖湖区流场。

吞吐流可以根据水位、流量边界条件确定；风生流主要由湖区上方的风场数据确定。由于骆马湖湖区面积较大、检测站点有限，收集的风场数据具有一定的局限性，本次模拟选用附近气象站点的实测风速风向数据。

骆马湖夏季盛行东南风，在保证稳定风向的前提下，输出各个季节的流场数据，如图 3.15～图 3.18 是骆马湖湖区各个季节的模拟流场，湖流的大体走向为由南到北，且在湖体中心有明显的逆时针流场。经过模拟确定，湖区的平均流速在年内分布主要为 0.2～2cm/s，在湖体内部，每个季节都存在一个或多个湖场环流。春季和冬季盛行西北风，而南水北调的通水是由南向北，这可能是导致骆马湖湖区存在 3 个明显的湖场环流的原因。夏秋两季，湖场环流个数相对较少，通水水流方向与风向较为一致。

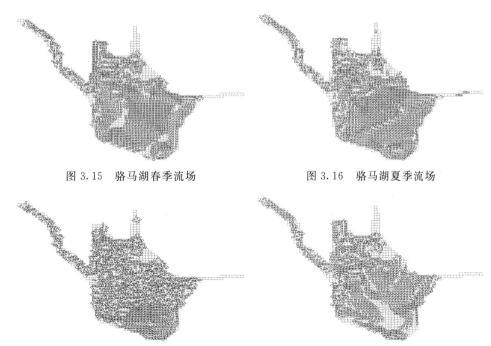

图 3.15 骆马湖春季流场　　　　　　图 3.16 骆马湖夏季流场

图 3.17 骆马湖秋季流场　　　　　　图 3.18 骆马湖冬季流场

（2）水质模型模拟结果。

1）化学需氧量。如图 3.19～图 3.21 所示的是入湖处、湖心、出湖处 COD 的变化过程。由于营养物的输入，入湖处的 COD 变化没有呈现明显的变化趋势，COD 含量基本小于 1mg/L。湖心处的 COD 含量相对较高，基本上在春季达到最高，夏秋季逐渐减少，并呈现一定的规律性。这可能是由于藻类生物在冬季死亡后释放的有机物使得COD 浓度升高所导致的。

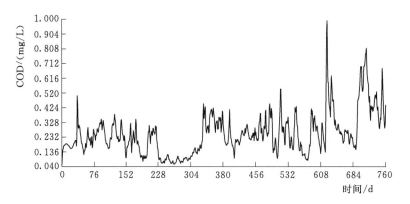

图 3.19 骆马湖入湖处 COD 变化

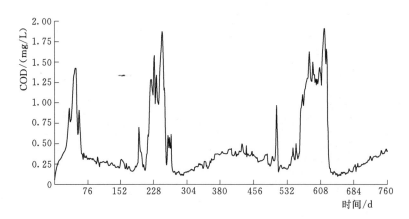

图 3.20 骆马湖心湖处 COD 变化

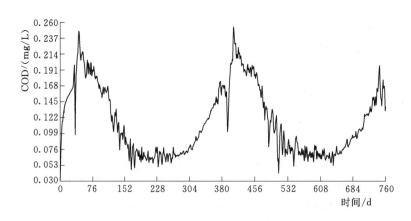

图 3.21 骆马湖出湖处 COD 变化

图 3.22～图 3.25 是骆马湖四季 COD 的空间分布。可以看出，夏秋季的 COD 浓度明显高于冬春季溶解氧浓度。夏季，骆马湖东部区域的 COD 浓度较高。COD 浓度在 0.1～1mg/L 之间。冬季，骆马湖西区的 COD 浓度高于东部区域。

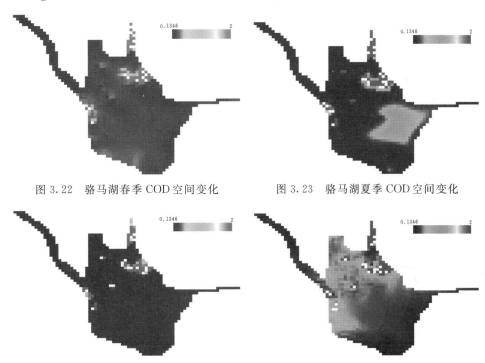

图 3.22　骆马湖春季 COD 空间变化　　　　图 3.23　骆马湖夏季 COD 空间变化

图 3.24　骆马湖秋季 COD 空间变化　　　　图 3.25　骆马湖冬季 COD 空间变化

2）氨氮。骆马湖平均氨氮浓度约为 0.015mg/L，图 3.26～图 3.28 是骆马湖入湖、湖心模拟氨氮变化过程。4—5 月藻类生长处于高峰期，水体氨氮浓度随之迅速减少，年内模拟最低浓度为 0.01mg/L。6—12 月藻类代谢速度高于生长速度，氨氮浓度整体趋势逐渐上升。冬季藻类死亡，使得水体氨氮浓度上升。可以看出，湖中氨氮浓度明显高于入湖和出湖处的氨氮浓度。

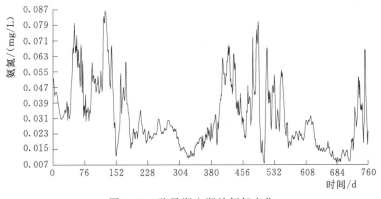

图 3.26　骆马湖入湖处氨氮变化

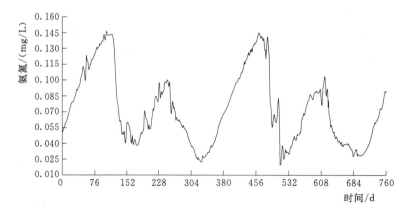

图 3.27 骆马湖湖心处氨氮变化

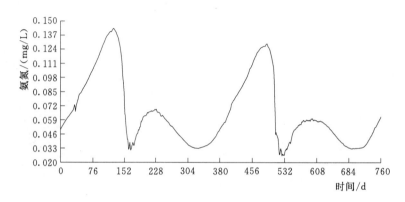

图 3.28 骆马湖出湖处氨氮变化

3.5 本章小结

针对南水北调工程存在的河渠、湖泊和水库这三类主要输水工程，分别建立了通用的河渠一维水流水质数值模拟技术、湖泊二维水动力水质模拟技术和水库三维水动力水质模拟技术。以南水北调中线水源区（水库）、南水北调中线干渠（河渠）和南水北调东线骆马湖（湖泊）为例，将上述模拟技术分别进行应用，取得了较好的效果。

完成了考虑闸坝控制作用的中线总干渠和东线干线的一维河渠水质水量联合模拟模型。水库适用的二维水质水量联合模拟模型，对常规富营养化或突发水污染事件情况下不同污染物在渠道内输移扩散规律的模型。

根据明渠非恒定流共性和中线渠道的特性，通过对节制闸、倒虹吸、分水口、渐变段等复杂内边界条件进行概化处理，将概化好的内边界条件与圣维南方程组进行耦合。同时采用稳定性好、计算精度高的 Pressmann 四点时空偏心格式对方程进行离散，构建了能够处理复杂内边界的一维非恒定流数值仿真模型，并解决了非恒定流和恒定流之间的"相容性"问题。

以均衡域中污染物质量守恒为基础，推导了基于均衡域的水质离散控制方程，并对均衡域水质模型进行验证，表示了该格式的正确性和合理性。

　　根据渠道下游需水量的变化及各个分水口的需水量的变化，通过恒定流计算各个渠池蓄水量的变化，并根据南水北调中线工程运行过程中水位变幅和水位波动限制条件，制定了各个节制闸的流量过程，从而制定了整个渠系的前馈控制策略。在对现有常用渠道运行控制分析的基础上，再根据中线渠道运行特点和限制条件，采用流量水位串级PID反馈控制器，并研究了整定PID参数的方法。

第4章
突发水污染事件快速预警预测技术

根据中线水源区、总干渠及东线输水干线的环境及风险源的特点，研发中线水源区、总干渠及东线输水干线水质水量快速预警预测技术，以实现在南水北调工程中发生突发水污染事件时，可迅速判别水污染事件的源头，快速预测突发污染物的影响范围。

4.1 突发水污染事件动态预警技术

南水北调工程作为我国战略性调水工程，保障其水质安全非常重要。南水北调工程突发水污染事故发生后，需要克服污染的不确定性、流域性、处理的艰巨性和影响的长期性、应急主题的不明确性等特点，及时为各类利益相关者进行信息发布和风险交流，并且针对水污染的特点进行应急处置工程决策。

4.1.1 南水北调工程突发水污染动态预警技术体系构建

针对南水北调中线水源区、总干渠及东线输水干线的典型情景，从应急处置方案实施的经济性和时效性角度出发，开展了应急处置方案评估与决策风险分析以及污染事件风险预警技术研究，建立了突发水污染事件的动态预警技术体系。其模型体系如图4.1所示。

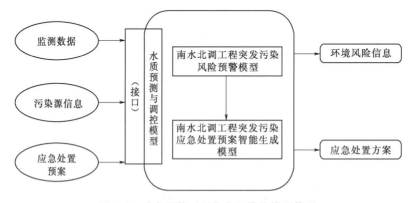

图 4.1　动态预警工程化应用模块模型体系

中线输水干渠和东线输水干线动态预警模型体系，包括以下模型：确定性1维（或2维）污染物传输模型（RMA2/4，SMS），考虑社会影响和应急处置人员损害风险的商值法危害评估模型和面向应急处置工程和利益相关者的四级预警模型，以及基于层次分析法的威胁度评判模型。

4.1.2 南水北调工程突发水污染风险预警模型研发

4.1.2.1 南水北调工程突发水污染应急处置危害评估与预警分级的"四步三模型"

基于动态预警模型体系，建立了危害评估与预警分级的"四步三模型"模式（图4.2）：浓度场追踪（预测），风险场评估，预警分级和预警信息可视化四步；前三步通过污染物传输模型，事故期危害评估模型（或者称剂量-反应模型）和预警分级模型实现。在该规范化的预警框架下，应急决策人员能够获得丰富的预警信息，可以和各利益相关者进行风险交流。

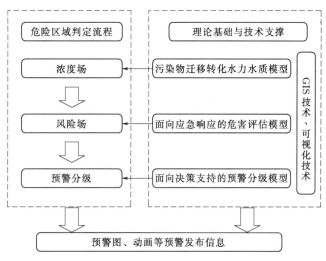

图4.2 "四步三模型"危害评估模式

（1）污染物迁移转化水力水质模型。预测污染物在水体中的迁移转化和时空分布是水污染事件实时后果风险评价的基础，关系到后续预警、响应及应急处置的合理实施。如前所述，目前国内外已经开发了众多商业的和免费的地表水水质建模工具，其基本原理都是对流-扩散-反应方程。比较流行的如 SMS（surface water modelling software），EFDC（environmental fluid dynamics code），WASP（water quality analysis simulation program）等。原则上，模型在目标水体经过率定验证后，就可运用于突发水污染事故的浓度场预测中。这一步骤得到的结果是污染物浓度场，在 GIS 系统中可通过栅格型数据进行表达。

通常，造成突发水污染的污染物没有浮力效应（如温度，盐分会导致水体密度的变化），可以将水力过程和水质过程求解分开，其中水质模型可基于水流速度矢量场进行求解。

假设模型参数为常数，污染物在水平和垂直方向上完全混合，通过特征线等方法可以得到不同条件下的水质模型解析解。

（2）面向应急响应的危害评估模型。危险场评估就是基于浓度场数据估算污染物对敏感受体可能造成的危害。它是危险区域判定"四步法"模式的核心步骤，直接影响预

47

警的分级与发布。该步骤的关键模型是面向应急毒性的剂量-反应模型，其中阈值法通常可以用来表征普通化学品所造成的毒性危害。

基于应急响应的危害评估模型，建立了面向大型供水工程突发水污染应急处置的预警风险体系及阈值标准。依据历史污染案例应急处置中的经验，综合考虑多种影响，构建了用于突发水污染应急预警的基于阈值法的风险评价体系，包括四类风险：急性暴露下的水体功能区破坏风险、短期的社会影响风险、人体健康风险以及自然生态风险（图4.3），综合考虑了南水北调工程可能涉及的各类利益相关者（stake holders）。建立了基于商值法的风险评估模型以及阈值筛选标准。阈值可参考水环境质量国家标准、国际急性暴露毒理学数据库或者经同行评议的文献来确定。

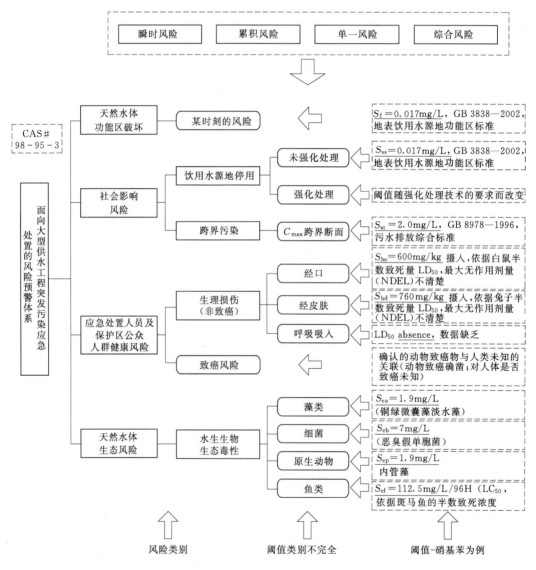

图 4.3 预警风险体系、指标体系与阈值

对这四类风险特征的分析的具体考虑如下：①建议该风险体系中优先考虑水体功能区破坏；②人体健康风险涵盖了急性中毒的非致癌效应和致癌效应，考虑经口摄入和皮肤接触两种暴露途径；③自然生态风险涵盖了水生植物和动物两类受体，包括受污染水体是珍惜保护动植物栖息地、水产养殖场和渔场的情形；④社会影响风险涉及取水和污染跨界两类危害。跨界风险用相关地表水环境水质标准阈值来判定，其程度用跨界级别来表征。

（3）面向决策支持的预警分级模型。该步骤由预警分级模型实现，即用线性分段函数对风险度进行分段，划分出对应的四色预警区域。基于决策支持的预警信息可视化的需求，参考《国家环境污染应急响应预案》对污染事件破坏后果的级别定义，建立了南水北调工程突发水污染应急处置决策的预警分级响应模型。表4.1中将由化学品泄漏至江河中所导致的风险区域链接至GIS和实时风险评估模型中。该预警分级模型系统中并非所有风险类型都包括4个风险级别。定义了4个预警颜色来指示不同的级别，由高风险至低风险依次为红色、橙色、黄色和蓝色。长远来看，专家们可以通过Delphi法或者其他决策方法来改进该预警分级模型。

表4.1　　　　　　　　　　　　　　不同风险的预警分级模型

风险类型	来源	一级预警（红色）	二级预警（橙色）	三级预警（黄色）	四级预警（蓝色）	备注
水体功能破坏风险	各类功能区	超标10倍	超标1～10倍	超标即进行二级以上预警	超标即进行二级以上预警	阈值可参考相关环境标准如 GB 3838—2002
社会影响风险	取水停止	重要城市主要水源地取水中断（浓度超标）	县级以上城镇水源地取水中断（浓度超标）	县级以下城镇水源地取水中断（浓度超标）	水厂需要采取强化处理措施使出水达标	阈值选择同上；配合GIS计算
	污染跨境	跨国界	跨省界	跨地级行政区域	跨地级以下的行政区域	阈值选择同上；配合GIS计算
人体健康风险（非致癌）	经口摄入	浓度超过LD50值对应的环境暴露浓度"C_LD50"	浓度为C_LD50的0.1～1倍	浓度为C_LD50的0.01～0.1	浓度为C_LD50的0.001～0.01	C_LD50通过LD50剂量按照暴露途径计算环境浓度
	皮肤接触	同上	同上	同上	同上	同上
自然生态风险	水生动物	浓度超过EC50	浓度EC50的0.5～1倍	浓度EC50的0.25～0.5	浓度EC50的0.05～0.25	EC50为半数有效剂量
	水生植物	同上	同上	同上	同上	同上

4.1.2.2 南水北调工程突发水污染应急处置预案智能生成模型研发

根据案例库指标体系，以及实际案例中应优先考虑的环境风险信息、处置技术属性、处置现场条件等指标，建立了包括处置工程启动判别模型、应急处置技术筛选模型和工程实施参数优选模型的突发水污染应急处置预案智能生成模型体系，通过该模型体系给出应急处置工程启动判别标准、应急处置技术筛选方案和应急处置工程参数确立准则，具体研究流程如图 4.4 所示。

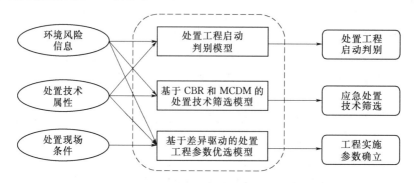

图 4.4 面向应急调控处置的污染预警模型

4.1.2.3 突发水污染处置工程启动判别模型

针对南水北调工程实际情况，处置工程启动判别模型考虑了污染物的水溶性、挥发性、持久性和污染性等自身属性和污染物的发生季节、发生位置和迁移特征等外在属性，进行了污染物的威胁度评估。最后结合突发水污染事故现场及沿岸的工况条件给出了最后的调控处置措施，应急处置工程启动判别模型详细流程如图 4.5 所示。

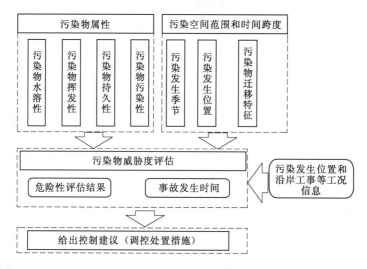

图 4.5 处置工程启动判别模型流程图

污染物威胁度的评估主要考虑了泄露位置敏感度、危险化学品特性和污染物泄漏量等污染物属性和污染时空尺度信息。对每个属性值的权重以专家打分的形式确定，模型界面如图 4.6 所示。

4.1.2.4 突发水污染应急处置"案例—技术—物资"筛选模型

针对南水北调实际情况，建立环境污染应急处置"相似案例匹配—应急技术筛选—应急物资筛选"体系，完成了应急过程中的时空连接。首先基于 CBR 方法进行相似案例的检索，进一步运用熵权 G1 法评估相应的应急处置技术，快速形成最佳的技术处置

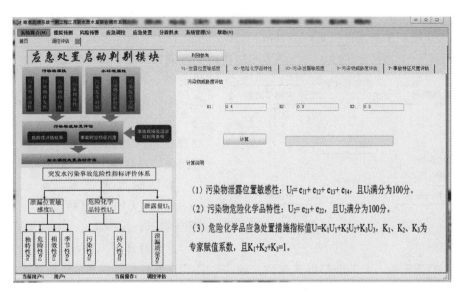

图 4.6 处置工程启动判别模型系统界面图

方案。综合考虑物资的属性指标，采用多准则妥协解排序多属性群决策（VIKOR）方法，对应急物资进行筛选和评估，提高应急处置效率和效果。应急处置预案智能生成技术流程如图 4.7 所示。

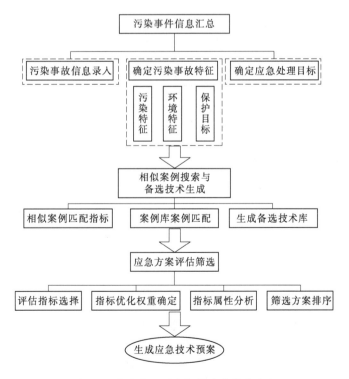

图 4.7 应急处置预案智能生成技术流程

（1）基于 CBR 的相似案例匹配。基于案例推理技术（CBR）和逼近理想值排序法的区间三角模糊多属性群决策模型（MADM），考虑了 9 个指标因素：污染物类型、污染物来源、污染物超标倍数、与下游取水口距离、污染物毒性、污染物危险性、污染物稳定性、污染物溶解性、污染物挥发性，筛选出相似案例的应急处置技术，进一步在应急技术筛选层面分析应急处置技术的适用性、经济性、可行性等问题，综合多个属性指标进行决策。

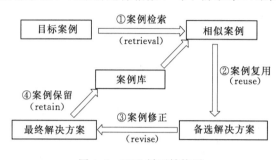

图 4.8　CBR 循环结构图

案例的推理技术（case - based reasoning，CBR）包括 4 个步骤：案例检索（retrieval）、案例复用（reuse）、案例修正（revise）和案例保留（retain）。CBR 每一个部分都可以被独立解决，且具有循环性，简称 4R 循环。循环顺序如图 4.8 所示。

利用该方法进行应急处置技术预案筛选时的步骤如下：

1）由专家确定指标的重要性排序关系。对于评价指标集，专家在指标集中，选出一个最重要的指标；在余下的 $m-1$ 个指标中，选出一个最重要的指标；在余下的 $m-(k-1)$ 个指标中，选出一个最重要的指标。这样，就可以确定唯一的一个序关系。

2）构建矩阵。从案例库中提取 $m-1$ 个案例，将污染事件与 $m-1$ 个案例同置于一个矩阵之中。

$$\boldsymbol{v}=\begin{array}{c}\text{污染事件}\\\text{案例 1}\\\vdots\\\text{案例 } m-1\end{array}\begin{bmatrix}v_{11} & v_{12} & \cdots & v_{1n}\\v_{21} & v_{22} & \cdots & v_{2n}\\\vdots & \vdots & \ddots & \vdots\\v_{m1} & v_{m2} & \cdots & v_{mn}\end{bmatrix} \tag{4.1}$$

式中：v_{ij} 为第 i 个评价对象中的第 j 项指标的数值。

3）计算排序后各指标的熵值。设 e_j 为第 j 指标的熵值，则熵值 e_j 的计算过程如下：

$$f_{ij}=\frac{v_{ij}}{\sum\limits_{i=1}^{m}v_{ij}}, \quad (i=1,2,\cdots,m;j=1,2,\cdots,n) \tag{4.2}$$

$$e_j=-\frac{1}{\ln m}\sum_{i=1}^{m}f_{ij}\ln(f_{ij}) \tag{4.3}$$

式中：f_{ij} 为第 i 个评价对象中第 j 个指标的特征比重。对于给定的 j，v_{ij} 的差异越大，该项指标对评价对象的作用也就越大，即该项指标包含有更多的信息。

4）通过指标熵值确定相邻指标的重要性之比：

$$r_k = \begin{cases} e_{k-1}/e_k, & e_{k-1} \geqslant e_k \\ 1, & e_{k-1} < e_k \end{cases} \qquad (4.4)$$

5）权重系数的计算。根据式（4.4）计算的 r_k 值，第 n 个指标熵权 G1 法权重为

$$\omega_n = \left(1 + \sum_{k=2}^{n} \prod_{i=k}^{n} r_i \right)^{-1} \qquad (4.5)$$

6）由式（4.6）计算第 $n-1$，…，3，2 个指标权重：

$$\omega_{k-1} = r_k \omega_k, \quad (k=n, n-1, n-2, \cdots, 3, 2) \qquad (4.6)$$

式中：ω_{k-1} 为第 $k-1$ 个指标的权重；r_k 是通过式（4.4）计算出来的比值；ω_k 为第 k 个指标的权重。

7）案例检索及相似度计算。采用相似度计算公式计算各案例 i 与污染事件的相似程度。相似度计算公式如下：

$$sim_i = \frac{\sum_{j=1}^{n} [1 - abs(v_{ij} - v_{1j})] \omega_j}{\sum_{j=1}^{n} \omega_j} \qquad (4.7)$$

式中：sim_i 的取值范围为 $[0, 1]$，且 sim_i 的值越大表示案例 i 与污染事件的相似程度越高。

8）根据式（4.6）计算结果，选择相似案例。把筛选出来的相似度较高的案例中所应用的应急处置技术提取出来，作为结果输出。

（2）基于熵权 G1 法应急处置技术筛选模型。对基于熵权 G1 法的 CBR 筛选模型输出的应急处置技术进行分析，进一步在应急技术筛选层面分析应急处置技术的适用性、经济性、可行性等问题，综合多个属性指标进行决策，应用基于逼近理想解排序法的区间三角模糊多属性群决策模型对应急处置技术进行筛选，流程见图 4.9。

其基本步骤如下：

1）构造区间三角模糊多属性决策矩阵。设决策方案集为 $X = [x_1, x_2, \cdots, x_m]$，决策属性集为 $F = [f_1, f_2, \cdots, f_n]$，决策者集为 $D = [d_1, d_2, \cdots, d_k]$。设决策者 d_k 利用区间三角模糊数形式对方案 x_i 的属性 f_j 给出评价值，从而构成了第 k 个决策者的决策矩阵。

$$\boldsymbol{A}^k = (\tilde{a}_{ij}^k) = [(a_{ij1}, a'_{ij1}); a_{ij2}; (a'_{ij3}, a_{ij3})], \quad (i=1,2,\cdots,m; j=1,2,\cdots,n) \quad (4.8)$$

2）规范化区间三角模糊决策矩阵。对于越大越优型属性指标：

$$\tilde{r}_{ij} = \left[\left(\frac{a_{ij1}}{a_j^+}, \frac{a'_{ij1}}{a_j^+} \right); \frac{a_{ij2}}{a_j^+}; \left(\frac{a'_{ij3}}{a_j^+}, \frac{a_{ij3}}{a_j^+} \right) \right], \quad (i=1,2,\cdots,m; j=1,2,\cdots,n) \quad (4.9)$$

对于越小越优型属性指标：

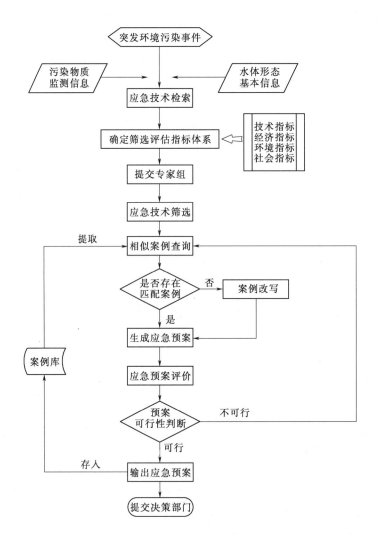

图 4.9 应急处置技术筛选流程

$$\tilde{r}_{ij}=\left[\left(\frac{a_{j1}^{-}}{a_{ij3}},\frac{a_{j1}^{-}}{a_{ij3}'}\right);\frac{a_{j1}^{-}}{a_{ij2}};\left(\frac{a_{j1}^{-}}{a_{ij1}'},\frac{a_{j1}^{-}}{a_{ij1}}\right)\right],\quad(i=1,2,\cdots,m;j=1,2,\cdots,n)\qquad(4.10)$$

其中，$a_{j3}^{+}=\max\{a_{ij3},i=1,2,\cdots,m\}$，$a_{j3}^{-}=\min\{a_{ij3},i=1,2,\cdots,m\}$。

3）确定正理想方案 r^{+} 和负理想方案 r^{-}：

$$r^{+}=\{r_1^{+},r_2^{+},\cdots,r_n^{+}\};\quad r^{-}=\{r_1^{-},r_2^{-},\cdots,r_n^{-}\}\qquad(4.11)$$

其中，$r_j^{+}=[(1,1),1,(1,1)]$，$r_j^{-}=[(0,0),0,(0,0)]$。

4）确定区间三角模糊决策距离。

各方案与正理想方案之间的距离为

$$d_i^+ = d(X_i, r^+) = \sum_{j=1}^{n} \omega_j d(\widetilde{x}_{ij}, r_j^+) \tag{4.12}$$

各方案与负理想方案之间的距离为

$$d_i^- = d(X_i, r^-) = \sum_{j=1}^{n} \omega_j d(\widetilde{x}_{ij}, r_j^-) \tag{4.13}$$

5）构建优化模型，求解最优属性权重。

方案 X_i 与正理想方案 r^+ 的距离越小，则方案越优；与负理想方案 r^- 的距离越大，则方案也越优。同时，各个方案之间公平竞争，r^+ 和 r^- 来自于同一组属性权重。因此，针对每个方案 X_i，建立如下综合优化模型：

$$\max d = \sum_{i=1}^{m} \frac{d_i^-}{d_i^+ + d_i^-} \tag{4.14}$$

利用基于实码加速遗传算法的投影寻踪模型对权重 ω 进行优化求解，由最佳投影方向向量可得最优属性权重。

6）计算各方案的相对贴近度：

$$d_i^{(k)} = \frac{d_i^-}{d_i^+ + d_i^-}, \quad (i=1,2,\cdots,m) \tag{4.15}$$

7）根据相对贴近度大小对方案进行排序并择优。根据式（4.15）计算结果，d_i^k 越大则方案越优。

8）群体决策方案的集结。计算每名专家所给各个信息的距离的倒数 $1/d_k$，再计算所有专家所给的各个信息的距离的倒数之和，再以 $1/d_k$ 与倒数之和的比值作为该专家所给此信息的权重。某专家与其他专家所给方案的决策信息差别越小，该专家在方案的综合决策信息中的权重就越大。用此方法确定各专家的权重，可最大限度地减小个别专家所给的决策信息对整体决策的影响。

$$\alpha = (\alpha_1, \alpha_2, \cdots, \alpha_p) = \left[\frac{1/d_1}{\sum\limits_{k=1}^{p} 1/d_k}, \frac{1/d_2}{\sum\limits_{k=1}^{p} 1/d_k}, \cdots, \frac{1/d_p}{\sum\limits_{k=1}^{p} 1/d_k} \right] \tag{4.16}$$

利用式（4.17）

$$z_i = \sum_{k=1}^{p} \alpha_k d_i^{(k)}, \quad (i=1,2,\cdots,m) \tag{4.17}$$

将每名专家对方案集 X_i 的模糊评价 d_i^k 集结为专家群体对方案集 X_i 的评价，按 Z_i 值的大小对方案进行综合性排序，Z_i 值越大则方案越优。

构建应急处置技术决策层次体系，如图 4.10 所示。根据案例库指标体系，以及实际案例中应优先考虑的指标，建立 CBR 筛选指标体系，如图 4.11 所示。将筛选指标体系中各指标分别按表4.2～表4.10进行赋值。

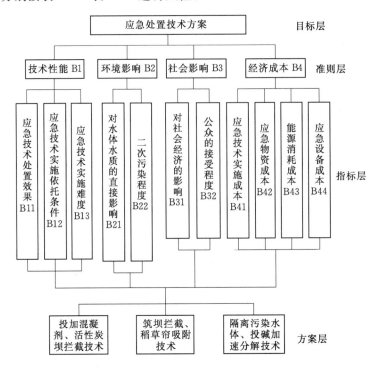

图4.10 应急处置技术决策层次体系

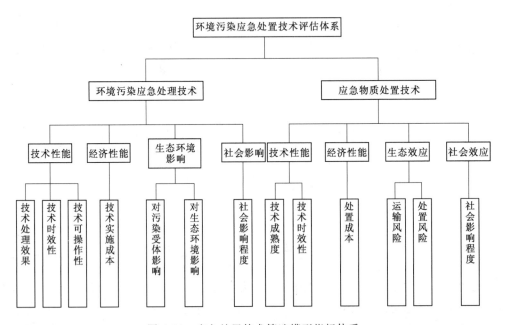

图4.11 应急处置技术筛选模型指标体系

表 4.2　　　　　　　　　污染物类型赋值

案例与污染事件相同	案例与污染事件不同
1	0

表 4.3　　　　　　　　　污染物来源赋值

案例与污染事件相同	案例与污染事件不同
1	0

表 4.4　　　　　　　　污染物超标倍数分级及赋值

0～20 倍	20～30 倍	30～40 倍	40～50 倍	50～60 倍
0.1	0.2	0.3	0.4	0.5
60～70 倍	70～80 倍	80～90 倍	90～100 倍	＞100 倍
0.6	0.7	0.8	0.9	1.0

表 4.5　　　　　　　　与下游取水口距离

0～30km	30～60km	60～90km	90～120km	120～150km
0.1	0.2	0.3	0.4	0.5
150～180km	180～210km	210～240km	240～270km	＞270km
0.6	0.7	0.8	0.9	1.0

表 4.6　　　　　　　　污染物毒性分级及赋值

剧毒	高毒	中等毒	低毒	微毒
0.9	0.7	0.5	0.3	0.1

表 4.7　　　　　　　　污染物危险性分级及赋值

易燃易爆	易燃	可燃	不可燃
0.8	0.5	0.2	0

表 4.8　　　　　　　　污染物稳定性分级及赋值

稳定	中等	不稳定
0.8	0.5	0.2

表 4.9　　　　　　　　污染物溶解性分级及赋值

易溶	微溶	不溶
0.8	0.5	0.2

表 4.10　　　　　　　　污染物挥发性分级及赋值

易挥发	中等挥发	不易挥发
0.8	0.5	0.2

（3）基于 VIKOR 的应急物资筛选。综合考虑物资的各个属性指标，权衡多位专家的意见，采用直觉模糊多属性群决策问题的 VIKOR 方法，对应急物资进行最终筛选和确定，详细的应急处置技术及应急物资筛选流程如图 4.12 所示。根据筛选出的应急处置技术，选出对应的 x（一般选取 3～5）种物资，设定 d 个决策者，对上述 x 个物资的 e 个（一般选取 4～6）属性进行群决策。首先确定 k 个决策者的权重，构造直觉模糊决策矩阵，然后求解属性的熵权，分别定义直觉模糊正理想解 $x+$ 和直觉模糊负理想解 $x-$，最终计算 S_i、R_i 和 Q_i。按照三者值从小到大排序，Q_i 计算的数值越小，表明方案越优。

（4）基于差异驱动的处置工程参数优化模型。基于差异驱动的处置工程参数优化模型将突发环境污染事件在案例库中检索，找出相似案例，进行案例相似度比配，找出差异性，对差异性较大的案例进行合理的工程参数优化，生成新的应急预案。对生成的应急预案进行评价和可行性判断，输出应急预案并提交决策部门。

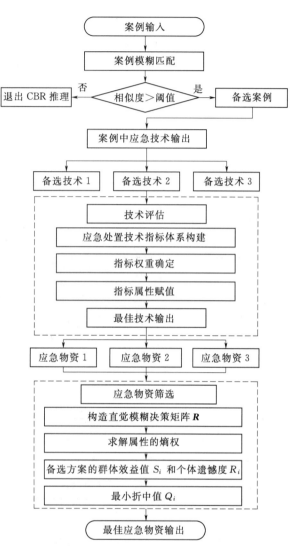

图 4.12　应急处置技术及应急物资筛选流程

基于突发水污染应急处置案例库和技术库，采用熵权 G1 法和区间三角模糊多属性群决策模型，建立了应急处置预案智能生成的"两步筛选法"。

基于差异驱动的参数优选模型，其技术流程如图 4.13 所示，其中①～⑬表示操作步骤。首先，汇总污染事件信息包括污染物类型、污染物来源、污染物超标倍数、与下游取水口距离、污染物毒性、污染物危险性、污染物稳定性、污染物溶解性、污染物挥发性等 9 个指标因素；其次，将目标案例与案例库中案例进行比对筛选出相似案例的应急处置技术，进一步在应急技术筛选层面分析应急处置技术的适用性、经济性、可行性等问题，综合多个属性指标进行决策；最后，对筛选后的应急方案进行评估，包括评估指标的选择、指标权重的确定、指标属性的分析和筛选方案的排序等，生成应急技术预案。

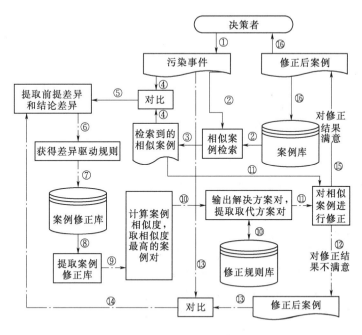

图 4.13 基于差异驱动的数据流程图

4.2 水污染事件水质水量快速预测技术

4.2.1 中线水源区水质水量快速预测技术

1. 模型选择

丹江口水库具有水面宽广、水体大、水流迟缓、更新期较长等特点，并且由于水库内流速减小，使污染物扩散能力减弱，水深增加使复氧能力减弱，从而影响水体的自净能力。针对丹江口水库规模、水库运行等特点，采用二维模型模拟水库。

同时，由于引水工程和不同水库调度运行方式对水库水流状态产生的影响不同，污染物的迁移扩散也不同，因此模型模拟需要对水库污染物的迁移运动以及运行流量和出水口位置变化对污染物下泄的影响进行分析，为水库突发性污染事故提出应急运行措施建议。

2. 模型参数确定

利用水文控制站的流量和水位历史系列资料和监测资料，进行河流和水库水动力学模型率定和给定初边值条件。

（1）水动力水质模型参数率定。

糙率：水流模型中的床底粗糙系数对水流计算有较大的影响，本项参照丹江水库的相关研究报告的成果，选定床底粗糙系数 $n=0.04$。

扩散系数 E 和降解系数 K：取 $K=K_{20}\times 1.047^{T-20}$，其中 K_{20} 为水温等于 20℃时高锰酸盐指数降解系数，T 为温度，K_{20} 对不同的水体有很大的差异，参照丹江水库的相关研究报告的成果，以 1991 年和 1993 年的水质实际监测资料进行数值模型参数的率定。以实测资料为目标，经参数自动全局寻优，找出最优的参数取值，确定扩散系数 $E=2\mathrm{m^2/s}$，高锰酸盐指数降解系数 $K_{20}=0.004\mathrm{L/d}$。

（2）模型初始边值条件。

入流边界：各种变量作为本质条件给出。

出流边界：$f_t+V_n f_x=0$，其中 f 为 u，v，η 和 z_b 中任一物理量，V_n 为出流边界的法向流速。

固壁边界：$(u,v)=0$，$\eta_n=0$，n 为固壁的法向矢量。

初始条件：给出 u，v，η 和 z_b 在初始时刻的分布。

3. 水源地水动力水质模型并行计算

本研究采用线程并行、核并行与机器并行相结合，共享内存并行与不共享内存并行混合处理的方式，对模型体系进行并行化处理，其中，线程级的模型内部计算并行采用 OPENMP 模式、核级别和机器级别的模型分布式并行采用消息传递模式（MPI）。

MPI 函数库提供的接口方便 C/C++ 和 fortran 语言的调用，在程序中，通过添加引用 MPI 头函数或 lib 库，便能引用 MPI 库中的相应接口。MPI 提供了由 6 个子函数组成的子集，其函数名与定义见表 4.11。

表 4.11　　　　　　　　　　　MPI 中的 6 个基本函数

函数名	含　义	作　　　　用
MPI_Init	初始化	MPI 的第一个函数调用，通过它进入 MPI 环境
MPI_Finalize	结束	MPI 程序的最后一条 MPI 语句，从 MPI 环境退出
MPI_Comm_size	获取通信域大小	获知在一个通信域中有多少个进程
MPI_Comm_rank	获取通讯域编号	获取当前进程的进程编号，该编号取值范围为 0 到通信域中的进程-1
MPI_Send	信息发送	在进程之间信息交换时，发送消息
MPI_Recv	信息接收	在进程之间信息交换时，接收消息

在 MPI 的基本函数之外，还定义了具有其他功能的函数，本研究中还用到的其他函数，包括栅栏函数和时钟函数。MPI_Barrier（），是 MPI 在程序中组件一个栅栏，只有当所有的进程都达到栅栏时，通信域中程序才能继续执行；MPI_Wtime（），MPI 定义的时钟，能返回当前系统的时间，用于程序性能测试。

（1）网格构建。基于 σ 坐标系构建水源地水动力水质模型的网格体系。大范围海量网格的绘制，需要采用并行技术，将区域分块后，再通过一定的技术进行汇总。

通过构建高维网格一维化的方式，将程序循环过程中的 $I=1\sim IM$，$J=1\sim JM$ 的方式改为 $IJ=1\sim IJM$ 的方式，可以有效地实现对虚置网格的削减。在对网格进行整体编号后，按照 I，J 方向，依据网格所在河道的层次级，依次进行扫描。具体的过程如图 4.14 所示。

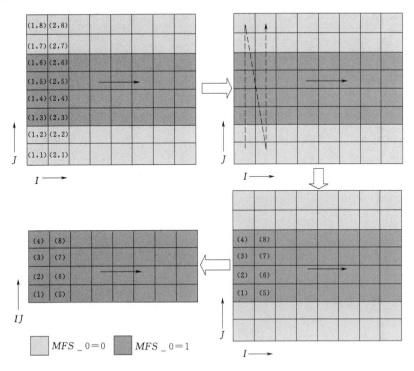

图 4.14　网格扫描过程示意图

经过网格一维化后，研究区域都可以通过网格分别绘制，然后一维化统一编码，再分割为不同的区块进行并行计算。

（2）区域分块与交换。

1）区域分块。对于没有进行二维网格一维化的网格体系，如图 4.15 所示中，深灰色区域为水域范围，浅灰色区域为陆地范围，水域范围参与计算，其 $MFS\_0=1$，而陆地范围不参与计算，其 $MFS\_0=0$。G1 为水体主流流向，Z1，Z2 分别为主流的支流流向。设定当前参与计算的网格数为 IJM，其水平方向上的网格总数满足 $IM \times JM$，其中 IM 为横轴方向上的网格数、JM 为纵轴方向上的网格数。从图 4.15 中可以看出，该网格是按照规则网格的绘制方法绘制的，图中深灰色区域为实际水域网格（湿网格），

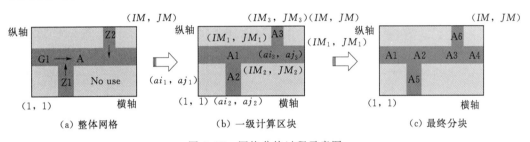

图 4.15　网格分块过程示意图

61

浅灰色区域为模型计算中不参与计算的网格（干网格），A 区域的网格总数为 $IM \times JM$。从图 4.16 中可以看出不参与计算的浅灰色区域占了大量的区域，这极大地降低了模型的计算速度。而要提高模拟的计算速度，需要有效地屏蔽灰色区域，将其从网格体系中剔除。

在网格识别绘制的基础上，根据图 4.15（a）中的主流和支流的水系关系，对其网格的空间地理关系进行判断，将流域按水系划分为一级计算区块，将属于 G1 网格编号为 A1，支流 Z1 与 Z2 分别编号为 A2 和 A3，其中（ai_1，aj_1）、（ai_2，aj_2）、（ai_3，aj_4）、（IM_1，JM_1）、（IM_2，JM_2）、（IM_3，JM_3）分别为 A1，A2，A3 块网格的最大、最小网格号在整体网格中的网格编号。设定 A1，A2，A3 的网格数分别为 IJM_1、IJM_2、IJM_3，则满足：

$$IJM_1 = (IM_1 - ai_1 + 1) \times (JM_1 - aj_1 + 1) \tag{4.18}$$

$$IJM_2 = (IM_2 - ai_2 + 1)(JM_2 - aj_2 + 1) \tag{4.19}$$

$$IJM_3 = (IM_3 - ai_3 + 1)(JM_3 - aj_3 + 1) \tag{4.20}$$

根据负载平衡原理确定最终区块大小；分布式计算的并行计算速度由负载最大即所要计算网格数最多的节点决定，因此在进行进一步的区域分块前，要根据每个一级分块的水流流向、河道宽度和横纵轴的网格数，确定要将网格分割成最终的最适宜的区块的大小。

2）区块重叠区设置。重叠区是分布式计算中为减小模型误差进行区块间数据交换的必备区域。在水动力模拟计算中，需人为设置一条边界范围为干网格，其不参与模型的计算，而在实际中，由于分块的边界并不是真正的干网格，在其网格上存在着动量与能量的交换，如不对其值进行必要的校正和修改，随着水动力模型的迭代求解，将会引起模型边界的误差过大甚至模型发散。因此重叠区的设定，通过不同分块间的传值进行边界值的校正与替换，能很好地保证模型模拟中的动量与能量符合实际情况。

3）块间数据交换方案。数据交换的区域发生在相邻分块的重叠区，一般地，水动力水质模型的分块的交换方式如图 4.16 所示。

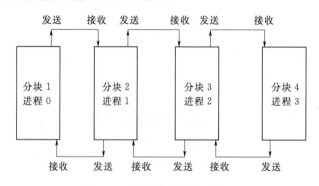

图 4.16　块间数据交换示意图

设定交换的数据带为 4 条，如图 4.17 所示，分块 A1 与 A2 相邻，两者属于横轴方

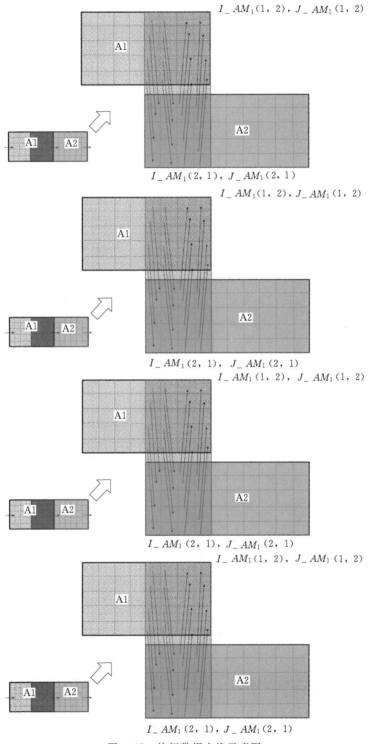

图 4.17　块间数据交换示意图

向的分割区，在横轴方向存在 4 条数据交换带，如图 4.17 所示。数据交换主要存在水动力模型和水质模型中，其中水动力模型中需要进行数据交换的变量为水位、流速、水温和盐度等；而水质模型中需要进行交换的变量为相关物质浓度指标。数据交换满足下面的交换原则和方法。

　　a. 数据交换原则：靠近 A1 下边界即 $I=I\_AM(1,2)-1$ 与 $I=I\_AM(1,2)$ 的数据换成 A2 中 $I=I\_AM(2,1)+2$ 与 $I=I\_AM(2,1)+3$ 的数据；靠近 A2 上边界的数据即 $I=I\_AM(2,1)$ 与 $I=I\_AM(2,1)+1$ 的数据换成 A1 中 $I=I\_AM(1,2)-3$ 与 $I=I\_AM(1,2)-2$ 的数据。

　　b. 数据交换方法：在模型实现数据交换的过程中，先将 A1 与 A2 要发送给对方的数据通过信息发送函数 MPI _ Send 发送到对方地址，通过 MPI _ Barrier 函数设定所有节点等待，直到数据发送完成，然后 A2 与 A1 分别启用接收函数 MPI _ Recv，接收从对方发送过来的函数，数据接收完成后在进行下一步长的迭代计算。

　　4. 模型验证与成果分析

　　(1) 丹江口库区网格划分。本研究区域为整个丹江口水库、主要支流入汇口及其库湾，从西起泥河口东至陶岔引水口，南抵浪河镇北达丹江大石桥，基于数字地形图，读取水下地形资料，采用矩形网格的形式对丹江口计算区域进行网格划分，单元时间步长为 0.1s。

　　丹江口库区的边界线如图 4.18 所示。

图 4.18　丹江口地区边界图

　　(2) 水文情景数据库建立。基于中线水源区各支流的各个水期的流量与对应水位的实测调查，形成中线水源地主要支流白河、陶叉、老灌河流量及其对应坝区水位的水文数据矩阵，部分矩阵表见表 4.12。

　　以水文数据矩阵的符合实际自然现象的不同排列组合为水文边界，基于水动力模型，构建中线水源区水动力情景数据库。当水污染事件发生时，以当时情景下各支流的流量和水源地水位为匹配因子，搜索匹配水动力情景数据库，以数据库水动力匹配结果为水质计算条件开展污染物事件模拟，从而实现快速模拟水污染事件中污染物的迁移变化状况。

（3）模型验证。采用数值模型和率定的参数对现状水库水质进行数值模拟，并与2010年长江流域水资源保护局水环境监测中心和长委水文局水质监测中心的实测资料进行比较，结果见表4.13。

表 4.12   水文数据矩阵表（部分）

水期	风速/(m/s)	风向	老灌河流量/(m³/s)	白河流量/(m³/s)	大坝泄流/(m³/s)	陶岔引水/(m³/s)	坝前水位/m
丰水期	0.7	东南风	750	2310	500	350	157
				⋮			
	0.7	东南风	921	6389	6060	420	170
	0.7	西北风	750	2310	500	350	157
枯水期	0.7	东南风	26	180	490	350	157
				⋮			
	0.7	东南风	66	460	5800	420	170
	0.7	西北风	26	180	490	350	157
平水期	0.7	东南风	76	530	490	350	157
				⋮			
	0.7	东南风	120	830	6000	420	170
	0.7	西北风	76	530	490	350	157

注 陶岔设计引水流量 350m³/s，设计引水加大流量 420m³/s。

表 4.13   丹江口水库二维水质模型高锰酸盐指数验证结果   单位：mg/L

水期	断面名称	台子山	陶岔	浪河口	张湾	神定河	白渡滩	坝前
枯水期	实测	1.67	1.72	2.10	8.61	10.10	2.11	1.60
	计算	1.67	1.68	2.22	7.81	11.40	−2.21	1.80
	相对误差	0	2.33	5.71	9.29	12.87	—	12.50
平水期	实测	2.30	2.80	1.80	5.44	−9.55	2.50	1.81
	计算	1.87	2.31	1.68	4.90	−8.98	2.70	1.80
	相对误差	18.70	17.50	6.67	9.93	—	8.00	0.55
丰水期	实测	3.10	2.66	2.97	−8.60	−12.23	3.12	1.87
	计算	2.70	2.30	2.50	9.10	−11.12	−2.88	1.90
	相对误差	12.90	13.53	15.80	—	—	—	1.60

由表4.13可以看出，验证计算最大相对误差为18.7%，最小相对误差0，平均相对误差为9.24%。考虑水质计算的特点和监测资料的精度，计算结果达到以上精度已能满足预测的要求。

（4）成果分析。将丹江口水库库区垂向分为 6 层，平面分成 22 块采用并行计算，对丹江口库区水动力学进行模拟计算。在同样计算条件下，经测试，该算法效率比传统串行算法效率有极大的提高，平均并行加速比为 7.9。该方法可以充分利用现有的计算条件，即可实现大型水域的水质水量快速计算。

用实验室 64 位 64 核的 Dell PowerEdge R815 服务器（每台配备 AMD64 Family 21 Model 2 Stepping 0 AuthenticAMD ～2300 处理器），进行性能计算。通过采用 1 台服务器串行计算、1 台服务器并行计算和多台服务器并行计算的方案进行测试模型模拟 3d 计算机计算所需的时间，结果见表 4.14。

表 4.14　　　　　　　　　串并行计算中模型运行 3d 所需时间

服务器台数	CPU 数目	分块数	分块最大网格数	计算时间/h
1 台服务器	1	1	51816	30.96
1 台服务器	64	22	3264	4.08
2 台服务器	64×2	50	1165	1.68
20 台服务器	64×100			0.08

4.2.2　中线总干渠水质水量快速预测技术

4.2.2.1　渠道污染物示踪试验及其迁移扩散规律

1. 标准梯形断面渠道污染物迁移试验

2012 年 8 月，开展标准梯形断面渠道污染物迁移实验，梯形渠道选在湖北漳河灌区团林镇双碑村内的一段笔直的衬砌斗渠，实验段渠长约 100m，边坡系数 1，底宽 0.5m。选择罗丹明作为示踪剂。选取下游两个断面（$x_1=55m$，$x_2=80m$），将 25g 示踪剂在 $x=0$，从渠道中心投入，每隔 1min 在两个断面处取水样，以记录示踪剂流过时的浓度过程线 $C-t$。利用水泵改变试验条件，渠道水流流速分别为 $0.017m^3/s$ 和 $0.034m^3/s$。重复试验步骤数次。

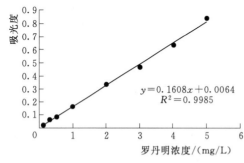

图 4.19　罗丹明溶液的标准曲线

水样罗丹明浓度采用 752N 型号紫外分光光度计进行分析。先测出罗丹明标准溶液的最大吸光度，先以 10nm 为单位变化波长，找出吸光度的变化趋势，再以 2nm 为单位变化波长，找出最大吸光度对应的波长，最大吸光度对应的波长为 546nm。以此波长作为检验水样罗丹明浓度的波长。罗丹明溶液的标准曲线如图 4.19 所示。4 次实验测得的各断面罗丹明的浓度如图 4.20 所示。

2. 复杂边界条件梯形断面渠道污染物迁移试验

开展具有复杂边界条件的梯形断面渠道内污染物迁移实验，用于实验的梯形渠道长约 80m，边坡系数 1，底宽 0.6～0.7m，实验渠道流量为 0.169m³/s。选取下游 3 个断面（$x_1=15.1m$，$x_2=41.7m$，$x_3=54.8m$），将 25g 示踪剂在上游处（$x=0$）从渠道中心投入，每隔 0.5min 在 3 个断面处取水样，每组取 12 个样本，以记录示踪剂流过时的浓度过程线 $C-t$。利用投放示踪剂快慢改变试验条件，重复试验步骤数次。试验中试验场地示意图和各个断面基本信息见图 4.21 和表 4.15。

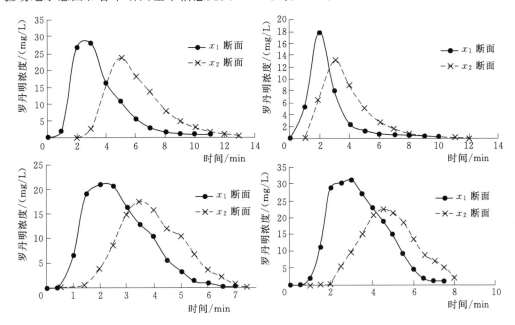

图 4.20 各次试验两测站浓度时间过程线

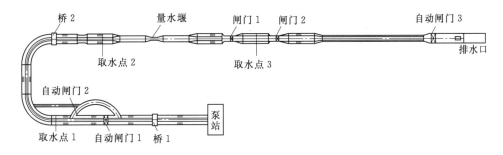

图 4.21 试验场地示意图

表 4.15 试验各断面的基本信息

断面	水深 h /m	底宽 B /m	坡度 /m	距投放点 X /m	平均流速 u /(m/s)	剪切流速 v /(m/s)
断面 1	0.49	0.6	1	15.1	0.3162	0.015737
断面 2	0.49	0.6	1	41.7	0.3162	0.015737
断面 3	0.38	0.7	1	54.8	0.4115	0.020479

不同污染情形下的监测断面污染物浓度时间变化过程如图 4.22 所示。

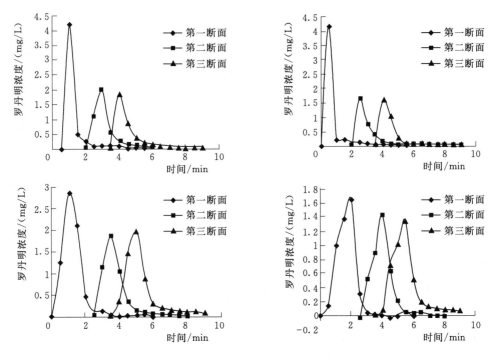

图 4.22 各次试验两测站浓度时间过程线

从数据中看出，断面 1、断面 2 之间的差异比断面 2、断面 3 之间的差异大，距投放点位置越远，分子扩散作用越弱，浓度随时间变化趋于稳定；比较标准断面与非标准断面之间的差异，发现：复杂边界条件下，紊流扩散作用明显，污染物经历弯道和渐变段之后的浓度随时间变化过程更均匀。

3. 标准梯形断面渠道不同类型污染物迁移试验

开展标准梯形断面渠道不同类型污染物迁移实验，用于实验的梯形渠道底宽 1.2m，顶宽 3.4m，高 1.5m，渠道流量为 0.55m³/s。药品分别选择易溶性硝酸钠和悬浮性耐火灰。以选取的 5 个断面作为实验断面，在第一个断面（$x_1=0$m）处投入药品，并同时投入示踪剂以直观反映污染扩散状况，选取下游 4 个断面（$x_2=50$m，$x_3=100$m，$x_4=200$m，$x_5=400$m）取水，每隔 30s 在各个断面处取 1 个水样，浓度达到峰值时可加密采样，每个断面取 20 组左右水样，以记录药品的浓度随时间过程线 $C-t$，重复实验步骤 2 次。

标准实验：500g 的硝酸钠，溶于 1L 的烧杯中，在烧杯中加入 25g 的罗丹明试剂，第一个断面（$x=0$）处，将溶液在 10s 内均匀倒入渠道，渠道闸门全开，开 1 台水泵（流量为 0.55m³/s）。在污染团接近取水断面时，记录时间，然后每隔 30s 取 1 次水，直至污染团离开该取水断面。标准实验重复 4 次。

改变投放方式：连续投放（1L 的溶液在 1min 内投入倒入渠道）；间歇投放（1L 的溶液分 4 次，每次投入 250mL，间隔 30s）。各种投放方式重复两次实验。

改变闸门开度：调整渠道中段（$x=155$m）闸门的开度，测量闸门距渠底深度，并重新测量各个断面的水位流量关系，改变两次闸门开度，各重复两次实验。

改变试剂：在第一个断面（$x=0$）处瞬时投入耐火灰 500g，柴油 1L，各重复实验两次。不同污染情形下的监测断面污染物浓度时间变化过程如图 4.23～图 4.26 所示。

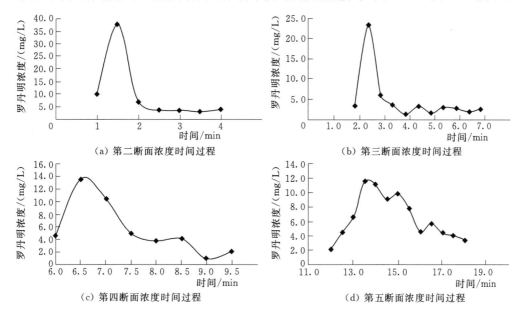

图 4.23 可溶性瞬时污染源浓度时间曲线

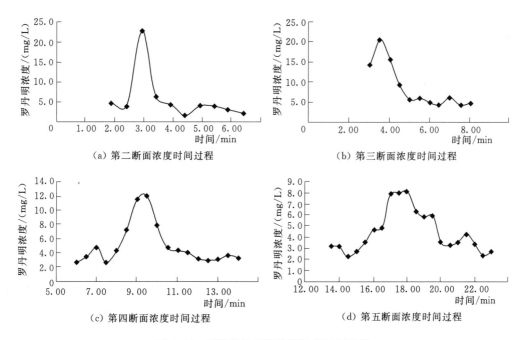

图 4.24 可溶性连续污染源浓度时间曲线

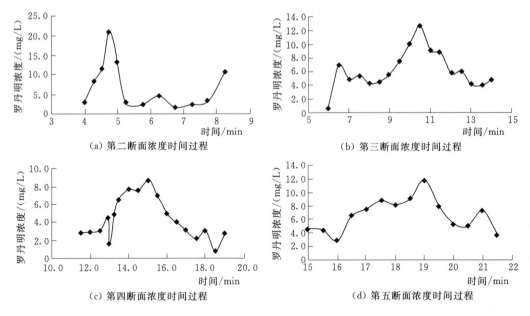

图 4.25　闸控条件下可溶性瞬时污染源浓度时间曲线

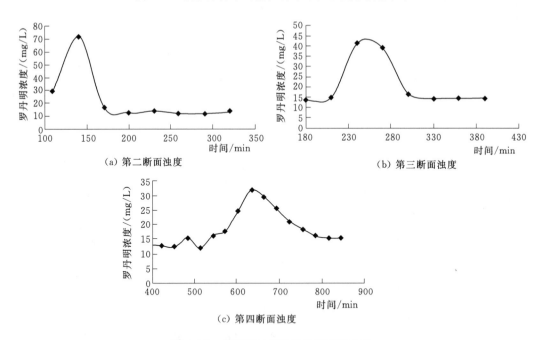

图 4.26　难溶瞬时污染源浊度时间曲线

　　分析不同情形下的浓度时间过程可知，第二断面处浓度峰值很集中，浓度变化快；第三断面处污染物扩散过程较第二断面处更加均匀；第四断面处于分水闸后，经过分水闸时水流状态发生改变，所以此断面浓度时间过程有小幅振荡；第五断面前经过了多处渐变段，污染物迁移扩散受到水流情况和外界渠道的影响，因此振动更加剧烈，振动幅度加大。

本次试验中将分水闸门处闸门开度调为 2/3，闸门处于第二断面与第三断面之间，比较本次试验 $x=200\text{m}$ 与未经闸门调控的试验浓度时间过程可知，闸门调控水位后，污染物浓度峰值明显减小。闸门调控后出现污染物浓度峰值减少、峰值出现较晚且经过断面时间增加等情况，都能够为工程处置吸收污染物提供时间，有利于污染物的去除。

4. 渠道纵向离散系数确定

示踪剂瞬间从岸边投入渠道中，在下游选择两个断面测示踪剂流过时的浓度过程线 $C-t$。此外，还需记录两个断面之间渠道的平均水深 $\overline{H}$、平均水面宽 $\overline{B}$，计算出平均摩阻流速，这样就可以推算出纵向离散系数。

一维水质迁移转化基本方程解得下游 x 处的示踪剂浓度变化过程为

$$C(x,t)=\frac{M}{\sqrt{4\pi E_{d}t}}\exp\left[-\frac{(x-ut)^{2}}{4E_{d}t}\right] \tag{4.21}$$

式中：x 为以投放示踪剂的断面为起点至下游量测断面处的距离，m；t 为以投放示踪剂的时刻为零点起算的时间，d；$C(x,t)$ 为 x 处 t 时刻的示踪剂浓度，mg/L；M 为瞬时面源，等于投放的示踪剂质量除以过水断面面积，g/m^{2}；u 为渠段平均流速，m/s；E_{d} 为纵向离散系数，m^{2}/s。

当用纵向混合渠段距离分别对 x_{1}，x_{2} 的两个断面进行计算时，可得各断面浓度过程线的方差分别为

$$\sigma_{t1}^{2}=\frac{2E_{d}x_{1}}{u^{3}},\sigma_{t2}^{2}=\frac{2E_{d}x_{2}}{u^{3}}$$

取 $\bar{t}_{1}=\frac{x_{1}}{u}$，$\bar{t}_{2}=\frac{x_{2}}{u}$，由上式解得 E_{d} 为

$$E_{d}=\frac{u^{2}}{2}\frac{\sigma_{t2}^{2}-\sigma_{t1}^{2}}{\bar{t}_{2}-\bar{t}_{1}} \tag{4.22}$$

式中：$\bar{t}$ 为浓度过程线的一阶原点矩，对于下游 x 处实测的示踪剂浓度过程，其计算公式为

$$\bar{t}=\frac{\sum_{i=1}^{N}C_{i}t_{i}}{\sum_{i=1}^{N}C_{i}} \tag{4.23}$$

实测的示踪剂浓度过程线 $C-t$ 的方差 σ_{t}^{2}，按式（4.7）计算：

$$\sigma_{t}^{2}=\frac{\sum_{i=1}^{N}C_{i}t_{i}^{2}}{\sum_{i=1}^{N}C_{i}}-\left[\frac{\sum_{i=1}^{N}C_{i}t_{i}}{\sum_{i=1}^{N}C_{i}}\right]^{2} \tag{4.24}$$

式中：t_{i} 为第 i 时段末的时间，$i=1,2,\cdots,N$；N 为浓度过程线的最末一个时段数；C_{i} 为 t_{i} 时的浓度。

在测得两个断面的示踪剂浓度过程线之后，依次计算它们的 $\bar{t}_{1}$、$\bar{t}_{2}$ 和 σ_{t1}^{2}、σ_{t2}^{2}，即可

求得纵向离散系数 E_d。在 3 次实验中，纵向离散系数分别为 $0.15\text{m}^2/\text{s}$，$1.3\text{m}^2/\text{s}$ 和 $0.187\text{m}^2/\text{s}$。

在计算不同渠道纵向离散系数的同时，可知渠道污染物迁移扩散规律：

理想条件下，溶质的分子扩散和紊流扩散作用往往忽略不计，只考虑污染物的随流输移和剪切流离散作用，下游断面的浓度时间过程应为正态分布，而在 3 次实验中，下游断面的浓度时间过程呈偏态分布，而不是理想的正态分布，因此，理想状态下的污染物迁移公式与研究方法不能适用于拥有复杂边界条件与闸门控制的南水北调中线总干渠中。

而通过实验可知，渠道边界条件与闸门控制条件对水流的影响较大，污染物的随流迁移过程受到影响，紊流扩散作用加强，污染物经历弯道和渐变段之后的浓度随时间变化过程更均匀，闸门控制处流速的变化加大水流的紊流扩散作用，浓度随时间变化过程更加均匀。理想的污染物迁移方程已不再适用。同时，不同污污染物在渠道中随流迁移，下游断面的浓度时间过程线均呈偏态分布，悬浮物随流输移过程中会发生沉淀，浓度时间过程线更加平缓。

4.2.2.2　基于 GA - GRNN 的渠道水质水量快速预测模型

1. 基本原理

判断水质指标异常的先决条件是预测输水渠道正常运行情况下的水质指标，即不发生水污染事件条件下的水质指标。在南水北调总干渠中，预测期内的输水量是已知的，而在不发生水污染事件的条件下，影响水质的外部因素也可通过预测得到，因此，需要一种算法，学习历史期内外部因素与水质指标的关联性，再根据预测期内的外部因素状况预测水质指标的变化情况，基于此需求，本书建立基于遗传算法优化的广义回归神经网络模型，对正常输水条件下的水质指标进行预测。

2. 模型求解方法

广义回归神经网络是基于非线性回归分析的，非独立变量 y 相对于独立变量 x 的回归分析实际上计算具有最大概率值的 y。设随机变量 x 和随机变量 y 的联合概率密度函数为 $f(X, y)$，已知 x 的观测值为 X，则 y 相对于 X 的回归，也即条件均值为

$$\hat{Y} = E(y/X) = \frac{\int_{-\infty}^{\infty} yf(X, y)\mathrm{d}y}{\int_{-\infty}^{\infty} f(X, y)\mathrm{d}y} \tag{4.25}$$

$\hat{Y}$ 即为在输入为 X 的条件下，Y 的预测输出。应用 Parzen 非参数估计，可由样本数据集 $\{xi, yi\}_{i=1}^{n}\{xixi, yiyi\}_{i=1}^{n}$，估计密度函数 $\hat{f}(X, y)$。

$$\hat{f}(X, y) = \frac{1}{n(2\pi)^{\frac{p+1}{2}}\sigma^{p+1}} \sum_{i=1}^{n} \left[-\frac{(X - X_I)^\mathrm{T}(X - X_i)}{2\sigma^2} \right] \exp\left[-\frac{(X - Y_i)^2}{2\sigma^2} \right]$$

式中：X_i、Y_i 为随机变量 x 和 y 的样本观测值；n 为样本容量；p 为随机变量 x 的维数；σ 为高斯函数的宽度系数，在此称为光滑因子。

用 $\hat{f}(X, y)$ 代替 $f(X, y)$ 代入式（4.25），并交换积分和加和的顺序：

$$\hat{Y}(X) = \frac{\sum_{i=1}^{n} \exp\left[-\frac{(X-X_i)^{\mathrm{T}}(X-X_i)}{2\sigma^2}\right] \int_{-\infty}^{\infty} y \exp\left[-\frac{(Y-Y_i)^2}{2\sigma^2}\right] \mathrm{d}y}{\sum_{i=1}^{n} \exp\left[-\frac{(X-X_i)^{\mathrm{T}}(X-X_i)}{2\sigma^2}\right] \int_{-\infty}^{\infty} \exp\left[-\frac{(Y-Y_i)^2}{2\sigma^2}\right] \mathrm{d}y}$$

由于 $\int_{-\infty}^{\infty} z e^{-z^2} \mathrm{d}z = 0$，对两个积分进行计算后可得到网络的输出 $\hat{Y}(X)$ 为

$$\hat{Y}(X) = \frac{\sum_{i=1}^{n} Y_i \exp\left[-\frac{(X-X_i)^{\mathrm{T}}(X-X_i)}{2\sigma^2}\right]}{\sum_{i=1}^{n} \exp\left[-\frac{(X-X_i)^{\mathrm{T}}(X-X_i)}{2\sigma^2}\right]}$$

估计值 $\hat{Y}(X)$ 为所有样本观测值 Y_i 的加权平均，每个观测值 Y_i 的权重因子为相应的样本 X_i 与 X 之间 Euclid 距离平方的指数。当光滑因子 σ 非常大的时候，$\hat{Y}(X)$ 近似于所有样本因变量的均值。相反，当光滑因子 σ 趋向于 0 的时候，$\hat{Y}(X)$ 和训练样本非常接近，当需要预测的点被包含在训练样本集中时，公式求出的因变量的预测值会和样本中对应的因变量非常接近，而一旦碰到样本中未能包含进去的点，有可能预测效果会非常差，这种现象说明网络的泛化能力差。当 σ 取值适中，求预测值 $\hat{Y}(X)$ 时，所有训练样本的因变量都被考虑了进去，与预测点距离近的样本点对应的因变量被加了更大的权。

光滑因子 σ 值取得合适与否，与模型预测的准确性紧密相关。模型采用遗传算法（GA）优化的方法来最优化光滑因子 σ 的值。建立基于遗传算法优化的广义回归神经网络（GA-GRNN），模型结构如图 4.27 所示。

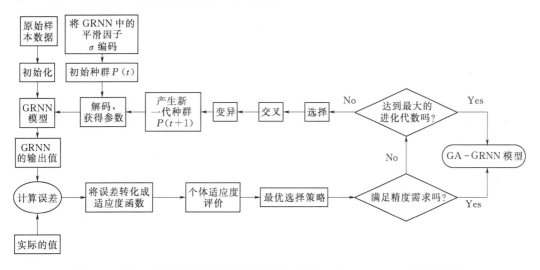

图 4.27 基于遗传算法优化的广义回归神经网络（GA-GRNN）模型结构图

3. 模型验证与成果分析

利用南水北调中线的水质指标监测数据验证模型的预测结果，选取惠南庄泵站水质自动检测测站 2013.5.25—2013.8.26 的水质监测数据，流量数据以及外部影响因素数据验证模型。该段时间的水质情况以及影响水质因素见表 4.16 和表 4.17。

表 4.16 水质指标范围

指标	范围	单位	指标	范围	单位
水温	21.8～30.5	℃	高锰酸盐指数	2～3.4	mg/L
电导率	457～781	μS/cm	溶解有机物	4～14.2	mg/L
pH 值	7.7～8.3		总磷	0.02～0.03	mg/L
溶解氧	7.8～11.3	mg/L	总氮	2.03～4.03	mg/L
氨氮	0～0.1	mg/L			

表 4.17 影响水质因素范围

参数	范围	单位	参数	范围	单位
流量	10.8～13.5	m³/s	日照时数	0～14.1	h
降雨量	0～84.2	mm	风速	1～4.1	m/s
气温	19.0～31.7	℃	平均水气压	7.3～33.9	hPa

模型利用 2013.5.25—2013.8.22 的 90 组数据进行学习与网络训练，利用 2013.8.23—2013.8.26 的 4 组数据验证模型的预测结果见表 4.18。

表 4.18 GA－GRNN 模型预测各指标相对误差及 RMSE（均方根误差） ％

组数	水温	电导率	pH 值	溶解氧	氨氮	高锰酸钾盐指数	溶解有机物	总磷	总氮
第一组	1.60	1.60	2.00	8.20	0.20	9.60	10.30	4.30	5.00
第二组	0.20	0.30	2.50	8.60	0.20	7.20	0.80	6.00	9.50
第三组	2.80	0.90	1.80	6.20	0.40	4.50	9.50	1.00	7.80
第四组	2.40	0.30	2.30	2.30	0.30	6.60	8.90	1.10	5.90
RMSE	0.55	5.32	0.17	0.65	0.02	0.18	0.70	0.31	0.16

从预测结果的相对误差表中可以看出，在 36 个预测指标中，23 个指标的相对误差小于 5％，12 个指标的相对误差 5％～10％，只有 1 个预测指标的相对误差大于 10％，因此，模型的预测效果好。利用均方根误差（RMSE）验证模型效率，模型预测的各个指标的均方根误差都较小，模型效率高。

4.2.3 东线水网湖区水质水量快速预测技术

4.2.3.1 洪泽湖水动力水质数学模型

1. 数学模型

（1）控制方程。洪泽湖属于典型的陆地浅水湖泊，湖区面积大，汇流河道众多，季节变化大。因此水流条件复杂，受支流入汇、分流以及风作用的共同影响、水流流速横向分布不均匀，采用简单的解析解模型来预测水质变化带来的误差很大，因此有必要采用数值解模型，在模拟复杂水流运动的基础上，模拟污染物在水体中的迁移、扩散和转化过程。在浅水湖泊水流中，水平尺度一般远大于垂向尺度，可以略去这些量沿垂线的变化，将三维水流运动看作沿水深平均的平面二维流动。本模型采用平面二维水流运动模型。

在浅水湖泊水流中，将三维流动的基本方程沿水深积分平均，即可得到沿水深平均的平面二维流动的基本方程。其基本方程为

$$\frac{\partial \zeta}{\partial t}+\frac{\partial (Hu)}{\partial x}+\frac{\partial (Hv)}{\partial y}=0 \tag{4.26}$$

$$\frac{\partial u}{\partial t}+u\frac{\partial u}{\partial x}+v\frac{\partial u}{\partial y}-fv+\frac{gu\,(u^2+v^2)^{1/2}}{HC^2}+g\frac{\partial \zeta}{\partial x}-A_x\left(\frac{\partial^2 u}{\partial x^2}+\frac{\partial^2 u}{\partial y^2}\right)=0 \tag{4.27}$$

$$\frac{\partial v}{\partial t}+u\frac{\partial v}{\partial x}+v\frac{\partial v}{\partial y}+fu+\frac{gv\,(u^2+v^2)^{1/2}}{HC^2}+g\frac{\partial \zeta}{\partial y}-A_y\left(\frac{\partial^2 v}{\partial x^2}+\frac{\partial^2 v}{\partial y^2}\right)=0 \tag{4.28}$$

式中：ζ 为水位，即基面至水面的垂直距离；$H=\zeta+h$，h 为基面下的水深；u、v 分别为 x、y 方向的水深平均流速分量；f 为柯氏力系数，$f=2\omega\sin\varphi$；φ 为纬度；ω 为地球自转速度；C 为谢才系数，$C=1/n(\zeta+h)1/6$；n 为粗糙系数；A_x、A_y 为涡动黏性系数。

在本书的研究中，主要考虑水污染事件发生后污水排放到洪泽湖区污染物的随流运移、扩散和降解及相应生化过程中的浓度变化。通过不同水质变量的物理化学变化来反映污水排放后下游的水质在时间和空间上的变化。对于任一变量随时间和空间的变化均可采用式（4.29）所示的迁移扩散方程来描述。

$$\frac{\partial HC}{\partial t}+\frac{\partial HuC}{\partial x}+\frac{\partial HvC}{\partial y}=\frac{\partial}{\partial x}\left(HD_x\frac{\partial C}{\partial x}\right)+\frac{\partial}{\partial y}\left(HD_y\frac{\partial C}{\partial y}\right)-HF(C)+S \tag{4.29}$$

其中，C 为某一水质变量的浓度，等式左边第一项为时变项，后边两项为对流项，等式右边前两项分别为 x、y 方向的扩散项，第三项为生化反应项，代表着各生态变量在水体中进行的物理、化学、生物作用过程以及各水质、水文气象，水动力因子之间的动态联系。这一项可认为是某一生态变量浓度对于时间的全导数。第四项为源项，表示计算单元的污染物负荷。

（2）数值方法。考虑边界及周边地形较为复杂，为了较好地模拟地形，对上述方程组求解采用正交曲线坐标。对笛卡尔 $x-y$ 坐标中的不规则区域 Ω 进行网格划分，并将区域 Ω 变换到新的坐标系 $\xi-\eta$ 中，形成矩形域 Ω'。这样在 Ω' 区域进行划分时，得到等间距的网格，对应每一个网格节点可以在 $x-y$ 坐标系中找到其相应的位置。

正交变换 $(x,y)\rightarrow(\xi,\eta)$ 应用于方程，流速取沿 ξ、η 方向的分量 u^* 和 v^*，其定义为

$$u^*=\frac{ux_\xi+vy_\xi}{g_\xi};v^*=\frac{ux_\eta+vy_\eta}{g_\eta} \tag{4.30}$$

其中，$g_\xi=\sqrt{x_\xi^2+y_\xi^2}=\sqrt{\alpha}$，$g_\eta=\sqrt{x_\eta^2+y_\eta^2}=\sqrt{\gamma}$，分别对应于曲线网格的两个边长。

由于采用平面二维模型，故在垂向上的动量方程在此不予考虑。把方程组重新组合成关于 u^*、v^* 的方程，则变换后的控制方程为（略去新速度分量的上标"$*$"，仍记作 u，v）：

$$\frac{\partial \zeta}{\partial t} + \frac{1}{g_\xi g_\eta}\left(\frac{\partial (Hug_\eta)}{\partial \xi} + \frac{\partial (Hvg_\xi)}{\partial \eta}\right) = 0 \tag{4.31}$$

$$\frac{\partial u}{\partial t} + \frac{u}{g_\xi}\frac{\partial u}{\partial \xi} + \frac{v}{g_\eta}\frac{\partial u}{\partial \eta} = fv - \frac{g}{g_\xi}\frac{\partial \zeta}{\partial \xi} - \frac{g}{C^2 H}u\sqrt{u^2 + v^2}$$
$$+ \frac{v}{g_\xi g_\eta}\left(v\frac{\partial g_\eta}{\partial \xi} - u\frac{\partial g_\xi}{\partial \eta}\right) + A_\xi\left(\frac{1}{g_\xi^2}\frac{\partial^2 u}{\partial \xi^2} + \frac{1}{g_\eta^2}\frac{\partial^2 u}{\partial \eta^2}\right) \tag{4.32}$$

$$\frac{\partial v}{\partial t} + \frac{u}{g_\xi}\frac{\partial v}{\partial \xi} + \frac{v}{g_\eta}\frac{\partial u}{\partial \eta} = -fu - \frac{g}{g_\eta}\frac{\partial \zeta}{\partial \eta} - \frac{g}{C^2 H}v\sqrt{u^2 + v^2}$$
$$+ \frac{u}{g_\xi g_\eta}\left(u\frac{\partial g_\xi}{\partial \eta} - v\frac{\partial g_\eta}{\partial \xi}\right) + A_\eta\left(\frac{1}{g_\xi^2}\frac{\partial^2 v}{\partial \xi^2} + \frac{1}{g_\eta^2}\frac{\partial^2 v}{\partial \eta^2}\right) \tag{4.33}$$

新坐标系下的控制方程与原方程相比，除增加了一些系数之外，其形式上是完全类似的对于上述方程，利用传统的 ADI 法求解，其离散格式与矩形网格下基本一致。

1）边界条件。平面二维水流模型中，边界条件通常包括河道进出口边界、岸边界及动边界处理等。进口边界：给定入流单宽流量沿断面的横向分布。出口边界：给定出口断面的水位。岸边界：岸边界为非滑移边界，给定其流速为 0。

2）初始条件。模型计算范围及网格划分：数学模型计算范围的选取除应考虑附近水文测站的布设情况外，应能充分涵盖水污染事件可能影响的范围及模型边界稳定所需的范围。综合考虑水文水质资料、地形等因素，选取计算范围为整个洪泽湖区，在 13m 水位下的总面积约 1700km^2，其中南北方向最大长度为 61km，东西方向最大长度为 59km。

平面二维数模计算网格采用贴体分块正交曲线网格形式，总体网格数为 243×198，网格间距 150～500m。为了尽可能地反映出入汇支流和排水河道对湖泊水流的影响，对分、汇流口附近和局部岸边线复杂的区域进行了网格加密。具体网格划分见图 4.28。

（3）边界条件。综合考虑水系条件、调水方案和模型计算功能需求，在计算中与调水路线有关的入湖和出湖水道共考虑了三河（洪泽站）、苏北灌溉总渠、二河（淮阴站）、徐洪河（泗洪站）、成子河 5 条水道，入湖河流考虑了淮河、怀洪新河、新汴河、汴河、濉河共考虑了 5 条河流，其他小的河流忽略不计，如图 4.29 所示。

2. 模型参数确定

二维数模计算所采用的粗糙系数，由于缺乏湖区的实测水文数据，本报告采用经验法确定粗糙系数，浅偏于预测安全考虑，水湖泊内的粗糙系数一般略小于河道粗糙系数，本次计算取 0.02。

天然河道和湖泊中的边滩和心洲等随非恒定水位波动和计算迭代波动边界位置也发生相应调整。在计算中精确地反映边界位置是比较困难的，因为计算网格横向间距为数十米量级，为了体现不同流量、边界位置的变化常采用"切削"技术，即将露出单元的河床高程"切削"降至水面以下，并预留薄水层水深，同时更改其单元的粗糙系数，使得露出单元 u、v 计算值自动为 0，以保证数模计算的连续和正常进行。

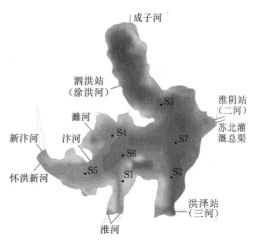

| 图 4.28 洪泽湖计算网格图 | 图 4.29 入湖和出湖河道（开边界条件） |

3. 模型测试

设计了几组模拟方案，对模型的计算性能进行检测。拟采用示踪浓度的方法进行分析，假定某种可溶污染物在不同的排放口进行排放，验证模块的计算功能和可靠性。设计了 4 种计算工况，见表 4.19。

表 4.19 污染物排放模拟计算工况表

计算工况	污染类型	排放位置	排放历时	流量/(m³/s)	相对浓度	背景浓度
Ⅰ	示踪质	淮河	持续排放	3000	1	0
Ⅱ	示踪质	怀洪新河	持续排放	2000	1	0
Ⅲ	示踪质	湖中心	持续排放	20	1	0
Ⅳ	可降解物质	淮河	持续排放	3000	1	0

采用建立的水流和污染物扩散模型，对 4 种工况下的污染物扩散过程分别进行了模拟计算。计算时间步长为 2min，计算历时 48h，图 4.30～图 4.32 给出了 3 种工况下不同时刻的浓度分布图。

工况Ⅰ和工况Ⅱ模拟淮河发生水污染事件后的污染物扩散过程，流量参考淮河水污染事件时的最大入湖流量 3200m³/s（2004 年 7 月淮河水污染事件形成的污水团在入洪泽湖时的最大流量）。从图 4.30～图 4.31 中可以看出污染带演进过程，随着时间增加，污染带影响范围逐渐扩大。其中工况Ⅰ中 48h 的影响范围已经扩展到湖对岸。

工况Ⅲ（图 4.32）模拟在湖区中间发生污染物泄漏事故后的影响过程。该工况下的水流边界条件不考虑入湖河道的流量，仅考虑几个调水口门的流量。从结果可以看出，在无风状态下，由于湖区的水体动力非常微弱，且整个湖泊水底相对平坦，污染物释放后的扩散过程类似静止水体中的扩散行为，浓度带分布呈同心圆向四周扩展。

工况Ⅳ模拟了淮河发生水污染事故后的污染物扩散过程，与工况Ⅰ不同之处在于考虑了污染物的降解过程，图 4.33 给出了不同时刻的污染物浓度分布，与同时刻工况Ⅰ条件下的污染物浓度分布对比明显地看出，考虑污染物降解以后，污染物浓度有所降低，影响范围减小。

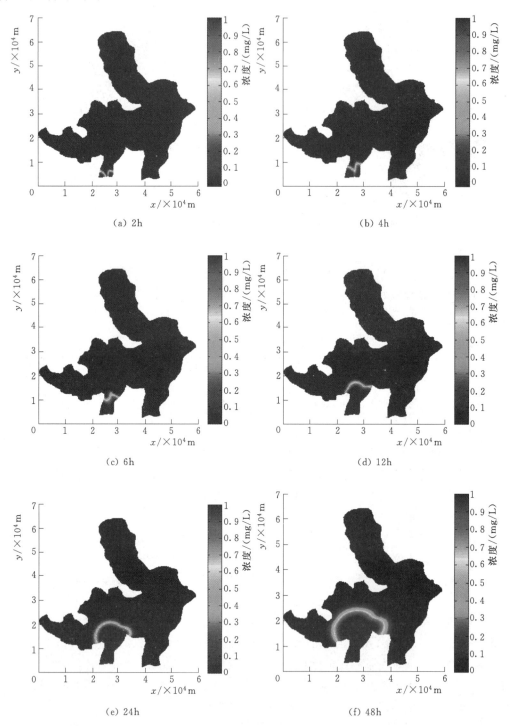

图 4.30　污染物浓度分布图（工况Ⅰ）

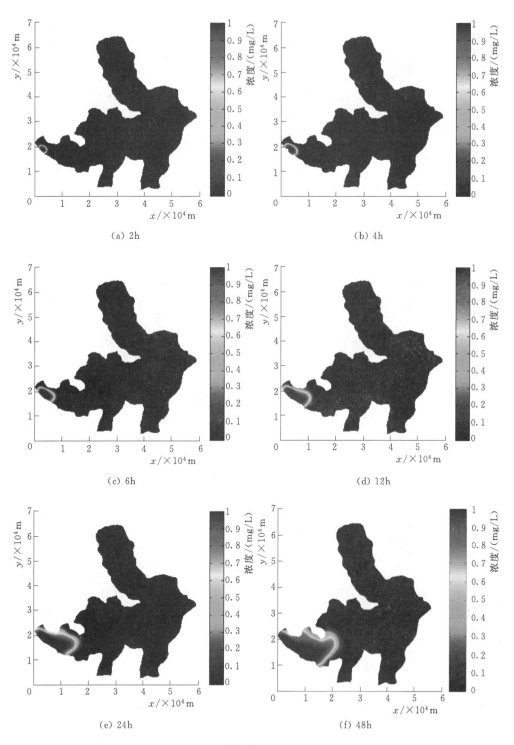

(a) 2h   (b) 4h

(c) 6h   (d) 12h

(e) 24h   (f) 48h

图 4.31　污染物浓度分布图（工况Ⅱ）

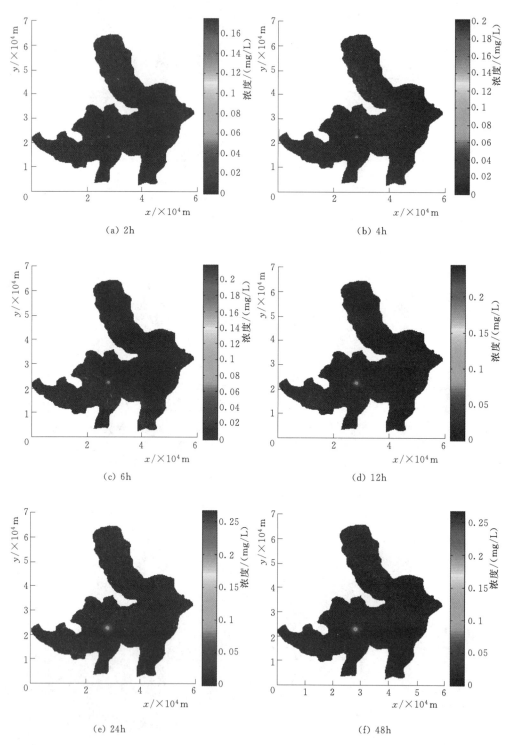

图 4.32 污染物浓度分布图（工况Ⅲ）

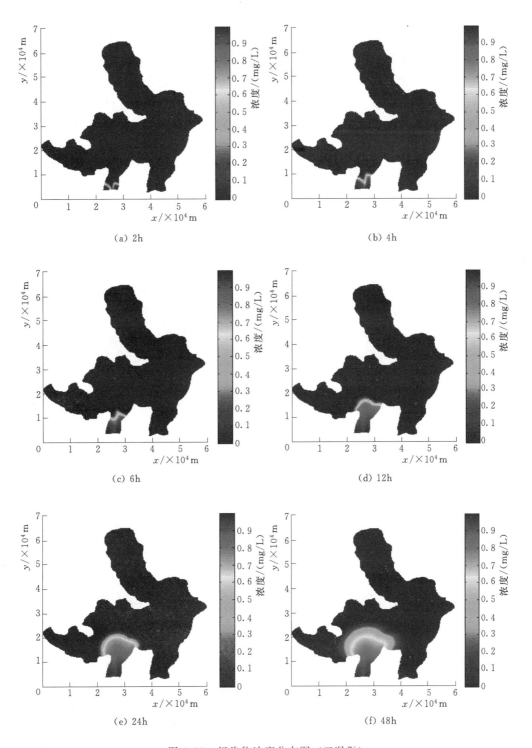

图 4.33 污染物浓度分布图（工况Ⅳ）

4.2.3.2　湖区水动力条件分析

洪泽湖是一个典型的浅水大型湖泊，湖水的动力条件对污染物迁移转化有直接的影响，采用水动力模型对湖区水动力条件进行分析。影响湖区水体动力条件的主要因素是出入湖水流和湖面的风。入湖河流主要包括淮河、怀洪新河、新汴河、汴河、濉河等，其中淮河对湖区水量的贡献最大，与调水路线有关的入湖和出湖水道共 5 条水道，包括三河（洪泽站）、苏北灌溉总渠、二河（淮阴站）、徐洪河（泗洪站）、成子河。

根据相关研究成果，洪泽湖湖流有吞吐流和风生流两种形式并存，在淮河入户口水流以扇形扩散流态为主，当东岸三座水闸运行时，强大的泄流可波及护体纵深，引起全湖以吞吐流形式为主的湖流运动，这种运动一般仅在洪水期可见。枯水季节，淮河入流较小时，洪泽湖湖流以风生流流态为主。根据湖区的气象分析，洪泽湖地区一年四季均有不同方向的季风影响，其中夏季以东南风为主，冬季以西北风为主。

采用二维水动力模型对湖区水动力条件进行分析，主要是通过对比风的作用，定量分析调水作用对湖流的影响，为洪泽湖突发污染事故调度方案的指定提供判断依据。计算主要考虑 5 条调水渠道在正常调水流量以及淮河的平均入湖流量，以及五种不同风向，计算工况见表 4.20。

表 4.20　　　　　　　　　　　　水动力模拟计算工况表

计算工况	风速 /(m/s)	风向	入湖流量/(m³/s)			出湖流量/(m³/s)		
			苏北总干渠	三河	淮河	二河	徐洪河	成子河
1	0	/	50	250	215	50	50	20
2	10	N	50	250	215	50	50	20
3	10	S	50	250	215	50	50	20
4	10	W	50	250	215	50	50	20
5	10	ES	50	250	215	50	50	20
6	10	NW	50	250	215	50	50	20

计算出不同工况下的流场图见图 4.34～图 4.39，从图中可以看出，洪泽湖在无风情况下，淮河河口和三河河口附近流速相对较大，最大流速 0.05m/s。其他湖区流速均很小，在毫米量级。不同风向作用下的湖流流向差别很大，湖区流速在 0～0.18m/s。无风流场与几种风场作用下的流场比较，无风作用下的流速要小很多。图 4.34～图 4.39 给出了几个湖区典型位置的流速对比，S1～S6 的位置见图 4.40，从图中可以看出，工况 1（无风）情况下的各点流速大小明显小于其他工况下的流速。在工况 1（无风）条件下，除淮河口附近的 S1 点以外，各点的流速均小于 0.005m/s，其他工况下各点的流速为 0.03～0.09m/s。

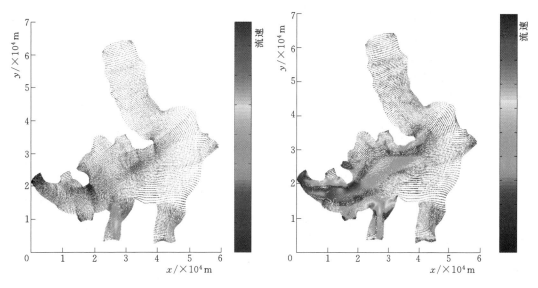

图 4.34 湖区流场图（工况 1，无风）　　　　图 4.35 湖区流场图（工况 2，北风）

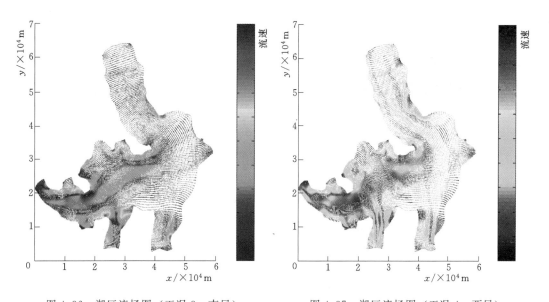

图 4.36 湖区流场图（工况 3，南风）　　　　图 4.37 湖区流场图（工况 4，西风）

由此可以得出，由于湖区的水体动力非常微弱，调水工程和河道入流对湖区水动力条件影响基本可以忽略，风向风速决定了洪泽湖湖流运动特征，同时也决定了湖区内污染物的扩散输移规律。

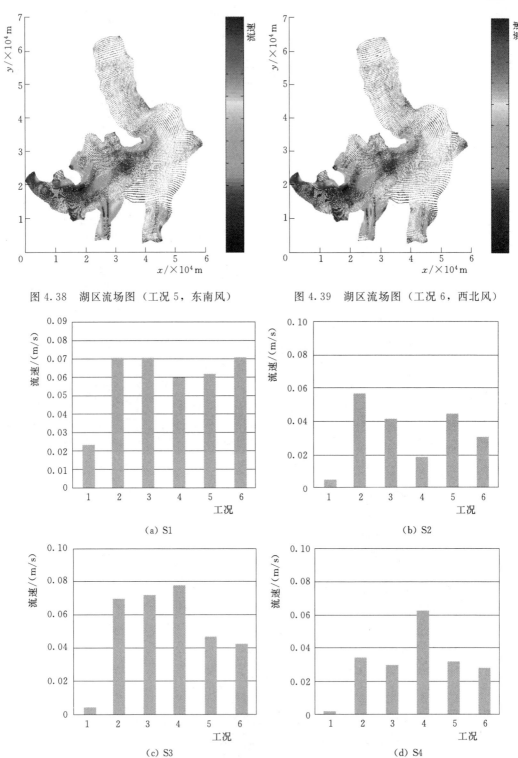

图 4.38　湖区流场图（工况 5，东南风）　　图 4.39　湖区流场图（工况 6，西北风）

（a）S1　　　　　　　　　　　（b）S2

（c）S3　　　　　　　　　　　（d）S4

图 4.40　不同工况下流速分布图

4.3　水污染事件追踪溯源技术

4.3.1　中线水源区水污染事件追踪溯源技术

4.3.1.1　水源区异构三维追踪溯源模型

库区水流状态很复杂，它随不同季节和不同水文气象条件的改变表现很大差异。流态受当时支流汇入、陶岔引水、水库下泄以及当时风场等多因素共同作用。为快速准确地求解突发性水污染溯源问题，建立基于水文水质情景和微分进化算法的污染源追溯技术。

已知流场条件下的异构多维系统中直接识别一个单点源的污染位置和污染时间。依据转移函数方法的理论，当一个反流场的输送模拟被执行的时候，显示了一个观察的污染羽流，这个羽流包括了所有必要的信息来预测未知污染源的浓度。从一个观测的污染羽流本身的二次积分中获得目标的浓度值。污染羽流的向后模拟产生了由于离散而导致的浓度值等高线的收缩。当等高线减少成为一个单个点的时候，此时的它是一个最大的浓度值，污染源的位置以这样的方式被识别，反向模拟时间说明了污染物释放后消逝的时间。

通过结合微分进化对后向位置概率密度分布进行研究，观察目标污染物浓度与所观察到的污染羽流之间关系，建立保持积极分散部分含有逆转流场的对流扩散方程，来解决未知单个点源位置以及污染时间的确定问题。

4.3.1.2　模型求解方法与步骤

1. 建立三维非定常污染源数值模型

考虑污染降解作用的三维对流-扩散方程如下：

$$\frac{\partial c}{\partial t} + \nabla \cdot \left(\vec{v} c \right) = \nabla \cdot (\varepsilon \nabla c) - kc \tag{4.34}$$

式中：$\vec{v} = (u, v, w)$，u，v，w 分别为 x，y，z 在方向的流速度，m/s；ε 为紊动扩散系数，m^2/s。

在天然水体中，采用非正交非交错网格，在有限控制体内、对流项迎风格式处理，对式（4.34）进行数值离散，得

$$a_p c_p^{n+1} + \sum_{nb} a_{nb} c_{nb}^{n+1} = a_p^t c_p^n \tag{4.35}$$

$$a_p = a_p^t + \sum_{nb} a_{nb} + k\mathrm{d}V \tag{4.36}$$

$$a_p^t = \mathrm{d}V / \Delta t \tag{4.37}$$

式中：a_{nb} 分别是控制体六面的 W、E、N、S、U 和 D 面的系数；$\mathrm{d}V$ 是控制体的体积；Δt 是时间步长。

2. 污染源的自追踪溯源方法

（1）瞬时源。在风驱动下水库三维非定常流场中，建立水库的异构多维污染物点源追踪识别方法。根据传递函数的理论，从瞬时单位质量释放的、在任何给定时间对流-扩散-降解等作用下的浓度分布，反映出正向的概率密度函数（简称 PDF）F_q。

将式（4.34）～式（4.35）中的 c 替换为 F_q，同时初始条件变换为

$$F_q(x,y,z,t)=\delta(x,y,z),t=t_0 \tag{4.38}$$

由此可以求出概率密度函数 F_q，获得以 t_0 时刻点（x_0，y_0，z_0）的瞬时排放 $F_q(x_0$，y_0，z_0，$t_0)=1$，到 t_1 时刻点（x_1，y_1，z_1）的 $F_q(x_1$，y_1，z_1，$t_1)$，按逆向追踪理解，t_1 时刻点（x_1，y_1，z_1）的瞬时排放为 $F_q(x_1$，y_1，z_1，$t_1)$，逆向 t_0 时刻点（x_0，y_0，z_0）$F_q(x_0$，y_0，z_0，$t_0)=1$。

为此定义一个逆向概率密度函数 F_{-q} 在点（x_1，y_1，z_1）上的初始单位质量排放 $F_{-q}(x_1$，y_1，z_1，$t_1)=1$，经反向的对流-扩散输送的解 $F_{-q}(x_0$，y_0，z_0，$t_0)$。即

$$F_{-q}(x_0,y_0,z_0,t_0)=F_q^{-1}(x_1,y_1,z_1,t_1) \tag{4.39}$$

$$F_{-q}(x_1,y_1,z_1,t_1)=\delta(x-x_1,y-y_1,z-z_1,t-t_1) \tag{4.40}$$

一个逆向概率密度函数 F_{-q} 满足与方程所描述的过程相反逆问题，即反向时间和反向流速等，根据上述讨论可以通过先求解 F_q，再求解 F_{-q}

向前概率密度函数记为 $F_q(x,t)$ 和逆向概率密度函数记为 $F_{-q}(x,\tau)$，其中 τ 表示逆流的时间。

（2）连续源。实际上，污染源排放过程是一个连续过程，即排放的污染负荷随时间变化 $M(t)$。对于这种情况，可以将连续排放的 $M(t)$ 按一系列的瞬时过程处理，即

$$M(t)=M(t)\delta(t-\tau) \tag{4.41}$$

这样可以利用瞬时排放的方法，进行污染源的追踪溯源处理。

4.3.1.3　丹江口库区追踪溯源技术

1. 丹江口水库污染事件追踪溯源技术

在污染事件发生后，基于水质异常位置、非污染源位置所观测的污染物物理化学特征以及污染事件持续时间，构建了一种基于源-质响应情景数据库的突发事件污染源追踪溯源系统，如图4.41所示。

首先构建基础数据库，包括：①建立水利工程区域范围内的固定和移动的污染源数据库和工程所在流域的水文情景数据库；②构建工程水域的水动力水质模型；③基于水动力水质模型，模拟水文情景数据库下，每个水文情景内，污染源在不同的排放量下，其污染物对工程水域造成的污染状况，形成对应的源-质响应情景数据库；其次获取污染事故发现区域的污染特征信息与当前水文情势信息；再次根据污染物特征信息和水文情势信息，进行污染源排查与筛选；最后进行备选污染源的多目标优选方案分析，完成最大可能污染源的定位。具体步骤如下。

（1）建立区域范围内的固定和移动的污染源数据库。工程水域内突发事件的源头既包括固定污染源也包括移动污染源，固定污染源是工程水域流域范围内其污废水排放能直接排入水体内或经过其余支流间接汇入受纳水域的位置相对固定的污染源；移动污染源是位置不固定，发生突发事件时，其污染物能直接或间接排入受纳水体的污染源。污染源数据库包括流域内所有固定污染源的编号、污染源坐标、名称、负责单位、责任人、联系方式、其排污口的编号、监控视频信息、坐标以及可能造成污染的污染物名称、化学式、原料来源、存储量、存储场所、存储方式等信息；移动污染源的名称、负

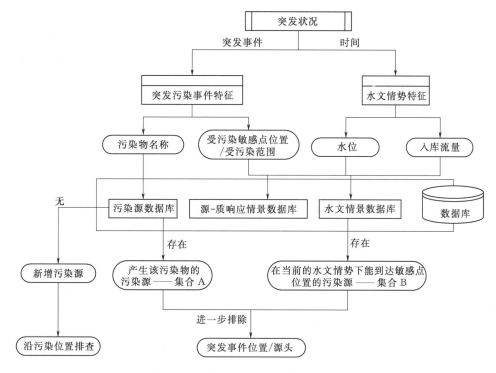

图 4.41 突发水污染溯源系统结构层次图

责人、常使用的燃料名称、化学式以及获准运输的物质名称、化学式、总量等信息；污染源数据库中，污染源编号为信息检索关键字。

（2）工程水体流域内的水文情景数据库。工程水体是一系列河流、渠道等的汇水区，在一年内确定的季节和时间段，各入汇支流具有相对稳定的来流流量、工程水体具有确定的调度运行方式与水位，因此不同的年份相同的月份和日期内，其水文情景一般不会发生变化，水文情景数据库矩阵 H 如下：

$$\boldsymbol{H} = \begin{vmatrix} h_1 \\ h_2 \\ \vdots \\ h_k \end{vmatrix} = \begin{vmatrix} t_1 & q_1 t_1 & q_2 t_1 & \cdots & q_n t_1 & z_{t_1} & wv_{t_1} & wd_{t_1} \\ t_2 & q_1 t_2 & q_2 t_2 & \cdots & q_n t_2 & z_{t_2} & wv_{t_2} & wd_{t_2} \\ \vdots & \vdots & \vdots & \ddots & \vdots & \vdots & \vdots & \vdots \\ t_k & q_1 t_k & q_2 t_k & \cdots & q_n t_k & z_{t_k} & wv_{t_k} & wd_{t_k} \end{vmatrix} \tag{4.42}$$

其中，t_k 为第 k 个时间，q_{n_k} 为第 n 条支流在 t_k 时段内的入汇流量，z_{t_k} 为工程水域的水位，wv_{t_k} 为工程水域的风速，wd_{t_k} 为工程水域的风向。每个情景在 H 中具有唯一的水文情景编号，该编号为检索关键字，对应有唯一的入汇流量与水位组合。

（3）构建工程水域自动与人工监测数据库。构建工程水域内的水质自动监测站数据库，包括自动监测站位置、对应在模型网格中的网格编号、所监测的各指标的时间与浓度。

（4）水动力情景模拟。根据水文情景中工程水域的来流状况和自身水位状况，应用水动力模型模拟每一个情景下的水域一周类的水动力状态集合 $D[T, A]$，其中 T 为时刻 $t \in [0, 7 \times 24]$ 组成的时间序列，时间间隔为 1h，A 为水域内每个网格在对应的 t

时刻的流量、流速和水位。

（5）污染源突发事故情景设置。对污染源数据库中的所有污染源进行突发事件情景设置，根据污染源中所存储的所有潜在风险化学品的量进行突发事件等级划分，按照特别重大事故 XXXL、重大事故 XXL、较大事故 XL 和一般事故 L，事故中污染物的排放分别为污染源所储存的污染物的 100%，70%，60% 和 20%；构建每个污染源的突发事故情景矩阵 $S[p, l]$，其中 S_n 为第 n 个污染源，P_k 为每个污染源中的污染物（1~k），M 为突发事件的 4 个等级、M 中 m 为每个等级突发事故中排放的污染物量，则污染源的 S 表达可表达为

$$S=\begin{vmatrix} S_1 \\ S_2 \\ \vdots \\ S_n \end{vmatrix}\begin{vmatrix} P_1 \\ P_2 \\ \vdots \\ P_k \end{vmatrix}|M_1 M_2 M_3 M_4|=\begin{vmatrix} S_1 \\ S_2 \\ \vdots \\ S_n \end{vmatrix}\begin{vmatrix} P_1^- & m_{p_1,\mathrm{XXXL}} & m_{p_1,\mathrm{XXL}} & m_{p_1,\mathrm{XL}} & m_{p_1,\mathrm{L}} \\ P_2^- & m_{p_1,\mathrm{XXXL}} & m_{p_1,\mathrm{XXL}} & m_{p_1,\mathrm{XL}} & m_{p_1,\mathrm{L}} \\ \vdots & \vdots & \vdots & \vdots & \vdots \\ P_{nk}^- & m_{p_{nk},\mathrm{XXXL}} & m_{p_{nk},\mathrm{XXL}} & m_{p_{nk},\mathrm{XL}} & m_{p_{nk},\mathrm{L}} \end{vmatrix}$$

$$(4.43)$$

（6）源-质响应情景模拟。根据水文情景数据矩阵 H 和污染源突发事件矩阵 S，模拟不同的水文情景（即时间）中，每个污染源的每种污染物在不同的事故等级下所发生的污染事故在一周内每个小时中水体内每个网格的各污染物浓度，从而形成对应的源－质响应情景数据库 H_S。H_S 中，一级关键字是污染源编号，二级关键字是污染源中污染物种类化学名称，三级关键字为水文情景编号，对应为该水文情景下，每种化学品的不同级别突发事件所产生污染状况。

（7）突发事件信息获取。在突发事件在工程水域内造成水质变化后，管理中心迅速获取水质异常位置的坐标，当前水质异常的污染物名称 p_s、时刻 t_s 的污染物浓度 c_s 以及水域的各支流入汇流量和水位信息（若该信息无法快速获取，可无）。

（8）当前时间水文情景查询。若已获知当前时间的入汇流量和水位信息，则利用入汇流量和水位信息查找水文情景数据库，按照式（4.44）进行水文信息匹配度分析，查找获得匹配度最高的情景为当前情景，获得其情景编号 H_{id}；若未获知当前的入汇流量和水位信息，则利用时间（月-日）查找水文情景数据库中与该时间最近的时间下的水文情景，获得编号 H_{id}。

$$f(q_{i1},q_{i2},q_{i3},\cdots,q_{in},z_i)=\lambda_1\frac{q_{i1}}{q_1}+\lambda_2\frac{q_{i2}}{q_2}+\lambda_3\frac{q_{i3}}{q_3}+\cdots+\lambda_n\frac{q_{in}}{q_n}+\partial\frac{z_i}{z} \qquad (4.44)$$

式中：f 为匹配度；$\lambda_1\sim\lambda_n$ 为权重因子；$q_{i1}\sim q_{in}$ 为编号为 i 的水文情景对应的第 1 条至第 n 条入汇径流的流量；z_i 为编号为 i 的水文情景对应水域水位；$q_{i1}\sim q_{in}$ 为当前获知的实测的入汇径流的入汇流量；z 为当前实测的水位。

（9）污染源排查与筛选。根据污染物名称 p_s 查找污染源数据库，获取污染源数据库中包含有物质 p_s 的污染源编号 S_{id}，形成排查出的备询污染源矩阵 R。若 R 不为空，则转入步骤（4）；若 R 为空，则转入步骤（8）。

（10）源-质响应情景筛选。库区移动风险源和固定风险源的分布、特征污染物属

性，应用突发事故快速预测系统，模拟预测各种动力条件下的各个可能突发的污染事件对库区取水水源地水质影响，构建源-水质响应模式，并构建源-水质响应基础库。

根据获取的污染源矩阵 R 中的污染源 S_{id} 和水文情景 H_{id}，匹配 H_S 数据库，获得该数据库中污染源 S_{id} 在 H_{id} 情景下，不同等级的突发事故在水质异常位置内所造成的污染物浓度随时间的变化过程，排除不能对水质异常位置内造成污染或污染浓度低于所获得的监测数据中最低浓度的情景，最终得到备选的情景，包括污染源编号以及在不同的模拟时刻污染物浓度。

源-质响应矩阵：

$$
\begin{bmatrix}
x_{11} & x_{12} & x_{13} & \cdots & x_{1m} \\
x_{21} & x_{22} & x_{23} & \cdots & x_{2m} \\
x_{31} & x_{32} & x_{33} & \cdots & x_{3m} \\
\vdots & \vdots & \vdots & \vdots & \vdots \\
x_{n1} & x_{n2} & x_{n3} & \cdots & x_{nm}
\end{bmatrix}
\begin{bmatrix}
q_{c1} \\ q_{c2} \\ q_{c3} \\ \vdots \\ q_{cm}
\end{bmatrix}
=
\begin{bmatrix}
c_1 \\ c_2 \\ c_3 \\ \vdots \\ c_m
\end{bmatrix}
\tag{4.45}
$$

式中：c_i 是 i 监测点水质浓度，mg/L；q_{cj} 是 j 排污点污染物排放负荷量，g/s；x_{ij} 是 j 排污点排放的污染物对 i 监测点水质浓度的贡献率。

2. 丹江口水库污染事件追踪溯源应用

分析特定水文条件下，各固定点源的污染扩散轨迹，如图 4.42 所示。由图可以看出污染源受水动力条件影响很大，其污染扩散的路径却有很大的差异。通过近陶岔引水点附近的敏感点（如图 4.42 中 A 点）水质监测异常结果，根据已提出的技术路线和方法，可以给出污染事件的空间范围。

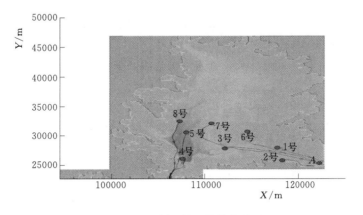

图 4.42 不同污染源扩散轨迹图

图 4.43 给出了特定水文条件下，固定污染源 2 号、3 号、6 号和 7 号发生污染事件时，各点的污染影响范围。由图 4.43 可以看到，特定水动力条件丹江口水库这种复杂水动力条件对污染物的扩散影响非常复杂。通过查询源-水质响应数据库，依据源-水质响应模式，按溯源追踪方式，最后确定可能的污染事故发生地、规模。通过多个监控点，可以利用监控点污染物变化过程，更加缩小对事故点范围确定。

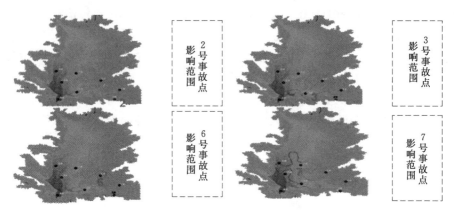

图 4.43　同一流场不同点污染点污染物扩散影响范围

4.3.2　中线总干渠水污染事件追踪溯源技术

4.3.2.1　基于 DEMCMC 的追踪溯源技术

突发水污染事件中污染物质输运过程是一个受地形、地貌、污染物种类等因素影响的复杂过程，蕴涵着确定性的动态规律和不确定性的统计规律。基于 Bayesian - MCMC 的追踪溯源方法的抽样过程极为复杂并耗时，所以为科学快速地应对突发水污染事件，需要对 MCMC 方法的抽样过程进行改进，提出了基于 DEMCMC 的追踪溯源技术。

DEMCMC 操作步骤与流程介绍如下。

提出的 DEMCMC 方法是在贝叶斯框架下，结合 DEA 与 MCMC 两种算法的思想，利用 DEA 算法繁殖思想和 MCMC 模拟对追踪溯源后验概率分布进行抽样，进而在此基础上获得参数的相关统计量，即 DEMCMC 方法是在 MCMC 方法上对测试参数的取法作些改变。该算法的具体求解步骤如下：

（1）根据待求参数变量个数 D，确定种群规模 NP，设定最大迭代次数 maxGen 和参数的先验范围。

（2）在模型参数先验范围内随机生成初始种群 $X^{(i)}(1)$，$X^{(i)}(2)$，…，$X^{(i)}(NP)$。

（3）将种群 i 的第一个数 $X^{(i)}(1)$ 作为模型参数的初始点，计算出其对应的污染物浓度值，从而得到该模型参数对应的条件概率密度。

（4）判断是否终止满足条件，如满足，输出结果，否则转到（5）。

（5）产生新的测试参数。根据微分进化算法的繁殖方法，将种群 i 的第一个数 $X^{(i)}(1)$ 作为初始值，等可能地在第 i 个种群中取两个值 $X^{(i)}(a)$、$X^{(i)}(b)$，并按式（4.46）产生新的测试参数：

$$X^{(*)} = X^{(i)}(1) - B[X^{(i)}(a) - X^{(i)}(b)] + \varepsilon \tag{4.46}$$

式中：B 为某一给定的常数；ε 为随机误差；a，$b \in [0, NP-1]$。

（6）利用河渠水流水质模拟模型基本方程组计算出 $X(*)$ 对应的污染物浓度及条件概率密度。

（7）计算接受概率 $A = [X^{(i)}, X^{(*)}]$。按式（4.30）获得 Markov 链从 $X(i)$ 位置

移动到 $X(*)$ 的接受概率为

$$A[X^{(i)}, X^{(*)}] = \min\left\{1, \frac{p(X^*)p(X^i|X^*)}{p(X^i)p(X^*|X^i)}\right\} = \min\left\{1, \frac{p(X^*)}{p(X^i)}\right\} \tag{4.47}$$

（8）产生一个 $0\sim1$ 间均匀分布的随机数 R，如果 $R<A[X^{(i)}, X^{(*)}]$，则接受该测试参数并设定为当前模型参数，即 $X^{(i+1)}=X^{(*)}$，否则不接收该测试参数，$X^{(i+1)}=X^{(i)}$。

（9）重复步骤（3）～（8）直至达到预定迭代次数。具体操作流程如图 4.44 所示。

4.3.2.2 实验验证

以武汉大学灌溉排水与水环境综合试验场的一段梯形渠道作为试验对象，将罗丹明作为示踪剂进行多点污染源项识别研究。梯形渠道长 180m，边坡系数 1，底宽 $0.6\sim0.7$m，经率定得到试验在 $u=0.3$m/s 的条件下弥散系数 $D=1.5\text{m}^2/\text{s}$。试验场地示意图如图 4.21 所示。

本试验采用的罗丹明为固体粉末，稀释后在初始条件 $g(x)=0$ 和水流速度 $u=0.3$m/s 的条件下，从选取的点 x_1 和 x_2 处瞬时投入，其中桥 2 为初始点（$x_0=0$），$x_1=79$m，$x_2=35$m，$s_1=$

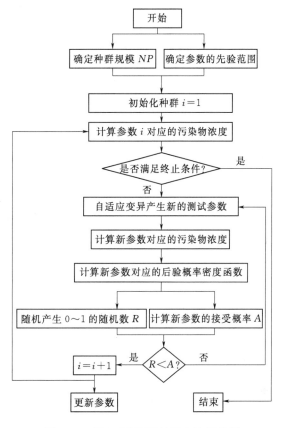

图 4.44 DE - MCMC 抽样方法流程图

8.6g/m^3，$s_2=4.7\text{g/m}^3$，并于投放 90s 后每隔 10m 处取水样，示踪剂浓度曲线如图 4.45 所示。

1. 结果分析

假设其误差服从高斯分布，污染源项参数 $S=(x_1, x_2, s_1, s_2)$ 均服从均匀分布且相互独立。其中，x_1，x_2 服从均匀分布 $U(0, 100)$；s_1，s_2 服从均匀分布 $U(0, 10)$。利用本书所提的 DE - MCMC 方法进行迭代计算：①得到追踪溯源结果的迭代曲线和概率统计图，如图 4.46 和图 4.47 所示；②剔除前面 200 次迭代得到识别结果并与真值进行比较，见表 4.21。

从图 4.47 可以看出，污染源位置 x_1 在 $70\sim80$m 之间的概率最大，污染源位置 x_2 在 $30\sim40$m 之间的概率最大，污染源强度 s_1 在 $8\sim9$g/L 左右的概率最大，污染源强度 s_2 在 $4\sim5$g/L 左右的概率最大，与真实值比较吻合。从表 4.21 可以看出，污染源位置绝对误差、相对误差和标准方差分别小于 0.2、0.4% 和 0.15，污染源强度的绝对误差、

表 4.21　　　　　基于 Bayesian - DEMCMC 追踪溯源结果及与真值比较

数据类型	x_1	x_2	s_1	s_2
真值	79	35	8.6	4.7
识别值	78.9197	34.8934	8.6100	4.6815
绝对误差	0.0803	0.1066	0.0100	0.0185
相对误差/%	0.1016	0.3046	0.1163	0.3936
样本标准方差	0.1232	0.1006	0.0523	0.0585

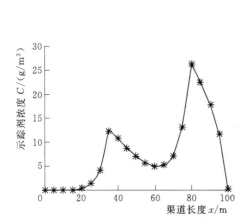

图 4.45　示踪剂浓度曲线

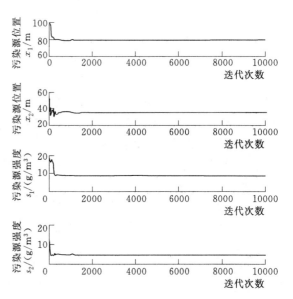

图 4.46　基于 Bayesian - DEMCMC 追踪溯源
结果的迭代曲线图

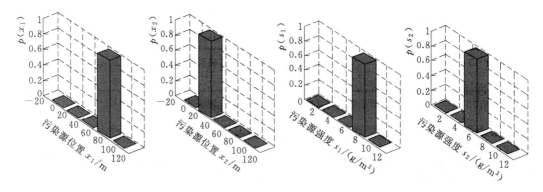

图 4.47　基于 Bayesian - DEMCMC 追踪溯源结果的后验概率柱状图

相对误差和标准方差分别小于 0.02、0.4% 和 0.06，说明采用基于 Bayesian - DEMC-MC 的追踪溯源方法识别的结果非常接近真实值，且在相同的随机抽样次数情况下，未知参数的先验分布准确性越高，则识别精度也越高。

2. 误差分析

采用基于 Bayesian - DEMCMC 的追踪溯源方法在 Matlab 环境下得到识别后污染源位置 x_1、x_2 和强度 s_1、s_2 的统计量，见表 4.22 和表 4.23，相对误差和抽样相对误差随测量误差变化而变化的曲线如图 4.48 所示。

表 4.22 瞬时性多点突发水污染事件污染源位置的统计量对比

工况	污染源位置 x_1				污染源位置 x_2			
	均值	标准差	相对误差/%	抽样相对误差/%	均值	标准差	相对误差/%	抽样相对误差/%
工况 1	78.9197	0.1232	0.1016	0.0016	34.8934	0.1006	0.3046	0.0095
工况 2	79.1746	0.2112	0.2210	0.0027	34.7721	0.3944	0.6511	0.0113
工况 3	79.2555	1.5403	0.3234	0.0195	34.6442	0.7640	1.0166	0.0218
工况 4	79.3403	1.5549	0.4308	0.0197	35.5036	0.7909	1.1439	0.0223

表 4.23 瞬时多点突发水污染事件中各污染源强度的统计量对比

工况	污染源强度 s_1				污染源强度 s_2			
	均值	标准差	相对误差/%	抽样相对误差/%	均值	标准差	相对误差/%	抽样相对误差/%
工况 1	8.6100	0.0523	0.1163	0.0061	4.6815	0.0585	0.3936	0.0124
工况 2	8.5300	0.1605	0.8140	0.0187	4.7626	0.1125	1.3319	0.0239
工况 3	8.6382	0.8747	0.4442	0.1017	4.7829	0.3566	1.7638	0.0759
工况 4	8.7339	0.8753	1.5570	0.1018	4.7906	0.3853	1.9277	0.0820

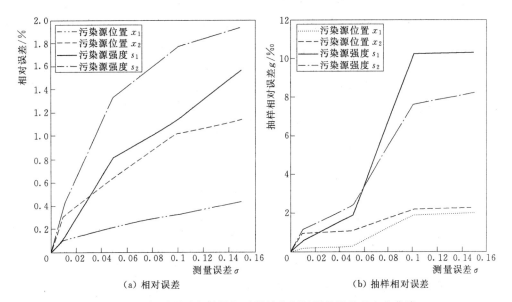

（a）相对误差　　　　　　　　　　（b）抽样相对误差

图 4.48 相对误差与抽样相对误差分别随测量误差的变化曲线

通过分析表 4.12、表 4.13 和图 4.48（b）得到：污染源位置和强度的统计量（均值、标准差和相对误差）均随误差的增大而增大，其中污染强度的增幅大于污染源位置的增幅，这是因为在相同的随机抽样次数的情况下，污染源位置的先验分布准确性比污染源强度的准确性要高。

从图 4.48（a）可以看出，不同测量误差分布下未知参数的抽样相对误差均小于 0.11%，这是因为在对样本进行抽样情况下采用基于 Bayesian - DEMCMC 的追踪溯源方法识别结果相同的准确性；当测量误差分布的标准差增大时，污染源强度越大，其抽样相对误差的斜率越大，且污染源强度的斜率均大于污染源位置的斜率，这说明标准差对先验分布准确性低的未知参数的影响更大。

综上所述，在基于 Bayesian - DEMCMC 的追踪溯源方法中，误差分布对识别结果的影响明显：当泄漏源的信息未知时，测量数据的可信度及信息量直接反映在识别结果的统计分布上；较宽的误差概率分布，会显著提高污染源特性的不确定度。

4.3.2.3　对比分析

针对突发水污染事件，结合环境信息、测量数据以及渠道中水流水质耦合模拟模型基本方程组，在基于 Bayesian - MCMC 追踪溯源方法的基础上，结合微分进化算法的繁殖思想，设计一种新型的追踪溯源方法，并将该方法用于单点瞬时排放事件和多点瞬时排放事件中污染源项识别研究。主要结论如下：

（1）较高的估计精度。无论单点源排放，还是多点源排放的情景下，采用基于 Bayesian - DEMCMC 的追踪溯源方法得到结果的平均相对误差都较小，分别为 0.73% 和 0.23%，即利用基于 Bayesian - DEMCMC 的追踪溯源方法能准确地对河渠突发水污染事件进行追踪溯源，且追踪溯源结果的估计精度较高。

（2）较快的收敛速度。相比如基于 Bayesian - MCMC 的追踪溯源方法，基于 Bayesian - DEMCMC 的追踪溯源方法能有效缩减 3/4 的迭代次数，即新型的追踪溯源方法构造 Markov 链能迅速地向真实值靠近。

（3）识别精度取决于先验分布和观测误差。采用基于 Bayesian - DEMCMC 的追踪溯源方法时，在随机抽样次数相同的情况下，污染源项未知参数的先验分布准确度越高，识别精度越高；发现较宽的测量误差概率分布会显著提高突发污染源信息的不确定度。

（4）较强的稳定性。采用基于 Bayesian - DEMCMC 的追踪溯源方法可以方便地将各种先验信息和误差信息高效地融合到问题求解过程中，减小问题的不确定性，获得全局最可能解。

综上所述，将 DEA 思想引入到基于贝叶斯推理的 MCMC 抽样方法中可以较好地用来实现河渠突发污染事件追踪溯源研究，一方面可实现对高维空间无明确数学表达式概率分布密度函数的数值计算，另一方面也缩减了算法的迭代次数。因此相比基于 Bayesian - MCMC 的追踪溯源方法，组设计的追踪溯源方法更精确，更稳定。

4.3.3　东线水网区水污染事件追踪溯源技术

4.3.3.1　伴随同化法的原理与步骤

伴随同化法借助于泛函分析中的伴随算子理论，建立与动力约束相对应的伴随方程来实现数据同化。假设模型（约束条件）为

$$\frac{\partial x}{\partial t} = F(x, c) \tag{4.48}$$

定义目标函数:

$$J = \frac{1}{2}(x - x^{\text{obj}})^2 \tag{4.49}$$

式中: x 为模型值; x^{obj} 为实际观测值。

构造函数:

$$G(x, c) = \frac{\partial x}{\partial t} - F(x, c) \tag{4.50}$$

构造拉格朗日函数:

$$L(x, c, \lambda) = J(x, c) + \lambda G(x, c) \tag{4.51}$$

将条件约束极值问题转化为无约束极值问题:

$$\frac{\partial L}{\partial \lambda}(x, c, \lambda) = 0 \tag{4.52}$$

$$\frac{\partial L}{\partial x}(x, c, \lambda) = 0 \tag{4.53}$$

$$\frac{\partial L}{\partial c}(x, c, \lambda) = 0 \tag{4.54}$$

伴随同化法的具体操作步骤:

(1) 给定 x 的观测值 x^{obj} 以及控制参数的初值。

(2) 模型向前积分,计算模拟值到观测值得差距。

(3) 反向积分伴随方程:式(4.53),计算目标函数关于控制参数的梯度,优化控制参数。

(4) 计算目标函数 J,检查是否满足精度要求,否则返回步骤(2),继续循环直到满足精度要求。

4.3.3.2 演算法求纵向离散系数

瞬时点源无界空间的紊流一维离散方程的解为

$$C_a(x, t) = \frac{m}{\sqrt{4\pi Kt}} \exp\left[-\frac{(x - vt)^2}{4Kt}\right] \tag{4.55}$$

它是根据瞬时点源无界空间的一维随流扩散的解,将 K 和 v 分别代替 D 和 u 得到的。根据叠加原理,下游断面的浓度与上游断面的浓度之间关系为

$$C_a(x_2, t) = \int_{-\infty}^{\infty} \frac{C_a(x_1, \tau)}{\sqrt{4\pi K(t_2 - t_1)}} \exp\left\{\frac{-[x_2 - x_1 - v(t - \tau)]^2}{4K(t_2 - t_1)}\right\} v\,d\tau \tag{4.56}$$

式中: $t_1 = x_1/v$; $t_2 = x_2/v$。

若把实测 $C_a(x_1, t)$ 曲线作为已知条件,假定 K 值,利用上式可算出一条 $C_a(x_2, t)$ 过程线,若算出的浓度过程线与实测曲线吻合较好,则所假定的 K 是所求;否则重新假定 K 值,直到满意为止。

图 4.49 给出了 Guymer(1998)使用演算法求实验室内蜿蜒河道的 K 值而得到的浓度过程线。上游断面 $x_1 = 41.22\text{m}$,下游断面 $x_2 = 49.47\text{m}$,图 4.50 中虚线和点划线所对应的 K 分别为 $0.0157\text{m}^2/\text{s}$ 和 $0.0847\text{m}^2/\text{s}$,可见,$K = 0.0847\text{m}^2/\text{s}$ 与实测值比较接近。

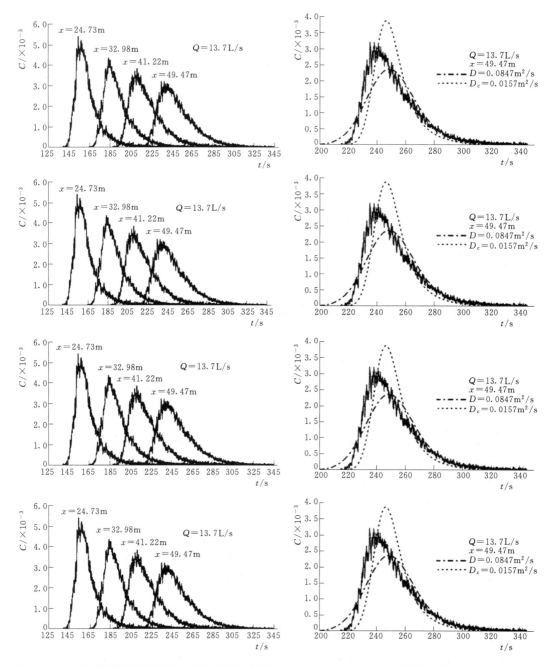

图 4.49　在蜿蜒河道中测得的不同断面浓度过程线　　　　图 4.50　演算法的浓度过程线

4.3.3.3　伴随同化法反演纵向离散系数

演算法试算工作量比较大，但利用伴随同化法则可自动优化纵向离散系数，求得最接近曲线。已知上游断面 $x_1=41.22\text{m}$ 与下游断面 $x_2=49.47\text{m}$ 的浓度过程线：$C_1^{\text{obj}}(t)$、$C_2^{\text{obj}}(t)$，利用伴随同化法反演纵向离散系数的步骤（图 4.51）如下：

（1）给定一个纵向离散系数，根据式（4.52）可以求出下游断面的浓度过程线 $C_a(x_2, t)$；

（2）构造目标函数：

$$J = \sum_{j=1}^{m_2} \frac{1}{2} \big[C_2(j) - C_2^{\mathrm{obj}}(j) \big]^2 \tag{4.57}$$

式中：m^2 为下游浓度数据点总数。

（3）构造拉格朗日函数：

$$L = \sum_{j=1}^{m_2} \frac{1}{2} \big[C_2(j) - C_2^{\mathrm{obj}}(j) \big]^2 + \sum_{j=1}^{m_2} \lambda_j \Bigg\{ C_2(j) \\ - \int_{-\infty}^{\infty} \frac{C_1^{\mathrm{obj}}(\tau)}{\sqrt{4\pi K(t_2 - t_1)}} \exp\bigg[\frac{-[x_2 - x_1 - u(t_j - \tau)]^2}{4K(t_2 - t_1)} \bigg] u \mathrm{d}\tau \Bigg\} \tag{4.58}$$

$$\frac{\partial L}{\partial \lambda_j} = 0, \frac{\partial L}{\partial C_2(j)} = 0, \frac{\partial L}{\partial K} = 0 \tag{4.59}$$

$$\frac{\partial L}{\partial C_2(j)} = \lambda_j + C_2(j) - C_2^{\mathrm{obj}}(j) \tag{4.60}$$

求解伴随方程，得到 λ_j 值，代入式（4.43）中得

$$\frac{\partial L}{\partial K} = \sum_{j=1}^{m_2} \big[C_2(j) - C_2^{\mathrm{obj}}(j) \big] \Bigg\{ -\frac{1}{2K} \int_{-\infty}^{\infty} \frac{C_1^{\mathrm{obj}}(\tau)}{\sqrt{4\pi K(t_2 - t_1)}} \exp\bigg[\frac{-[x_2 - x_1 - u(t_j - \tau)]^2}{4K(t_2 - t_1)} \bigg] u \mathrm{d}\tau \\ + \int_{-\infty}^{\infty} \frac{C_1^{\mathrm{obj}}(\tau)}{\sqrt{4\pi K(t_2 - t_1)}} \exp\bigg[\frac{-[x_2 - x_1 - u(t_j - \tau)]^2}{4K(t_2 - t_1)} \bigg] u \frac{-[x_2 - x_1 - u(t_j - \tau)]^2}{4K^2(t_2 - t_1)} \mathrm{d}\tau \Bigg\} \tag{4.61}$$

求出目标函数关于纵向离散系数 K 的梯度，修正 K 值。

（4）再次正向求解目标函数，如果目标函数达到精度要求则停止计算，否则返回步骤（2）重复计算直到满足精度要求。计算流程如下：

伴随同化法程序经过 3 次下降反演出的纵向离散系数 $K = 0.0628 \mathrm{m}^2/\mathrm{s}$，与演算法得到纵向离散系数 $K = 0.0847 \mathrm{m}^2/\mathrm{s}$ 相比其浓度过程曲线与实测值更加接近。

4.3.3.4 伴随同化法反演源项

已知下游某断面的浓度过程线：$C_{\mathrm{obj}}(t)$，利用伴随同化法反演源项排放强度的步骤如下：

（1）给 M 一个初始值，求出下游断面的浓度过程线 $C_a(x_2, t)$。

（2）构造目标函数：

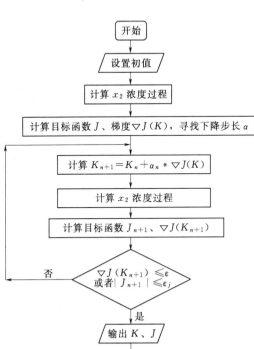

图 4.51　纵向离散系数反演计算流程图

$$J = \sum_{j=1}^{m_2} \frac{1}{2} \left[C_2(j) - C_2^{\mathrm{obj}}(j) \right]^2 \tag{4.62}$$

式中：m^2 为下游浓度数据点总数。

（3）构造拉格朗日函数：

$$L = \sum_{j=1}^{m_2} \frac{1}{2} \left[C(j) - C^{\mathrm{obj}}(j) \right]^2 + \sum_{j=1}^{m_2} \lambda_j \left\{ C(j) - \frac{M}{\sqrt{4\pi K t_j}} \exp\left[\frac{-(x - u t_j)^2}{4 K t_j} \right] \right\} \tag{4.63}$$

$$\frac{\partial L}{\partial \lambda_j} = 0, \frac{\partial L}{\partial C_2(j)} = 0, \frac{\partial L}{\partial K} = 0 \tag{4.64}$$

$$\frac{\partial L}{\partial C_2(j)} = \lambda_j + C_2(j) - C_2^{\mathrm{obj}}(j) \tag{4.65}$$

求解伴随方程，得到 λ_j 值，代入式（4.65）中得

$$\frac{\partial L}{\partial K} = \sum_{j=1}^{m_2} \left[C_2(j) - C_2^{\mathrm{obj}}(j) \right] \left\{ C(j) - \frac{M}{\sqrt{4\pi K t_j}} \exp\left[\frac{-(x - u t_j)^2}{4 K t_j} \right] \right\} \tag{4.66}$$

求出目标函数关于纵向离散系数 M 的梯度，修正 M 值。

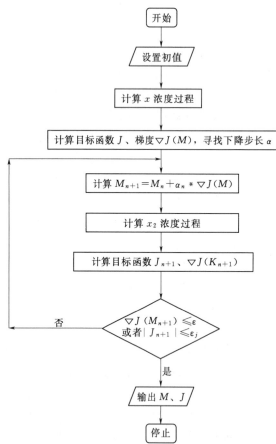

图 4.52　源项排放强度反演计算流程图

（4）再次正向求解目标函数，如果目标函数达到精度要求则停止计算，否则返回步骤（2）重复计算直到满足精度要求。计算流程如图 4.52 所示。

预先假定一个污染源排放强度值 M，计算下游某断面的浓度过程曲线作为观测值，然后利用伴随同化法进行反演求解。南水北调东线一期里运河流量为 $100\mathrm{m^3/s}$，假定污染物发生位置在距江都泵站下游 2km，污染物排放量 $M = 20\mathrm{t}$，纵向离散系数用 Elder 公式求得：$K = 5.93 h u^* = 8.15\mathrm{m^2/s}$，下游 50km 处有污染物浓度检测站点，以此断面的浓度过程曲线进行反演。

利用伴随同化法程序经过 28 次下降，求出污染物排放强度的预测值为 19.98209t，相对误差为 8.955×10^{-4}。

为保障东线一期工程江苏段输水安全，开展了东线里运河段突发

水污染事件溯源研究。东线水网区提出利用伴随同化法和变分方法将观测资料与数学模型相结合，解决追踪溯源问题，通过优化模型中的关键参数或变量从而提高模型的精度，而非将模拟结果强制逼近观测值，具有清晰的数学和物理意义。在南水北调东线一期里运河中假定案例进行验证，可以追踪反演，利用伴随同化法推求的预测值与污染物浓度精确值误差小。

4.4　本章小结

1. 实发水污染动态预警技术

从应急决策风险交流和应急处置技术筛选的角度出发，建立了南水北调工程突发水污染事件动态预警技术体系，包括基于污染物暴露分析与针对敏感受体的风险体系开发的南水北调工程突发水污染风险预警模型和基于案例库指标体系和实际案例的优先考虑指标开发的南水北调工程突发水污染应急处置预案智能生成模型。该模型体系通过污染源信息、应急监测数据和应急处置技术数据库的输入信息，结合水质预测与调控模型接口，生成环境风险信息和应急处置预案。

2. 突发水污染事件快速预测技术

当发生污染事故后，污染物进入水体，受到水流、水温、物理、化学、生物、气候等因素的影响，产生物理、化学、生物等方面的变化，从而引起污染物的迁移扩散和转化。本研究采用水动力学水质模型和污染物反应动力学模型，形成了基于污染物特征的水质模型库，并对丹江口库区典型流场进行了分析，构建了水文情景数据库，采用并行计算技术对南水北调中线水源区水污染事件水质水量进行了快速模拟。针对水利工程中对突发污染事件中污染源的快速准确排查的应用需求，运用源－质响应函数进行了污染物源的识别和反演，建立了水源区追踪溯源模型。根据总干渠和东线工程渠道特征和污染事件风险源分析，研发了中、东线突发水污染事件快速预测技术及河渠突发水污染事件追踪溯源技术。取得的主要成果如下。

（1）水源区水污染事件水质水量快速预测。在丹江口库区南水北调中线水源地选择全局分层平面二维的水动力水质模型为基本的水动力水质模型，构建了包含不同污染物类型的污染物反应动力学模块，形成基于污染物特征的水质模型库。在水质数值模型研究的基础上，结合典型水源地现有主要污染源和潜在风险源选取特征污染物，作为建立水环境风险预测模型的指标。将丹江口水库库区垂向分为 6 层，平面分成 23 块采用并行计算，对丹江口库区水动力学进行模拟计算。在同样计算条件下，经测试，该算法效率比传统串行算法效率有极大的提高，平均并行加速比为 7.9，即计算所需的时间为串行的 1/7.9，平均并行效率为 36%。该方法可以充分利用现有的计算条件，而不需花费昂贵的费用重新购置大型计算机即可实现大型水域的水质水量快速计算，有很强的推广前景和经济实用价值。

（2）水源区水污染事件追踪溯源技术。大型水库水面面积较大，库区流场除受径流汇入、引水与水库调度影响外，受风场影响很大，这使得水库流态异常复杂，传统的追踪溯源技术不适合于这类水域的应用。在确定的水文气象条件下，采用源—质响应方法，提出并实现了大型水库污染事件的追踪溯源技术，通过敏感点优化布设，可以缩小污染源搜索范围，结合现场排查，即可准确锁定污染源。

（3）研发了南水北调中线总干渠的突发污染事件快速预测技术。通过对沿线四省市600余突发污染风险源进行了调查，归纳了可能发生突发污染事件污染物类型；通过在标准断面下、复杂边界条件下及闸控下不同类型污染物的迁移物理实验，研究了污染物在总干渠中的迁移规律，率定了不同情形下的离散系数值，开发了基于流速离散参数变化的一维水动力水质快速预测模型、基于 GA - GRNN 的渠道水质水量快速预测模型。针对中线总干渠构建了水质水量联合模拟模型，实现了水质水量的快速预测及模拟，并选取典型渠段进行突发水污染事故模拟。

通过南水北调中线总干渠典型渠段的现场示范，模型预测速度快，模拟结果符合污染物渠道迁移规律，同时，模型预测精度能够满足南水北调中线总干渠运行管理的需求，模型具有有效性，可为南水北调中线工程的水量水质联合调控提供支撑。

（4）提出了河渠的突发污染事件追踪溯源技术，可实现两种情形下的追踪溯源，即已知污染源信息追踪扩散、预警信息和根据观测信息追踪污染源。针对南水北调中线总干渠突发水污染事件的特点，为提高追踪溯源结果的速度和精度，结合环境信息、测量数据以及渠道中水流水质耦合模拟模型基本方程组，结合微分进化算法的繁殖思想，首次提出融合确定型和不确定型的追踪溯源方法（DE - MCMC），该方法可用于中线总干渠单点瞬时排放事件和多点瞬时排放事件中污染源溯源追踪。

（5）开发了针对洪泽湖大型湖泊水系和突发污染特征的平面二维水动力水质数学模型。采用基于正交网格的有限体积法求解平面二维方程。在普通微机上采用 243×198 的网格预测 48h 的污染物扩散过程仅需 3~5min，实现了大型湖区突发污染物事故应急快速预测。

（6）采用数学模型分析了洪泽湖水体的水动力特征，对淮河来水、工程调水和风的影响下的水体特征进行了模拟。结果表明湖区的水体动力非常微弱，调水工程和河道入流对湖区水动力条件影响基本可以忽略，风向风速决定了洪泽湖湖流运动特征，同时也决定了湖区内污染物的扩散输移规律。

第5章
突发水污染事件应急调控技术

为了有效地应对中、东线可能发生的突发水污染事件，保障输水工程和输水水质安全，亟须开展中线水源区突发水污染事件应急调度研究及输水工程突发水污染事件应急调控技术研究。

5.1 南水北调中线水源区突发水污染事件应急调度

丹江口水库坝前水域突发水污染事件应急调度旨在通过模型典型情景模拟，推求丹江口水库调度对坝前水域污染物输移的影响规律，寻求当水库发生突发污染事件时，通过水库调度尽最大程度地将丹江口水库内的污染物导向坝前，避开或减轻其对中线陶岔取水口的影响。

5.1.1 模型范围和构建思路

丹江口水库坝前水域水动力和水质耦合模拟模型的模拟范围为南起丹江口水库大坝，北至丹江入库庙岭，西起汉江干流的曹家凹处，东至陶岔取水口，具体模型计算范围见图5.1。依据国际科学数据服务平台的精度为90m的DEM数据构建丹江口水库坝前水域水动力和水质耦合模拟模型，如图5.2所示。

5.1.2 模型情景设置

当丹江口水库库区出现突发污染事件时，根据其污染物汇入方式可简化为丹库上游、丹江口水库内中心处以及汉江水库上游处发生突发水污染事件。丹江口水库坝前水域污染物汇入位置如图5.3所示。

根据上述模拟结果，在污染物总量为10t和100t的情况下，分别在常规调度和应急调度两种调度模式下模拟库区污染物输移情况，模型计算时间根据污染物输移时间定为90d、120d。其中，应急调度模式分为陶岔持续小流量引水调度模式和陶岔部分时段停止供水调度模式两种。陶岔持续小流量引水调度模式为根据水库特征水位及水库水动力模拟结果，拟定陶岔口取水流量与大坝下泄流量比例分为1∶10，且为促进污染物向坝前输移，总下泄流量在入库径流的基础上增加400m³/s。该模式下当丹库上游发生突发水污染事件时，陶岔取水口可保证长时间小流量持续引水而不断流。陶岔部分时段停止供水调度模式主要思路为在丹库上游发生突发水污染事件后的一定时间内，丹江口水库先按常规调度模式进行调度，随着污染物的不断输移，在特定时间完全关闭陶岔取水

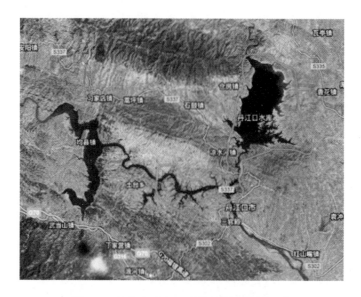

图 5.1　坝前水动力水质耦合模型计算范围

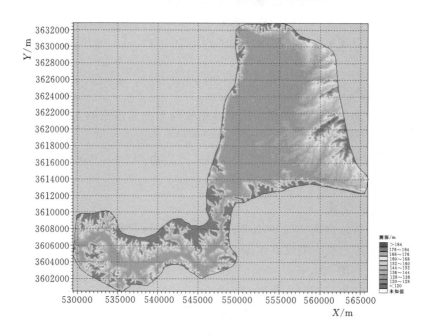

图 5.2　坝前水动力水质耦合模型图

口，并同时加大大坝下泄流量，将污染物引导至坝前，再恢复陶岔取水口的供水，从而保证中线输水水质安全。

5.1.3　模型计算结果分析

根据模型模拟结果对丹江口水库坝前水域突发水污染事件时污染物输移特征进行分

析，认定水体污染的污染物浓度临界值取为 0.0002mg/L。由于污染物总量较大，根据国家地表水环境质量标准所规定的Ⅱ类水质污染物浓度标准，限定允许污染物浓度临界值为 0.05mg/L。

（1）不同出库流量比。陶岔口与坝前不同下泄流量比例的水质计算结果如图 5.4 和图 5.5 所示，由计算结果可知：在入库流量为 50% 情况下，当大坝下泄流量与陶岔口取水流量比大于 8.73 时，即方案陶岔取水 150m³/s、大坝下泄 1310m³/s 时，

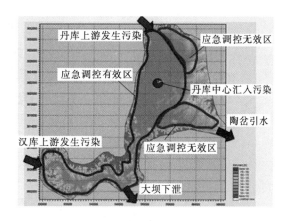

图 5.3 丹江口水库坝前水域污染物汇入位置示意图

丹库内的水体主流将由原来的偏向陶岔转变为偏向坝前。基于上述模拟结果及预留一定安全系数的考虑，将陶岔持续小流量引水应急调度模式的陶岔与大坝下泄流量比设置为1：10。

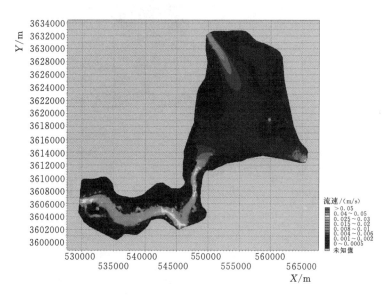

图 5.4 50%＋陶岔 200＋大坝 1260 水动力情况

（2）污染物总量 10t。在常规调度模式下，当污染物总量 10t，常规调度下水质模拟结果如图 5.6 和图 5.7 所示，模型模拟结果见表 5.1。由表 5.1 可知，根据国家地表水环境质量标准，当丹库上游发生污染物总量为 10t 的突发污染事件时，由于污染物总量较小，任何入流频率下陶岔取水口的污染物浓度均小于允许临界浓度值，水库可根据自身调节和稀释能力保证陶岔取水口水质，无需启动应急调度。

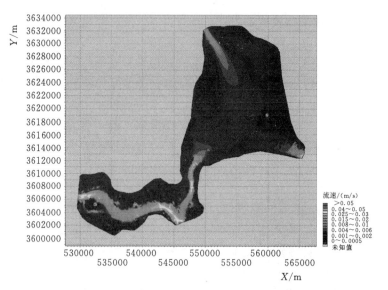

图 5.5　50％＋陶岔 150＋大坝 1310 水动力情况

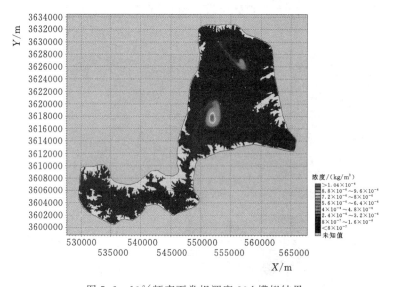

图 5.6　10％频率下常规调度 90d 模拟结果

表 5.1　　常规调度情况下污染物输移模拟结果分析表（污染物投放量：10t）

方　　案	10％（Q_{in} ≥1500）	25％（1350≤ Q_{in}＜1500）	50％（1000≤ Q_{in}＜1350）	75％（800≤ Q_{in}＜1000）	90％（650≤ Q_{in}＜800）
污染物到达时间/d	50	52	55	59	70
污染物持续时间/d	50～78	52～92	55～103	59～99	70～119
陶岔口峰值浓/(mg/L)	0.0051	0.0074	0.0099	0.010	0.012
峰值出现时间/d	59	60	65	72	87
高于临界值天数/d	无	无	无	无	无
计算时间/d	90	90	120	120	120

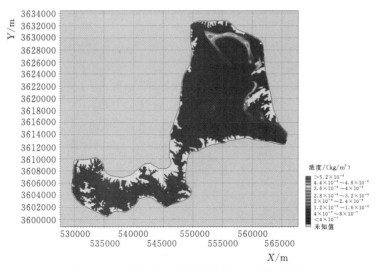

图 5.7 50％库频率下常规调度 120d 模拟结果

（3）污染物总量 100t。

1）常规调度。在常规调度模式下，污染物总量为 100t 时，具体模拟结果见表 5.2。由表 5.2 可知，当丹库上游发生污染物总量为 100t 的突发污染事件时，除入库径流频率为 10％时，陶岔取水口污染物峰值浓度不超过允许临界浓度值，其余情况由于污染物总量较大，陶岔取水口污染物峰值浓度分别有 10d、13d、16d 和 22d 超过允许临界浓度值，若不采取应急调度措施，则中线供水水质难以保证。

表 5.2　　常规调度情况下污染物输移模拟结果分析表（污染物投放量：100t）

方　案	10％（Q_{in} ≥1500）	25％（1350≤ Q_{in}<1500）	50％（1000≤ Q_{in}<1350）	75％（800≤ Q_{in}<1000）	90％（650≤ Q_{in}<800）
污染物到达时间/d	47	49	52	56	67
污染物持续时间/d	47	49	52	59	67
陶岔口峰值浓度/(mg/L)	0.05	0.076	0.096	0.098	0.12
峰值出现时间/d	57	60	64	71	87
高于临界值天数/d	无	10	13	16	22
计算时间/d	90	90	120	120	120

2）应急调度。

a. 陶岔持续小流量引水调度模式。在陶岔持续小流量引水调度模式下，具体计算结果见表 5.3。由表 5.3 可知，当丹库上游发生污染物总量为 100t 的突发污染事件时，与污染物总量 10t 的计算结果相较，其峰值浓度与污染物总量基本呈正比关系，峰现时间基本相同，污染物出现时间略有提前。若采取应急调度模式，则污染物到达陶岔取水口时间会延迟 15～35d，延迟时间随着陶岔引水流量的减少而增加，污染物峰值浓度将较常规调度降低 50％，均不超过允许临界浓度值。当入库径流频率为 75％、90％情况下，污染物输移速度由于陶岔引水流量较少输移缓慢，直至计算结束（120d）都未能

105

到达陶岔取水口，根据模型水质计算结果图预测，若不采取任何措施则污染物主峰将分别在 140d 和 175d 到达陶岔，且其峰值浓度均不超过 0.05mg/L 的临界允许浓度值。具体计算结果见图 5.8 和图 5.9。

表 5.3　　　　　　　　应急调度情况下污染物输移模拟结果分析表

（污染物投放量：100t，比例：1:10）

方　案	10%（Q_{in}≥1500）	25%（1350≤Q_{in}<1500）	50%（1000≤Q_{in}<1350）	75%（800≤Q_{in}<1000，污染物峰值未到）	90%（650≤Q_{in}<800，污染未到）
污染物到达时间/d	61	66	75	89	无
污染物持续时间/d	61	66	75	89	无
陶岔口峰值浓度/(mg/L)	0.021	0.041	0.05	0.0077	无
峰值出现时间/d	75	83	94	未到	无
高于临界值天数/d	无	无	无	无	无
计算时间/d	90	90	120	120	120

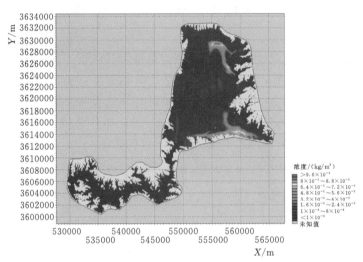

图 5.8　75%频率下应急调度模拟结果

此外，由图 5.8 和图 5.9 可知，在陶岔持续小流量引水调度模式下，但由于地形和丹库上游入库径流角度原因，在丹库库区东北角处会出现少量污染物滞留情况，可根据要求进行污染物集中处置。

b. 陶岔部分时段停止供水调度模式。在陶岔部分时段停止供水调度模式下，具体计算结果见表 5.4。由表 5.4 可知，当丹库上游发生污染物总量为 100t 的突发污染事件时，若采取陶岔部分时段停止供水调度模式，则水库在突发污染事件发生后初期（约30～40d，具体时间根据入库流量大小而定）依旧按照常规调度进行调度，陶岔正常取水，直至临界关闸时间时，陶岔关闸停止供水（平均停水时间为 70d），大坝加大下泄（相较入库流量增加 400m³/s）。此外，模型计算结果显示，由于地形和丹库上游入库径流角度原因，在丹库库区东北角处会出现少量污染物滞留情况，可根据要求进行污染物集中处置。具体计算结果示例见图 5.10 和图 5.11。

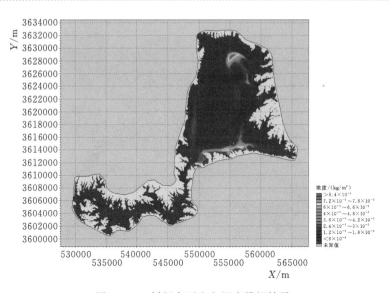

图 5.9　90％频率下应急调度模拟结果

表 5.4　　　上游发生突发污染事件下库区水动力模拟结果（应急调度：100t）　单位：m³/s

序号	方　　案	关闸时间	陶岔取水口		大坝下泄		恢复供水时间
			闭闸前	闭闸后	陶岔闭闸前	陶岔闭闸后	
1	90％（650≤Q_{in}<800）	28d	252.63	0	406	1059	100d
2	75％（800≤Q_{in}<1000）	30d	350	0	483	1233	100d
3	50％（1000≤Q_{in}<1350）	33d	350	0	727	1477	105d
4	25％（1350≤Q_{in}<1500）	37d	350	0	1007	1757	107d
5	10％（Q_{in}≥1500）	39d	350	0	1267	2017	110d

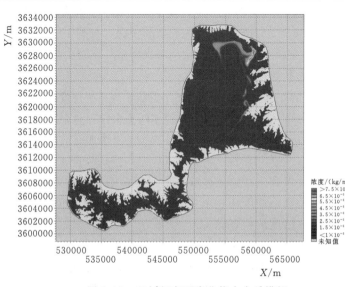

图 5.10　50％频率下陶岔停水水质模拟

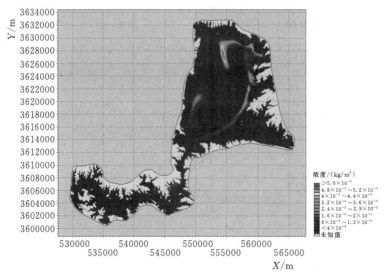

图 5.11　90％频率下陶岔停水水质模拟

5.2　南水北调中线总干渠突发水污染事件应急调控

5.2.1　南水北调中线总干渠突发可溶性水污染事件应急调控

基于可溶性污染物在正常输水和闸泵控制下的输移扩散过程，用表征污染物输移扩散特征的峰值输移距离、纵向长度、峰值浓度来表示应急调控决策参数；基于数值模拟对应急调控决策参数分析量化，得到正常输水情况和闸泵控制情况下的应急调控决策参数快速量化公式，并结合物理模型试验验证应急调控决策参数快速量化公式；根据应急调控决策参数快速量化公式，考虑污染物对人体伤害程度，给出应急调控快速决策模型；然后根据应急调控快速决策模型，结合中线输水工程实际情况，得到中线工程突发可溶性水污染事件应急调控预案，为中线工程输水干线应对突发可溶性水污染提供决策支持。

5.2.1.1　应急调控决策参数

由于目前处理突发可溶性水污染事件主要还是着眼于规定事件发生的报告程序，而对于应急处理措施的规定则过于简单，缺乏突发可溶性水污染事件应急调控技术以及不能快速有效地做出解决的方案。突发可溶性水污染事件快速决策具有快速有效的处理，最大限度地减小污染范围和程度，因此对突发可溶性水污染事件应急调控技术的研究是十分必要的。

基于污染物在正常输水和闸泵控下输移扩散过程，用表征污染物输移扩散特征的峰值输移距离、纵向长度、峰值浓度来表示应急调控决策参数；图 5.12 中给出峰值输移距离、纵向长度以及峰值浓度的物理涵义。

5.2.1.2　数值模拟分析方案

（1）模型选取。中线总干渠的宽深比比较大，实际中，采用一维数值模型进行水质模拟。本书中纵向一维数值模拟采用的是美国陆军工程兵团开发的河道水力分析模型

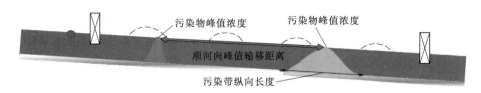

图 5.12 应急调控决策参数示意图

HEC-RAS。为了验证 HEC-RAS 软件是否准确模拟污染物扩散过程，建立物理模型试验模拟污染物扩散过程；模型试验系统主要由组合渠道、自动控制系统、水样采集和分析系统等组成，其平面布置见图 5.13。矩形渠道长 30m，底宽 1m，梯形渠道长 38m，边坡系数 2，底宽 1m，渠道底坡为 1/25000。

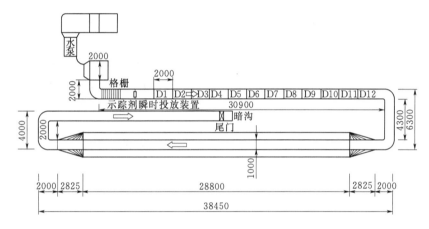

图 5.13 试验系统平面布置示意图

试验渠道为有机玻璃矩形渠道，流量主要是由渠道下游的尾门调节。采用罗丹明模拟污染物，依靠紫外线分光光度计对水样进行分析，建立吸光度和浓度值的线性关系曲线。试验中考虑的输水方案为正常输水方案，并且进行多次重复试验。流量为 0.006m³/s，水深 23cm；罗丹明的浓度均为 1000mg/L，体积为 5L。在试验渠道上每隔 2m 设置一个取样断面，共设置了 12 个断面（图中 D1～D12），每个断面设置 1 个取样点，取样间隔 10s，取样时间共 15min。

选取断面 D9 和 D11 的试验值和模拟值进行对比分析，如图 5.14 所示，图中 x 表示取样断面距示踪剂投放断面的距离。从图 5.14 可以看出，模型试验值与数值模拟值有些误差，但误差基本都在 10% 以下。分析其原因，可能是模型试验过程中由于人工取样，导致的一定误差。总体分析认为，数值模拟结果和模型试验结果的规律性基本一致。因而，可以用 HEC-RAS 软件构建的一维水动力水质模型模拟输水干渠污染物输移扩散过程。

（2）典型断面选取。根据中线明渠的水力特性以及渠道尺寸变化情况，得到典型渠道的基本要素，见表 5.5。目前发生的由于交通事件导致的突发可溶性水污染事件中，污染物的排放量一般能达到数百千克到数十吨之间。对于绝大多数突发可溶性水污染事

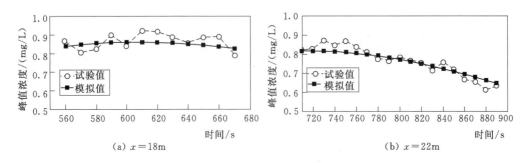

图 5.14　渠道不同断面上污染物浓度分布试验值与模拟值对比

件来说,能够很快采取处理措施,因此污染物在水体中的时间较短,故生化反应作用可以不用考虑,本章模拟中假定污染物为 10t 的保守物质。渠道内突发可溶性水污染事件的污染物模拟特征见表 5.5。对于污染物总量不同时,污染物纵向长度值(污染物纵向长度指边界处污染物浓度大于 0.001mg/L 的污染物的宽度)也是不一样的,为了更准确地计算污染物纵向长度,需要比较准确地确定系数 a 的计算公式,因此模拟了不同总量的投放量,模拟污染物投放量见表 5.6。

表 5.5　　　　　　　　　　　　典型渠道的基本要素表

渠长 /km	上游流量 /(m³/s)	下游水深 /m	底宽 /m	底坡	边坡	粗糙 系数	汇入位置	汇入方式	是否考虑 生化反应
15～30	60～300	4.5～8.0	15～30	1/30000～ 1/15000	1.5～3.0	0.015	渠道 上游段	瞬时汇入	否

表 5.6　　　　　　　　　　　　污 染 物 投 放 量 表

污染物投 放量	5kg	7.5kg	10kg	25kg	50kg	75kg	100kg	250kg
	500kg	750kg	1t	2.5t	5t	8t	10t	25t
	50t	75t	100t	250t	500t	750t	1000t	2500t

　　(3)构建模型。利用 HEC - RAS 软件建立一维水动力水质模型模拟污染物输移扩散,分两种情况研究污染物输移扩散规律。第一种情况为正常输水:即突发水污染事件发生时刻至应急调控开始实施时刻间的时间段,渠段内水流为恒定流。第二种情况为闸泵调控:即开始执行应急调控方案至执行结束间的时间段,此时段内,由于闸门开度调节使得渠段输水流量和水位均发生变化,渠段内水流为非恒定流。

　　1)正常输水情况。正常输水情况下污染物输移扩散过程的模拟是对突发可溶性水污染事件发生到管理人员得到报警时间这段时间内污染物输移扩散的分析,是进一步研究突发可溶性水污染事件应急调控方案的基础和前提。通过对表 5.7～表 5.13 中所列的方案进行一维模拟,分析不同渠道尺寸下,污染物的峰值输移距离、纵向长度以及峰值浓度衰减随传播时间的变化规律。

表 5.7　　　　　　　　　　　　　　不同渠道长度下的研究方案

方案	渠道长度/km	底宽/m	水深/m	边坡	底坡	流量/(m³/s)
1	15	20	4.5	2.5	1/20000	100
2	20	20	4.5	2.5	1/20000	100
3	25	20	4.5	2.5	1/20000	100
4	30	20	4.5	2.5	1/20000	100

表 5.8　　　　　　　　　　　　　　不同渠道底宽下的研究方案

方案	渠道长度/km	底宽/m	水深/m	边坡	底坡	流量/(m³/s)
5	20	15	4.5	2.5	1/20000	100
6	20	20	4.5	2.5	1/20000	100
7	20	25	4.5	2.5	1/20000	100
8	20	30	4.5	2.5	1/20000	100

表 5.9　　　　　　　　　　　　　　不同渠道边坡下的研究方案

方案	渠道长度/km	底宽/m	水深/m	边坡	底坡	流量/(m³/s)
9	20	20	4.5	1.5	1/20000	100
10	20	20	4.5	2.0	1/20000	100
11	20	20	4.5	2.5	1/20000	100
12	20	20	4.5	3.0	1/20000	100

表 5.10　　　　　　　　　　　　　　不同渠道底坡下的研究方案

方案	渠道长度/km	底宽/m	水深/m	边坡	底坡	流量/(m³/s)
13	20	20	4.5	2.5	1/15000	100
14	20	20	4.5	2.5	1/20000	100
15	20	20	4.5	2.5	1/25000	100
16	20	20	4.5	2.5	1/30000	100

表 5.11　　　　　　　　　　　　　　不同渠道内流量下的研究方案

方案	渠道长度/km	底宽/m	水深/m	边坡	底坡	流量/(m³/s)
17	20	20	4.5	2.5	1/20000	60
18	20	20	4.5	2.5	1/20000	100
19	20	20	4.5	2.5	1/20000	120
20	20	20	4.5	2.5	1/20000	180
21	20	20	4.5	2.5	1/20000	240
22	20	20	4.5	2.5	1/20000	300

表 5.12   不同渠道水深下的研究方案

方案	渠道长度/km	底宽/m	水深/m	边坡	底坡	流量/(m³/s)
23	20	20	4.5	2.5	1/20000	100
24	20	20	5.0	2.5	1/20000	100
25	20	20	6.0	2.5	1/20000	100
26	20	20	7.0	2.5	1/20000	100
27	20	20	8.0	2.5	1/20000	100

表 5.13   复杂渠池的研究方案

方案	长度/km	底宽/m	边坡	底坡	水深/m	流量/(m³/s)	污染物量级/t
28	15	20	2.0	1/25000	5	150	10
	15	30	2.0	1/25000	5	150	10
29	20	20	2.0	1/25000	5	150	10
	20	30	2.0	1/25000	5	150	10
30	15	20	2.5	1/25000	5	150	10
	15	30	2.5	1/25000	5	150	10
31	15	20	2.0	1/25000	7	150	10
	15	30	2.0	1/25000	7	150	10
32	15	20	2.0	1/25000	5	300	10
	15	30	2.0	1/25000	5	300	10

2）闸泵调控情况。闸泵调控情况主要是对不同闭闸时间下不同渠道尺寸下的污染物的输移扩散过程模拟，分别对不同的渠道长度、渠道底宽、渠道边坡以及渠道底坡在不同闭闸时间下污染物输移扩散模拟，具体模拟方案如下。

a. 不同渠长下污染物输移扩散模拟，渠长分别取 15km、20km、25km 和 30km，对每一个渠道长度分别进行如表 5.14 所列方案模拟，总共有 48 种方案。

b. 不同渠道底宽下污染物输移扩散模拟，渠道底宽分别取 15m、20m、25m 和 30m，对每个底宽分别进行如表 5.14 所列方案模拟，总共有 48 种方案。

c. 不同渠道边坡下污染物输移扩散模拟，渠道边坡分别取 1.5、2.0、2.5 和 3.0，对每一个渠道边坡分别进行如表 5.14 所列方案模拟，总共有 48 种方案。

d. 不同渠道底坡下污染物输移扩散模拟，渠道底坡分别取 1/15000、1/20000、1/25000 和 1/30000，对每一个渠道底坡分别进行如表 5.14 所列方案模拟，总共有 48 种方案。

e. 不同流量下污染物输移扩散模拟，渠道内流量分别为 100m³/s、150m³/s、200m³/s 和 300m³/s，对每一个渠道底坡分别进行如表 5.14 所列方案模拟，总共有 48 种方案。

表 5.14   不同闭闸时间下研究方案

方案	1	2	3	4	5	6	7	8	9	10	11	12
闭闸时间/min	15	30	45	60	75	90	105	120	135	150	165	180

3）验证工况。建立不同于典型渠道尺寸和水力条件的验证工况，验证每个参数快速量化公式是否合理，得到由数值模拟结果得到的快速量化公式；验证工况渠道基本参数如

表 5.15 和表 5.16 所列，污染物特征参数如表 5.17 所列，闸门关闭时间如表 5.18 所列。

表 5.15　　　　　　　　　　　　　单渠池验证工况基本参数

验证工况	渠道长度/km	底宽/m	水深/m	边坡	底坡	流量/(m³/s)
1	60	40	8.0	3.5	1/25000	350
2	48	20	7.0	1.5	1/18000	230
3	18	28	6.5	2.3	1/23000	190
4	27	16	4.0	1.9	1/27000	130
5	42	33	6.0	2.5	1/24000	150

表 5.16　　　　　　　　　　　　　复杂渠池验证工况基本参数

工况	长度/km	底宽/m	边坡	底坡	水深/m	流量/(m³/s)	污染物量级/t
6	15	19	2.0	1/25000	7.5	350	10
	10	23	2.0	1/25000	7.5	350	10
7	6	24	2.0	1/25000	7	305	10
	12	25	2.0	1/30000	7	305	10
8	20	18	2.5	1/30000	7	265	10
	15	21	2.0	1/30000	7	265	10

表 5.17　　　　　　　　　　　　　验证工况污染物特征参数

验证工况	调控前离散系数/(m²/s)	汇入位置	汇入总量/t	汇入方式	调控阶段离散系数	是否考虑生化反应
1	10	上游闸后	30	瞬时投入	软件计算	否
2	20	上游闸后	50	瞬时投入	软件计算	否
3	30	上游闸后	120	瞬时投入	软件计算	否
4	40	上游闸后	160	瞬时投入	软件计算	否
5	50	上游闸后	90	瞬时投入	软件计算	否

表 5.18　　　　　　　　　　　　　验证工况闸门关闭时间

方案	1	2	3	4	5	6	7	8
闭闸时间/min	15	30	45	60	75	90	105	120

表 5.17 中调控阶段离散系数采用 HEC-RAS 软件计算结果，其中 HEC-RAS 软件中离散系数采用的公式是经验公式：

$$D_\mathrm{L} = 0.011 \frac{v^2 B^2}{h \sqrt{ghi}} \tag{5.1}$$

5.2.1.3　正常输水情况下应急调控决策参数快速量化

在正常输水阶段内闸门还未关闭，渠道内水流可以视为恒定流。该阶段内通过模拟污染物进入水体后随时间变化的输移扩散过程，对比分析不同时间和不同几何尺寸下应急调控决策参数的变化规律，探究正常输水情况下污染物输移扩散与时间和渠道几何尺寸之间的变化规律。

（1）污染物峰值输移距离规律分析。

1）单渠池峰值输移距离的确定。通过对表 5.7～表 5.12 中所列的方案进行一维数值模拟，针对渠道尺寸和渠道内水力条件以及污染物的参数，统计分析数值模拟结果，分析应急调控前污染物峰值输移距离随传播时间的变化规律结果，以流量和水深为例，结果如图 5.15 和图 5.16 所示。

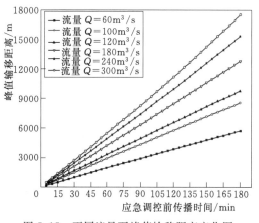

图 5.15　不同流量下峰值输移距离变化图　　图 5.16　不同水深下峰值输移距离变化图

从图 5.15 和图 5.16 中我们得到了渠道几何尺寸对峰值输移距离有影响，通过对数值模拟结果进行回归分析得到渠道内污染物的峰值输移距离 D 只与流速 v 有关，其关系式为

$$D = 60vT \tag{5.2}$$

式中：D 为峰值输移距离，m；v 为渠道内水流速度，m/s；T 为传播时间，min。

2）复杂渠池中峰值输移距离的确定。通过对表 5.13 中所列方案进行数值模拟，统计分析数值模拟结果，分析闭闸调控前多渠池内污染物输移距离随时间的变化规律，结果如图 5.17 和图 5.18 所示。

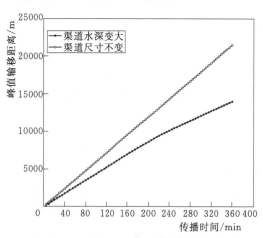

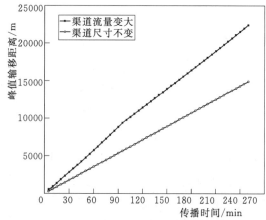

图 5.17　流速减小峰值输移距离变化曲线　　图 5.18　流速增加峰值输移距离变化曲线

从图 5.18 和图 5.19 中可知，污染物进入下级渠池前峰值输移距离基本一致，通过对模拟结果进行回归分析得到渠道内峰值输移距离 D 只与流速 v 有关，对于不同渠道尺寸和水力条件的复杂渠池，峰值输移距离是进行叠加的，总结得到复杂渠池在正常输水情况下污染物峰值输移距离快速量化公式为

$$D = D_{i-1} + 60 v_i \Delta t_{i-1} \tag{5.3}$$

$$\Delta t_i = T - T_{i-1} \tag{5.4}$$

式中：D 为污染物峰值输移距离，m；v_i 为第 i 个渠段的流速，m/s；Δt_{i-1} 为污染物进入 i 渠段的时间，min；T 为传播时间，min；T_{i-1} 为污染物离开 $i-1$ 渠段的传播时间，min。

（2）污染物纵向长度规律分析。

1）单渠池中污染物纵向长度的确定。

a. 基本理论与公式推导。研究表明一维瞬时污染物扩散过程中，污染物浓度随流动时间呈正态分布；根据正态分布曲线区间面积比例分布可以得到在 4σ 的范围内已经包括了污染物总量的 95%，在 6σ 的范围内污染物总量比例为 99.74%，定义弥散宽度为 $m\sigma$。确定弥散系数 D_L 的方法有许多种，常用的有示踪法和经验公式。其中示踪法的基本思路是以示踪物水团的变化速率来度量弥散系数，即

$$D_L = \frac{1}{2} \frac{\partial \sigma^2}{\partial t} \tag{5.5}$$

对式（5.5）进行积分得到污染物纵向拉伸速度表达式：

$$v = a\sqrt{2} D_L^{0.5} t^{-0.5} \tag{5.6}$$

式中：$a = m/2$；D_L 是纵向弥散系数，m^2/s。

因此，T 时间内污染物沿渠道纵向长度 W 可表达为

$$W = \int_0^T v \mathrm{d}t = \int_0^T a\sqrt{2} D_L^{0.5} t^{-0.5} \mathrm{d}t = 2a\sqrt{2} D_L^{0.5} T^{0.5} \tag{5.7}$$

b. 单渠池中污染物纵向长度快速量化公式。模拟了不同总量的投放量，见表 5.6。对数值模拟结果统计分析，得到系数 a 的计算公式，如下：

$$a = \left[6 + 0.5\ln\left(\frac{M}{10}\right) \right] T^{-0.045} \tag{5.8}$$

式中：M 为污染物投放量，t；T 为传播时间，min。

因此，应急调控前污染物纵向长度快速量化公式为

$$W = \int_0^T v \mathrm{d}t = \int_0^T a\sqrt{2} D_L^{0.5} t^{-0.5} \mathrm{d}t = 2a\sqrt{2} D_L^{0.5} T^{0.5} = \left[12 + \ln\left(\frac{M}{10}\right) \right] \sqrt{2D_L} T^{0.455} \tag{5.9}$$

2）复杂渠池中污染物纵向长度的确定。已知在单一渠道内，纵向长度主要是与渠道内的纵向离散系数和传播时间有关。在渠道几何尺寸和水力条件变化的复杂渠池中，

渠道内的离散系数一直在变，因此对表 5.13 中设定的渠池利用 HEC-RAS 进行水动力水质模拟，统计数值结果，得到复杂渠池中污染物纵向长度变化曲线，结果如图 5.19 和图 5.20 所示。

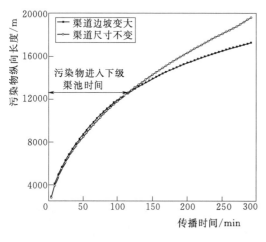

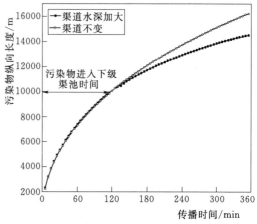

图 5.19　边坡变大纵向长度变化曲线　　　　图 5.20　水深加大纵向长度变化曲线

从图 5.19 和图 5.20 中可以看出，对比渠道尺寸发生变化的渠池和渠道尺寸不变的渠池中污染物纵向长度变化过程，可以看出，污染物纵向长度在第一渠池内一样，当污染物前锋到达下级渠道（即渠道尺寸发生变化处）时，纵向长度在原有的基础上减小。

对数值模拟结果分析得到，复杂渠池中污染物纵向长度快速量化公式为

$$W_1 = 2a\sqrt{2}D_{\rm L}^{0.5}T^{0.5} = \left[12 + \ln\left(\frac{M}{10}\right)\right]\sqrt{2D_{\rm L_1}}T^{0.455} \tag{5.10}$$

$$W_{1-2} = W_1 + \frac{v_2}{v_1}\Delta T \tag{5.11}$$

$$\Delta T = T_2 - T_1 \tag{5.12}$$

$$W_2 = \left[12 + \ln\left(\frac{M}{10}\right)\right]\sqrt{2D_{\rm L_2}}T^{0.455}\frac{v_2}{v_1} \tag{5.13}$$

式中：W_1 为第一个渠道内污染物纵向长度，m；W_{1-2} 为污染物由第一个渠池完全过渡到第二个渠池，m；W_2 为第二个渠道内污染物纵向长度，m；v_2 为第 2 个渠段的流速，m/s；T 为传播时间，min；T_1 为污染物前锋到达下级渠道的时间，min；T_2 为污染物后锋到达下级渠道的时间，min；ΔT 为污染物进入第 2 个渠段的时间，min；M 为污染物投放量，t。

（3）污染物峰值浓度规律分析。

1）单渠池中污染物峰值浓度的确定。傅国伟在《河流水质数学模型及其模拟计算》中提出一维河流突发性排污时，对于惰性污染物，在发生即可知情况下，下游断面污染

物浓度表达式为

$$C(x,t)=C_0\frac{v}{\sqrt{4\pi D_{\mathrm{L}}t}}\exp\left[-\frac{(x-vt)^2}{4D_{\mathrm{L}}t}\right] \tag{5.14}$$

式中：C 为 x 处 t 时河水断面污染物浓度，mg/L；C_0 为 $x=0$ 处，瞬时投放的平面污染源浓度，mg·s/L，$C_0=M/Q$；M 为瞬时投放的污染物总量，g；Q 为河水流量，$\mathrm{m^3/s}$；v 为平均流速，m/s；D_{L} 为弥散系数，$\mathrm{m^2/s}$；x 为到投放污染物的距离，m。

根据式（5.14）可知，当 $x=vt$ 时，污染物浓度最大，而前面已经得到在应急调控前污染物峰值输移距离 $D=vt$，因此，可以推出峰值浓度为

$$C_{\mathrm{m}}=\frac{M}{Q}\frac{v}{\sqrt{4\pi D_{\mathrm{L}}}}(3600T)^{-0.5} \tag{5.15}$$

式中：C_{m} 为污染物峰值浓度，mg/L；T 为水流传播时间，h。

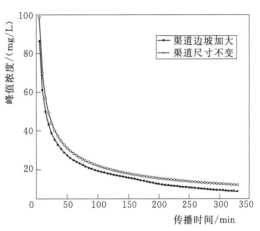

图 5.21 边坡变大峰值浓度变化曲线

2）复杂渠池中污染物峰值浓度的确定。研究复杂渠池中浓度变化过程，对表 5.14 中的工况模拟，统计数值结果，得到复杂渠池中污染物纵向长度变化曲线，结果如图 5.21 和图 5.22 所示。

从图 5.21 和图 5.22 可以看出，渠道尺寸和水力条件发生变化后，污染物峰值浓度随传播时间的变化趋势是一样的，同时可知渠道长度变化对污染物峰值浓度的影响较小，水深、流量、边坡等变化对污染物峰值浓度都有影响；对数值模拟结果分析得到污染物峰值浓度变化规律，对规律进行量化提出复杂渠池中污染物峰值浓度快速量化公式：

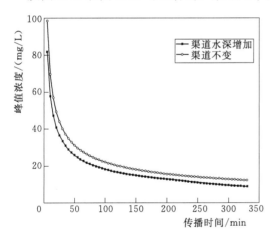

图 5.22 水深增加峰值浓度变化曲线

$$C_{\mathrm{m}}=\frac{v_{i-1}}{v_i}\frac{1000M}{A_1\sqrt{\pi D_{\mathrm{L}_i}}}(3600T)^{-0.5\left(\frac{v_{i-1}}{v_i}\right)} \tag{5.16}$$

式中：M 为污染物投放总量，kg；A_1 为发生突发污染事件处过水断面面积，$\mathrm{m^2}$；D_{L_i} 为污染物所在渠段弥散系数，$\mathrm{m^2/s}$；v_i 为第 i 个渠段的流速，m/s。

（4）应急调控决策参数快速量化公式验证。

物理模型试验验证。为了验证渠道尺寸发生变化后，正常输水情况下应急调控决策参数量化公式的合理性，进行物理模型试验研究，试验模型平面图如图 5.23 所示。采

用罗丹明模拟污染物，依靠紫外线分光光度计对水样进行分析，建立吸光度和浓度值的线性关系曲线。试验中考虑的输水方案为正常输水方案，并且进行 3 次重复试验。其中试验渠道上游断面底宽为 1m，高 0.4m，下游断面底宽为 0.5m，高为 0.4m；在试验渠道上设置 4 个取样断面（图中 D1～D4），每个断面设置 1 个取样点，取样间隔 10s；渠道上布置 2 台水位计和 4 台流速仪，其中水位计分别布置在投放装置之后和尾门之前，流速仪分别布置在每个取样断面处；试验方案见表 5.19，对比污染物峰值到达 D3 时的时间，纵向长度以及在 D3 时刻污染物峰值浓度的试验结果和预测公式计算结果基本一致，见表 5.20。

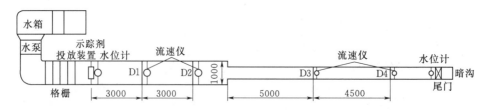

图 5.23　试验模型平面布置

表 5.19

试 验 方 案

方案	罗丹明重量/g	溶液体积/L	断面流速/(cm/s)				水深/cm		取样间隔/s
			v_1	v_2	v_3	v_4	h_1	h_2	
1	5	3	4.0	3.8	7.6	7.9	10	10.2	10
2	3	3	5.5	5.4	11.8	11.5	12	11.5	10
3	6	3	2.1	2.3	4.2	4.5	11	11.2	10

表 5.20

物理模型试验和量化公式结果对比

方案	决策参数	试验结果	公式计算	相对误差/%
1	峰值到达 D3 的时间	260s	285s	9.61
	纵向长度	12m	13.5m	12.50
	峰值浓度	1.85mg/L	1.59mg/L	14.05
2	峰值到达 D3 的时间	240s	210s	12.50
	纵向长度	8m	9.6m	20.00
	峰值浓度	1.62mg/L	1.38mg/L	14.81
3	峰值到达 D3 的时间	490s	500s	2.00
	纵向长度	14.5m	15.7m	8.27
	峰值浓度	2.45mg/L	2.15 mg/L	12.24

5.2.1.4　闸泵调控情况下应急调控决策参数快速量化

闸泵调控情况是指关闭闸门或者停泵；该阶段通过模拟不同闭闸时间下污染物在不

同尺寸渠道内的输移扩散过程，探究污染物峰值的输移距离与闭闸时间、渠道几何尺寸之间的关系，分析出污染物峰值输移距离和纵向长度的变化规律。

（1）污染物峰值输移距离规律分析。

1）污染物峰值输移距离变化规律。通过对表 5.15～表 5.20 中所列的方案进行一维数值模拟，针对渠道尺寸和渠道内水力条件以及污染物的参数，统计分析数值模拟结果，取应急调控前模拟方案 1 在不同闭闸时间下的统计数据，如图 5.24 所示（水波传播时间为 34.2min），从图 5.24（a）中可以看出闭闸时间小于 1 倍的水波传播时间 T^b 时，D 在闭闸结束时趋于稳定，并且 D 与时间呈正比关系；从图 5.24（b）中可以看出闭闸时间大于 1 倍的 T^b 时，D 在闭闸结束后 2 倍的 T^b 后趋于稳定，并且在闭闸时间内峰值输移距离与时间呈正比关系，在 $2T^b$ 时间内，D 与时间呈对数关系。

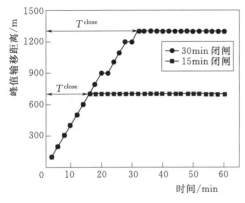

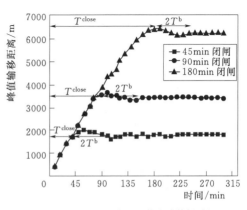

(a) 闭闸时间小于 1 倍水波传播时间　　　　　(b) 闭闸时间大于 1 倍水波传播时间

图 5.24　方案 1 在不同闭闸时间下峰值输移距离与传播时间的关系

a.闭闸时间小于 1 倍水波传播时间时输移距离 D 变化规律。取方案 1 和方案 5 中的 15min、30min 闭闸数据，如图 5.25 所示，当 T^{close} 小于 T^b 时，D 在闭闸结束时趋于稳定，并且在闭闸时间内 D 等于渠道流速与时间的乘积。

b.闭闸时间大于 1 倍水波传播时间时输移距离 D 变化规律。该阶段内峰值输移距离不仅受到闭闸时流速变化的影响，还会受到闭闸时水流往复运动的影响。因此，闭闸阶段内峰值输移距离 D 是由两部分组成：一部分是单独考虑输水流速变化作用下，峰值输移距离 D^M；另一部分是单独考虑水流往复运动作用下，峰值输移距离 D^F。

（a）只考虑输水流速变化下峰值输移距离 D^M。当水流为非恒定流时，对不同渠段下污染物峰值输移扩散过程的模拟，可以得到峰值的输移距离与污染物在恒定流下只考虑水流变化时峰值输移距离是一致的，由于闸门关闭是呈线性的，速度也是呈线性从 v 变化到 0，所以在整个关闭过程中取水流速度为平均流速。因此只考虑水流速度变化下 D^M 近似认为等于应急调控前污染物在 T^{close} 时间内的峰值输移距离的一半。

（b）单独考虑水流往复作用下峰值输移距离 D^F。对单独考虑水流作用下 D^F 进行研究，结果如图 5.26～图 5.29 所示。

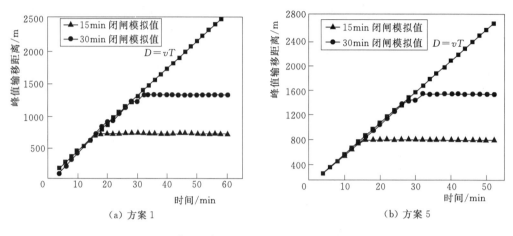

（a）方案 1　　　　　　　　　　　　　　　（b）方案 5

图 5.25　$T^{\text{close}} < T^{\text{b}}$ 下峰值输移距离与传播时间的关系

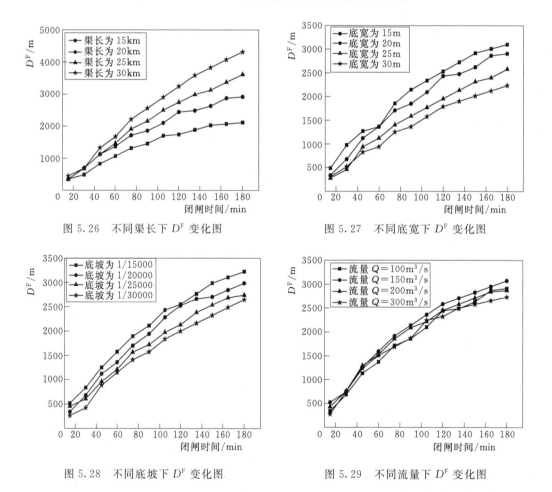

图 5.26　不同渠长下 D^{F} 变化图　　　　　图 5.27　不同底宽下 D^{F} 变化图

图 5.28　不同底坡下 D^{F} 变化图　　　　　图 5.29　不同流量下 D^{F} 变化图

　　从图 5.26～图 5.29 中可以看出，峰值输移距离 D^{F} 与闭闸时间 T^{close} 之间呈正比关系，同时渠道几何尺寸、渠道内流量和水深对峰值输移距离 D^{F} 都有影响；通过数据统

计分析得到当 T^{close} 大于 1 倍水波传播时间 T^{b} 时，污染物峰值输移距离 D^{F} 随闭闸时间 T^{close} 呈对数增加。

2）应急调控阶段峰值输移距离快速量化公式。

a. T^{close} 小于 1 倍 T^{b} 时输移距离 D。当 $T^{\text{close}} < T^{\text{b}}$ 时，D 变化与调控前变化情况一致，因此这个阶段内污染物的峰值输移距离 D 可以表示为

$$D = 60vT^{\text{close}} \tag{5.17}$$

式中：D 为同步闭闸调控下峰值输移距离，m；v 为渠道内水流速度，m/s；T^{close} 为闭闸时间，h。

b. T^{close} 大于 1 倍 T^{b} 时输移距离 D。同步闭闸阶段内峰值输移距离 D 是由两部分组成：一部分是单独考虑输水流速变化作用下，峰值输移距离 D^{M}；另一部分是单独考虑水流往复运动作用下，峰值输移距离 D^{F}。峰值输移距离 D^{M} 近似认为等于应急调控前污染物在 T^{close} 时间内的峰值输移距离的一半。因此峰值输移距离 D^{M} 可以表示为

$$D^{\text{M}} = \frac{1}{2} \times 60vT^{\text{close}} \tag{5.18}$$

式中：D^{M} 为峰值输移距离，m。

对图 5.28 和图 5.29 数据分析得到 D^{F} 随闭闸时间 T^{close} 呈对数增加，同时经过分析得到峰值输移距离 D^{F} 还与水波的传播时间 T^{b} 有关，其表达式为

$$D^{\text{F}} = C_{\text{a}}\ln(60T^{\text{close}}) - C_{\text{b}} \tag{5.19}$$

式中：$C_{\text{a}} = 9.8(T^{\text{b}})^{\frac{4}{3}}$；$C_{\text{b}} = 9.8(T^{\text{b}})^{\frac{8}{5}}$。

因此 T^{close} 大于 1 倍 T^{b} 时闭闸过程中峰值输移距离为

$$D = \frac{1}{2} \times 60vT^{\text{close}} + 9.8(T^{\text{b}})^{\frac{4}{3}}\ln T^{\text{close}} - 9.8(T^{\text{b}})^{\frac{8}{5}} \tag{5.20}$$

（2）污染物纵向长度规律分析。

1）污染物纵向长度 W 变化规律。

通过对表 5.7~表 5.12 中所列的方案进行数值模拟，针对渠道尺寸和渠道内水力条件以及污染物参数，统计分析模拟结果，如图 5.30~图 5.35 所示。

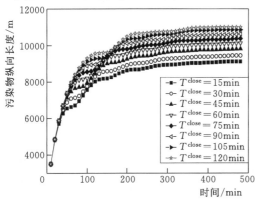

图 5.30 不同闭闸下 W 值变化图

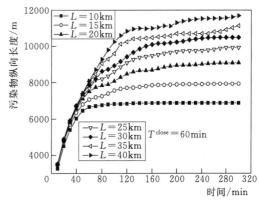

图 5.31 不同渠长下 W 值变化图

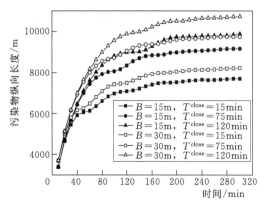

图 5.32　不同底宽下 W 值变化图

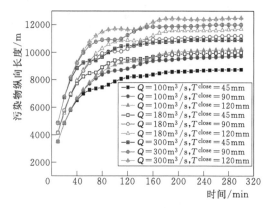

图 5.33　不同流量下 W 值变化图

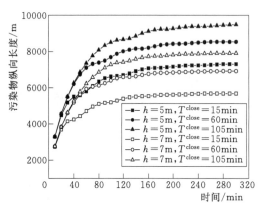

图 5.34　不同水深下 W 值变化图

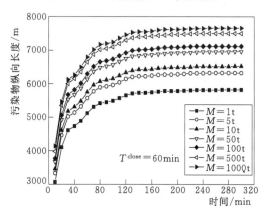

图 5.35　不同量投放物下 W 值变化图

从图 5.30～图 5.35 中看出，在闭闸调控阶段，污染物纵向长度随闭闸时间的延长而增加，并且在同一闭闸时间下，污染物纵向长度随渠道长度、底宽、渠道内流量以及污染物投放量的增加而增加，但是随渠道水深增加而减小。研究不同水波传播时间下纵向长度随传播时间变化规律，分析结果如图 5.36 和图 5.37 所示。

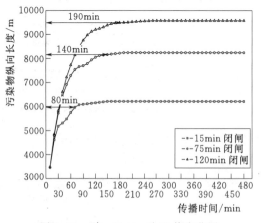

图 5.36　$T^b = 34\text{min}$ 时 W 值变化图

图 5.37　$T^b = 68\text{min}$ 时 W 值变化图

从图 5.36 和图 5.37 中可以看出，污染物纵向长度在开始阶段随传播时间呈增长趋势，当传播时间达到闭闸结束后 2 倍的水波传播时间时，基本保持不变。

2）应急调控阶段污染物纵向长度快速量化公式。从图 5.29～图 5.35 中可知纵向长度与关闭时间、尺寸、流量以及投放总量成正比，与水深成反比。通过对模拟数值统计分析得到调控阶段纵向长度快速量化公式，其表达式为

$$W = k_1 k_2 \left\{ 3600 + 4\ln(4T)\ln T \left[T^{\text{close}}(T^{\text{b}})^{-0.5} + 2(T^{\text{b}})^{\frac{2}{3}} \right] \right\} \tag{5.21}$$

式中：$k_1 = Q^{0.25}/4$；$k_2 = 0.05\ln M + 0.88$。

（3）污染物峰值浓度规律分析。

1）应急调控阶段污染物峰值浓度变化规律。

通过对表 5.7～表 5.12 中所列的方案进行数值模拟，针对渠道尺寸和渠道内水力条件以及污染物的参数，统计分析模拟结果，如图 5.38～图 5.43 所示。

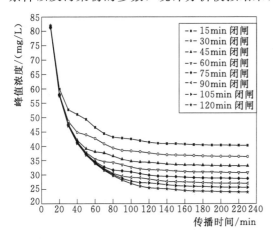

图 5.38　渠长 15km 峰值浓度变化图

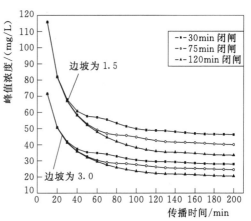

图 5.39　边坡变化峰值浓度变化图

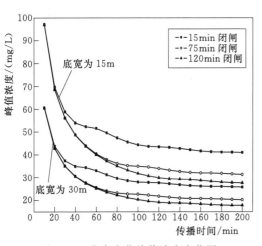

图 5.40　底宽变化峰值浓度变化图

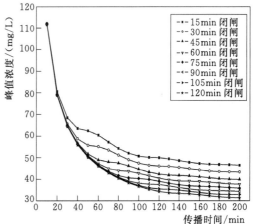

图 5.41　$Q = 60\text{m}^3/\text{s}$ 峰值浓度变化图

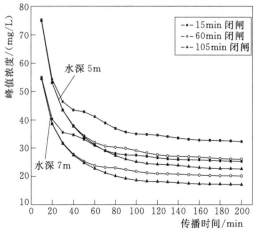

图 5.42 水深变化峰值浓度变化图　　　　图 5.43 投放量为 1t 峰值浓度变化图

从图 5.38～图 5.43 中看出，峰值浓度与闸门关闭时间、渠道尺寸、流量、水深成反比。并且达到一定值基本不变化。从图 5.44 和图 5.45 中看出，峰值浓度在开始阶段随传播时间呈降低趋势，闭闸结束后浓度基本保持不变。

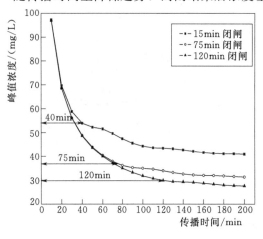

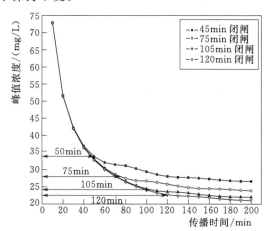

图 5.44 底宽为 15m 峰值浓度变化图　　　图 5.45 $Q = 120\text{m}^3/\text{s}$ 峰值浓度变化图

2）应急调控阶段污染物峰值浓度快速量化公式。从图 5.38～图 5.43 中可知污染物峰值浓度变化与闸门的关闭时间、渠道尺寸、渠道内流量、渠道水深成反比。通过对模拟数值统计分析线性拟合得到应急调控阶段污染物峰值浓度快速量化公式，其表达式为

$$C_\text{m} = 60(T^b Q)^{-0.6}(T^{\text{close}})^{-15}(T^b)^{-1}\frac{C_0 v}{\sqrt{4\pi}}T^{-0.455} \tag{5.22}$$

式中：C_m 为污染物峰值浓度，mg/L；C_0 为 $x = 0$ 处，瞬时投放的平面污染源浓度，mg·s/L，$C_0 = M/Q$。

（4）污染物特征参数快速量化公式验证。为了进一步说明闸门调控下污染物快速识别公式的合理性，本节采用数值模拟手段对污染物快速识别公式进行对比分析。

模拟闸门调控阶段 5 种验证工况不同闭闸时间下污染物输移扩散过程，并对数值统计分析；已知应急调控阶段 5 种工况的水波传播时间分别为 137min，80.5min，51.5min，62.5min 和 140min；对比 5 种验证工况峰值输移距离、纵向长度和峰值浓度的模拟值和公式计算值，其结果如图 5.46～图 5.48 所示。

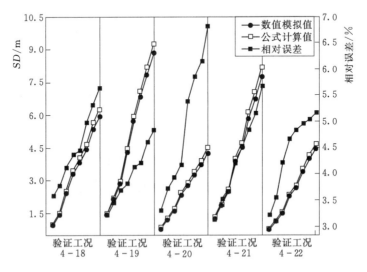

图 5.46　峰值输移距离模拟值与计算值对比

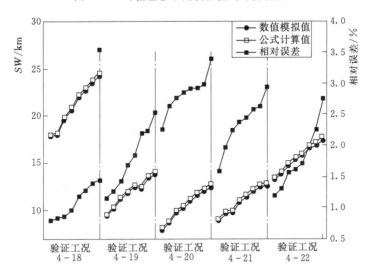

图 5.47　纵向长度模拟值与计算值对比

由图 5.46～图 5.48 可知，峰值输移距离公式计算值与模拟值的相对误差位于 3.13%～6.82% 之间，纵向长度公式计算值与模拟值的相对误差位于 0.78%～3.50% 之间，峰值浓度公式计算值与模拟值的相对误差位于 1.53%～8.32% 之间；这些误差

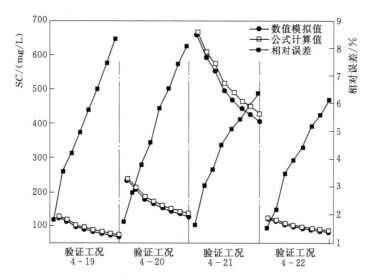

图 5.48 峰值浓度模拟值与计算值对比

都在 10% 以内，能够满足精度要求。因此认为闸门调控下污染物快速量化公式是合理的。

5.2.1.5 突发可溶性水污染事件应急调控快速决策模型

突发可溶性水污染事件应急调控快速决策模型如图 5.49 所示，应急调控快速决策模型步骤如下：

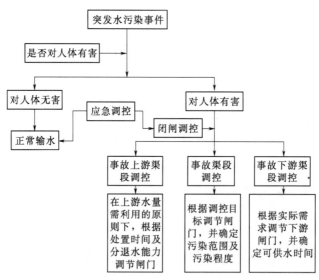

图 5.49 突发可溶性水污染事件应急调控快速决策模型

1）得知发生突发水污染事件后，判断污染物对人体是否有害，选取应急调控方式，若对人体无害可正常输水，若对人体有害需闭闸调控。

2）闭闸调控时，考虑渠道实际情况，对事件渠段上游、事件渠段以及事件渠段下游进行调控，在事件渠段，对于可溶性物质，根据闭闸调控情况下污染物快速识别公式，给出污染物峰值输移距离、纵向长度以及峰值浓度的范围；对于油类物质需考虑油膜下潜条件，调节渠道流速和闸门开度保证油膜不下潜；在事件渠段上游，考虑上游水量需利用，根据处置时间以及上游渠段内分水口分水能力调节闸门；在事件渠段下游，给出按照某一流量供水时的供水时间。

3）根据处置后的水质是否达到指标来考虑是否启用退水闸。

5.2.2　南水北调中线总干渠突发漂浮油类水污染事件应急调控

基于正常输水和闸泵调控下漂浮油类污染物输运移规律和下潜规律的数值分析和物理模型验证成果，提出应急调控决策参数快速量化公式，结合中线工程输水干线特性，提出应急调控快速决策模型，形成中线工程输水干线突发漂浮油类水污染事件应急调控预案库，为中线工程输水干线应对突发漂浮油类污染提供决策支持。

5.2.2.1　应急调控决策参数

基于漂浮油类污染物在正常输水和闸泵控下输移扩散过程，用表征污染物输移扩散特征的油膜运移距离、油膜纵向长度、油膜下潜条件来表示应急调控决策参数；漂浮油类污染物应急调控决策参数示意图如图 5.50 所示。

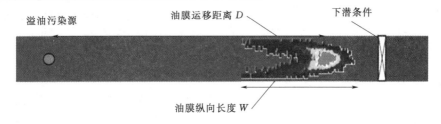

图 5.50　应急调控决策参数示意图

5.2.2.2　污染物输移扩散分析方案

模拟输水明渠的主要参数见表 5.21。研究只考虑对溢油影响范围起主导作用的扩展和漂移物理变化过程，忽略溢油蒸发、溶解、乳化等化学变化过程。溢油数值模拟工况及主要参数见表 5.22。

5.2.2.3　正常输水情况下应急调控决策参数快速量化

（1）水动力模拟结果。水动力模拟结果旨在为油类污染物运移模拟提供水动力信息，SA1～SA4 条件下，相应流量为 $220\text{m}^3/\text{s}$、$100\text{m}^3/\text{s}$、$60\text{m}^3/\text{s}$ 和 $40\text{m}^3/\text{s}$ 时，流速在横断面上的分布如图 5.51 所示。从图中可以看出，渠道流速在横向上变化较大，呈中间大、两边小的分布特点。

表 5.21　　　　　　　　　　　　　　　模拟渠道的基本参数

渠段长度/km	流量/（m³/s）	底宽/m	边坡系数	底坡	粗糙系数	渠道水深/m
6	220/100/60/40	20	2.5	1/20000	0.015	4.5
	60	20	1/2.5			

表 5.22　　　　　　　　　　　　　油污染模拟工况及参数

工况	输水情况	闭闸时间 /min	流量 /(m³/s)	溢油形式	溢油位置	边坡系数	风速 /(m/s)
SA1			220	瞬时	中间	2.5	0
SA2			100	瞬时	中间	2.5	0
SA3			60	瞬时	中间	2.5	0
SA4	正常输水		40	瞬时	中间	2.5	0
SA5			100	瞬时	中间	2.5	5（与水流同向）
SA6			100	瞬时	中间	2.5	5（偏右）
SA7			100	瞬时	左岸	2.5	0
SA8			60	瞬时	中间	1/2.5	0
SA9		15		瞬时	中间	2.5	0
SA10	闭闸调控	30	100	瞬时	中间	2.5	0
SA11		45		瞬时	中间	2.5	0

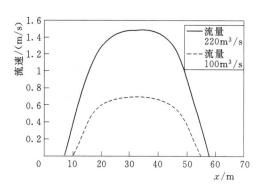

图 5.51　横断面上流速分布

（2）油类污染物运移距离快速量化。油污染物运移距离与渠道水体表面流速 U_s 与风速 U_w 呈正比关系，因此，可得油污染物在水面上的运移距离 D：

$$D = (0.02U_w + U_s)t \qquad (5.23)$$

（3）油类污染纵向长度快速量化。工况 SA1～SA4 模拟无风条件下油膜纵向长度变化情况，由于梯形断面渠道表面流速在横向上变化较大，渠道中间发生溢油后油膜在扩展漂移过程中随水流运动呈现被拉伸的状态，初油膜前后缘运移距离随时间的变化如图 5.52 所示。

将图 5.52 中油膜前缘和后缘运移距离与时间的关系进行线性拟合，两者之差对时间求导得到油膜纵向长度的变化率分别为

$$\frac{dW_{SA1}}{dt} = 0.725; \frac{dW_{SA2}}{dt} = 0.345; \frac{dW_{SA3}}{dt} = 0.211; \frac{dW_{SA4}}{dt} = 0.161$$

式中：W_{SA1}、W_{SA2}、W_{SA3}、W_{SA4} 分别为工况 SA1、SA2、SA3、SA4 条件下油膜纵向长度。

工况 SA1～SA4 条件下纵向长度变化率与渠道流速之间关系如图 5.53 所示。

由图 5.53 可知，纵向长度变化率与渠道中间流速成正比，线性拟合，得

$$\frac{dW_{SA}}{dt} = 0.5U_s \qquad (5.24)$$

中线输水干线的明渠设计流速为 0.8～1.2m/s，当输水明渠中间发生瞬时溢油后，在水流带动作用下，油膜纵向长度变化率可近似为渠道中间流速的 0.5 倍。

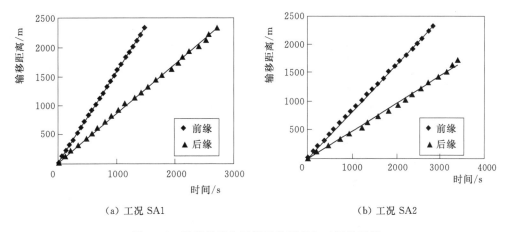

（a）工况 SA1   （b）工况 SA2

图 5.52　油膜前缘和后缘运移距离与时间关系图

（4）纵向长度量化影响因素分析。

1）风作用的影响。

a. 风与水流同向。工况 SA5 下，风速 5m/s（与水流同向），油膜前缘和后缘运移距离随时间变化如图 5.54 所示。

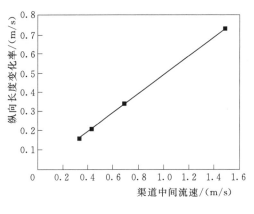

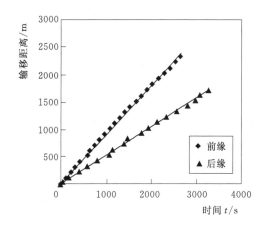

图 5.53　油膜长度变化率与各渠道
中间流速关系图   图 5.54　工况 SA5 风流同向油膜前缘
与后缘运移距离

将图 5.54 中油膜前缘和后缘运移距离与时间的关系进行线性拟合，两者之差对时间求导得到工况 SA5 条件下油膜纵向长度的变化率为

$$\frac{\mathrm{d}W_{SA5}}{\mathrm{d}t} = 0.375 \tag{5.25}$$

比较工况 SA2 和工况 SA5 可得：风与水流同向下，油膜纵向长度变化率略微增加，但增加幅度不明显。因此，风与水流同向时，风对油膜长度影响可以忽略，只带动油膜整体输移。

b. 风向朝岸边。表 5.21 中工况 SA6 条件下，设定风速为 5m/s（朝岸边吹），通过

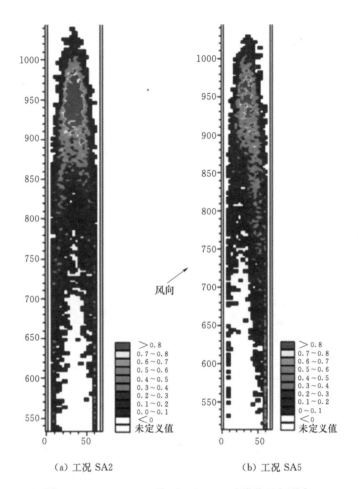

图 5.55 $t=20$min 工况 SA2 和 SA5 油膜位置与形态

溢油数值模拟得到时间 $t=20$min 时,工况 SA2 和 SA6 条件下油膜扩展形态对比图如图 5.55 所示。从图 5.55 可以看出:在风速作用下,油膜沿风向产生明显偏移,油膜聚集在岸边;相同时间下,工况 SA2 和工况 SA6 的油膜长度基本相同。因此,纵向长度量化可不考虑风速影响。

2)溢油位置的影响。由于梯形断面的输水工程渠道,其流场分布在横向上变化较大,使得溢油发生位置不同(岸边与渠道中间),油膜扩展形态会呈现不同的特征。工况 SA2 和 SA7 条件下,时间 $t=20$min 的油膜扩展形态对比如图 5.56 所示。

从图 5.56 可以看出:在溢油初期(20min),岸边溢油和渠道中间溢油的油膜形态明显不同。岸边溢油相对中间溢油,油膜多集中在靠近溢油的岸边侧;两种溢油位置下油膜的纵向长度基本相同。因此,溢油位置主要影响溢油初期油膜形状,对油膜纵向长度的影响可忽略。

3)边坡系数的影响。工况 SA8 渠道边坡系数设定为 0.4。渠道中间流速为 0.701m/s,油膜前缘和后缘运移距离与时间的关系图如图 5.57 所示。将油膜前缘和后

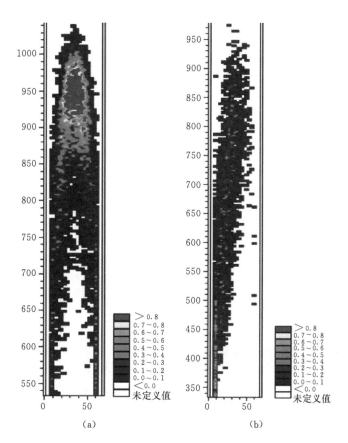

图 5.56 溢油位置对油膜长度的影响

缘运移距离与时间的关系进行线性拟合，两者之差对时间求导得到工况 SA8 条件下的油膜纵向长度变化率为

$$\frac{dW_{SA7}}{dt} = 0.347 \tag{5.26}$$

工况 SA7 渠道边坡系数为 0.4 情况下，油膜纵向长度变化率同样满足式（5.26）。因此，油膜纵向长度快速量化公式对不同边坡系数的断面均适用。

5.2.2.4　闸泵调控情况下应急调控决策参数快速量化

（1）模型率定。

1）物理模型装置与设备。试验在底板水平的循环水槽中进行，如图 5.58 所示，水槽内流速通过水泵驱动来控制。试验闸门设置在断面宽度为 1m 的水槽段，闸门通过人工进行调节控制闸门的入水深度，闸门安装布置如图 5.59 所示。流速测量采用如图 5.60 所示的 FP211 旋桨流速仪。

2）试验用油。试验的主要目的是观察漂浮在水面上的油膜在闸门前的运动特征，因此选用黏性适中的废弃机油，不易挥发，不易溶解，颜色较深便于观察。

3）物理模型试验工况与数模构建。物理模型试验工况见表 5.23。

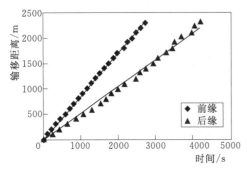

图 5.57　油膜前缘和后缘运移
距离与时间关系图

图 5.58　试验水槽布置图

表 5.23　　　　　　　　　　　物 理 模 型 试 验 工 况

对比工况	流速 V/(m/s)	闸门入水深度 h_s/cm	水深/m
M1	0.2	15	1.45
M2	0.35	15	1.45

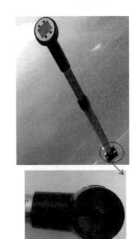

图 5.59　闸门安装位置图

图 5.60　流速测量仪器

4）数值模型与物理模型试验结果对比。

a. 水位流速。设定数模上游边界为流量边界：与 M1、M2 工况相对应的流量为 0.3m³/s，0.5m³/s；下游边界为水位边界 1.45m。数值模拟得到两种工况下水位与流速结果如图 5.61 和图 5.62 所示。其结果与物理试验工况表 5.23 基本相同。

b. 物理模型结果与数模结果对比。

（a）物理模型试验结果。在距离闸门 2m 的位置倒入适量的试验用油，采取录像拍照的方式记录下油膜在闸前的运动特征。物理模型试验工况下油膜运动特征俯视图如图 5.63 所示。

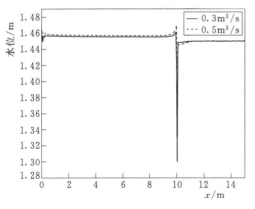

图 5.61 水位变化过程

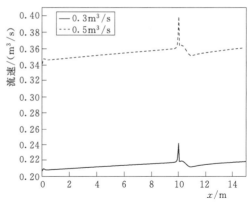

图 5.62 平均流速变化过程

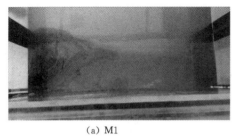

（a）M1　　　　　　　（b）M2

图 5.63 物理模型试验闸前油膜运动特征俯视图

工况 M1 下，流速为 0.2m/s，油膜不通过闸门；工况 M2 下，流速为 0.35m/s，闸前流速波动较大，在距离闸门槽 10~15cm 处产生间歇性的漩涡，漩涡卷吸油膜的现象如图 5.64 所示，油膜在漩涡的作用下通过闸门。

（b）数值模拟结果。数值模拟模型中，在水体表面添加密度为 0.89kg/m³、直径为 0.3~0.5mm 的质量粒子，两种工况条件下的数值模拟结果如图 5.65 所示。

图 5.64 漩涡卷吸油膜侧视图

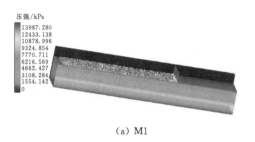

（a）M1

（b）M2

图 5.65 数值模拟结果

从图 5.65 可以看出：工况 M1 条件
下，粒子被阻挡在闸门前；工况 M2 条
件下，仅在靠近边壁的位置有粒子通过
闸门。

对比物理模型试验结果图 5.67 和数
值模拟结果图 5.65 得出：通过在水体表
面添加密度为 $0.89kg/m^3$、直径为 $0.3\sim$

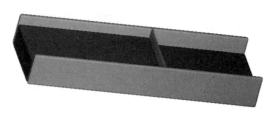

图 5.66　闸门渠段

$0.5mm$ 的质量粒子，可以代替油膜，反应油膜的运动特性。

（2）节制闸和倒虹吸前油膜下潜条件量化。

1）油膜过闸模拟。

a. 研究对象及模拟工况。模拟选取闸门渠段模型如图 5.66 所示。油膜过闸模拟工
况见表 5.24。

表 5.24　　　　　　　　　　　　　油膜过闸模拟工况设定

输水情况	工况编号	渠道流速/(m/s)	闸门开度/m	闸前渠道水深/m
	J1	0.71	6.25	6.65
正常输水	J2	0.71	6.00	6.65
	J3	0.71	5.75	6.65

b. 模拟结果与分析。工况 J1~J2 油膜过闸模拟结果如图 5.67 所示。

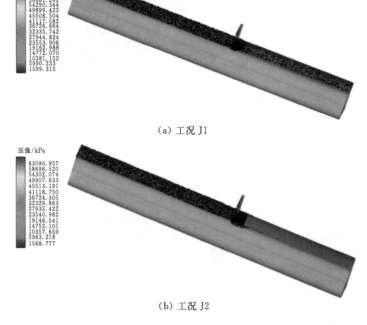

（a）工况 J1

（b）工况 J2

图 5.67　节制闸段油膜下潜模拟结果

模拟可知输水流速为 0.7m/s，控制节制闸吃水深度可阻挡油膜进入下游渠段。

c. 理论分析。闸门对于油膜的阻挡作用与围油栏作用相似。围油栏是一种用于阻止溢油扩散、便于溢油清除及保护水域环境设备。其主要由浮体、裙体和配重三部分组成，如图 5.68 所示。

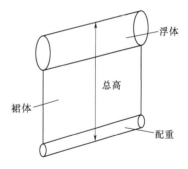

图 5.68　围油栏一般结构

目前，国内外关于围油栏拦油效果的研究已经相当成熟，按照围油栏设计标准，不同水域条件下的围油栏总高要求见表 5.25。

输水流速为 0.77m/s，属于平静急流水域，同时河渠输水工程也属于非开阔水域。该种工况条件下相应的围油栏吃水深度如下。

（a）按照平静急流水域条件计算，围油栏总高范围不小于 200～600mm，其中吃水按照总高的 1/2～2/3 计算，吃水深度范围为 0.1～0.4m。

表 5.25　　　　　　　　　　围 油 栏 的 总 高 要 求

性能	平静水域	平静急流水域	非开阔水域	开阔水域
总高（范围）/mm	150～600	200～600	450～1100	900 以上

注　总高≈干舷＋吃水深度。围油栏的吃水为总高的 1/2～2/3，平静急流水域时干舷宜取高值。

（b）按照非开阔水域条件计算，围油栏总高范围不小于 450～1100mm，其中吃水按照总高的 1/2～2/3 计算，吃水深度范围为 0.25～0.7m。

综合围油栏标准和本节数值模拟可得：输水流速为 0.77m/s 时，节制闸吃水深度控制在 0.55m 的模拟结果是合理的。

d. 不同流速下闸门吃水深度。开展不同流速、不同闸门吃水深度条件下的拦油效果数值模拟研究，获得不同流速下的闸门吃水深度阈值以有效拦截油膜，从而控制油污染的影响范围。

通过数值模拟得到不同工况下的闸门吃水深度阈值见表 5.26。各工况条件下的闸门拦油效果如图 5.69 所示。

表 5.26　　　　　　　　　　节 制 闸 吃 水 深 度

工况	流速/(m/s)	水深/m	吃水深度/m	Fr
J4	0.61	6.55	0.41	0.076
J5	0.48	6.55	0.35	0.06

从表 5.26 和图 5.69 可知，相同水深下，闸前流速越大，有效拦截油膜吃水深度越大。闸门吃水深度相同的条件下，流速越小，因流速影响在闸前产生的漩涡几率越小，闸门的拦油效果越好。

综合以上分析，闸门拦截油膜作为河渠输水工程突发油类水污染事件下的应急措施是可取的。在不考虑闸前漩涡形成情况下，渠道流速不宜超过 0.75m/s。当渠道流速为

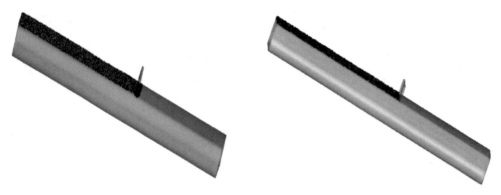

(a) 工况 J4：流速 0.61m/s，水深 6.55m　　　(b) 工况 J5：流速 0.48m/s，水深 6.55m

图 5.69　闸门拦油效果图

0.6～0.75m/s，闸门吃水深度不小于 0.5m，当渠道流速为 0.5～0.6m/s，闸门吃水深度不小于 0.4m；当渠道流速低于 0.5m/s，闸门吃水深度不小于 0.35m。

2）倒虹吸前下潜模拟。

a. 研究对象及模拟工况。倒虹吸模型如图 5.70 所示。由于倒虹吸进口容易产生漩涡，根据倒虹吸进口有无漩涡，设置两种工况下的油膜下潜模拟，模拟工况见表 5.27。

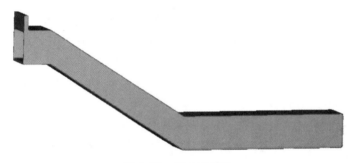

图 5.70　倒虹吸模型

表 5.27　　　　　　　　　　倒虹吸前油膜下潜模拟工况

工况编号	进口流速 V/(m/s)	进口淹没水深 S/m	进口水深 D/m	有无漩涡
D1	5.5	1.5	6	有
D2	2.5	1	6	无

b. 模拟结果与分析。D1～D2 两种工况下的倒虹吸进口前油膜下潜模拟结果如图 5.71 所示。

从图 5.71 可看出，在进口有串通漩涡的水流流态下，油膜随漩涡进入倒虹吸；进口无漩涡的水流流态下，油膜不随水流进入倒虹吸。通过模拟结果可知，通过控制进水口的水力条件不形成漩涡，可阻挡油膜进入倒虹吸。

（3）闸泵调控下运移距离与纵向长度快速量化。

1）水动力模拟结果。在上下游同步闭闸过程中，渠道内流量改变引起了上游向下

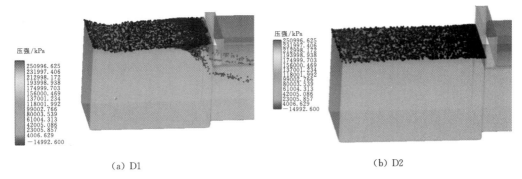

(a) D1   (b) D2

图 5.71 倒虹吸进口油膜下潜结果

游传播的跌水顺波和下游向上游传播的涨水逆波,两波在渠道内来回震荡,导致水位变动。闭闸时间越长,水位波动越大,闭闸时间为 30min 时,距离上游节制闸不同距离的水面线和流速变化过程如图 5.72 所示。

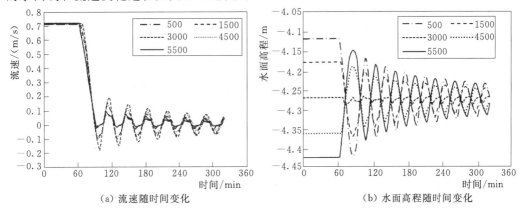

(a) 流速随时间变化   (b) 水面高程随时间变化

图 5.72 闭闸时间 30min 渠道流速及水面线变化

由图 5.72 可以看出,事故渠段上下游节制闸同时关闭情况下,上游节制闸后断面处,水位在上游闸后产生的跌水顺波的影响下开始迅速下降,随后在下游节制闸关闭所产生的涨水逆波的影响下开始上升,呈现上下反复振荡的规律,随着时间的推移振荡幅度逐渐减小,并最终达到稳定状态;下游节制闸闸前断面处,水位受下游涨水逆波的影响开始迅速上涨,随后在上游节制闸关闭所产生的跌水顺波的影响下开始下降,呈现上下反复振荡的规律,且随着时间的推移振荡幅度逐渐减小,并最终达到稳定状态;流速在闭闸时间结束时降为 0,随后在水波作用下呈现上下波动的规律,随着时间的推移波动幅度逐渐减小。

2)油类污染物纵向长度与运移距离。油膜长度和油膜前缘运移距离随时间变化如图 5.73 所示。图中 0 时刻为闭闸开始时间。

从图 5.73 可以看出:闭闸调控可明显降低油膜前缘运移距离和油膜长度,且闭闸时间越长,油膜前缘运移距离和油膜长度越大;当闭闸时间大于 2 倍水流传播时间时,在闭闸过程中,油膜前缘运移距离与油膜长度与正常输水情况相近。

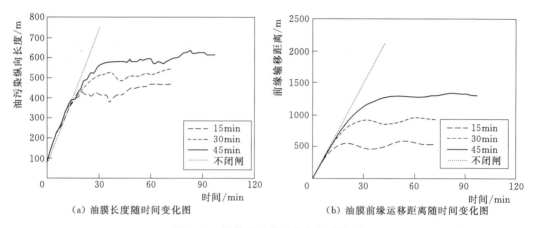

图 5.73　调控下油类污染物运移特征

当闭闸时间大于 2 倍水波传播时间时，闭闸过程中油膜运移距离与纵向长度按照正常输水情况下快速量化公式计算；闭闸结束后，油膜前缘运移距离与油膜长度变化缓慢，在闸门关闭后的 2 倍水流传播时间内，由于流速基本降为 0，使得油膜前缘运移距离和油膜长度基本稳定。

5.2.3　南水北调中线总干渠水污染汇入天津支线应急调控

从工程特点来讲，天津支线是全箱涵（无压接有压）全自流输水，因此天津支线沿线发生突发性水污染事件的几率很小。中线总干渠西黑山节制闸上游发生突发性水污染事件，若处理不及时，污染物很可能会通过西黑山进口闸汇入天津支线，因此在这种情况下需要制定应急调控预案。并且经调查可知西黑山进口闸最快关闭时间为 800s。

从水力控制角度来讲，无压输水的控制难度小，但输水反应时间长。有压输水具有输水反应快、水质保证好的特点，但调度控制难度加大，对调度控制要求高。南水北调天津干线采用无压接有压输水、分段减压、保水的工程方案，综合了无压输水和有压输水特点，输水系统过渡过程中水压、流量及水流衔接处水力现象具有明显的动态特性，水力控制复杂、难度较大。

从应急调控要求来讲，天津支线应急调控过程中，关闭西黑山进口闸，分水口不分流，流量变化由 60～0m³/s。由于输水线路长，如果关闭时间不合理，极易引起全线控制建筑物的水力振荡、管道负压、水体脱空等多种不利情况。为了避免这种有害的水流现象，末端保水堰的最小安全超高与调节池水位的最大跌落深度相同，如何选择一个最优的关闭时间和关闭程序事关重要。因此对于天津支线突发水污染事件应急调控需首先研究西黑山进口闸最优关闭程序。

5.2.3.1　西黑山进口闸紧急关闭

在西黑山进口闸关闭过程中，需要保证保水堰不脱空，避免发生水力振荡现象，并考虑时间问题。经数值模拟计算分析，保水堰是否脱空，是否发生水力振荡现象，与首闸关闭时间和方式（边闸一次关闭或多次关闭）密切相关。因此下面研究不同闭闸方式下保水堰处水力变化。

（1）相同的首闸关闭时间，不同关闸方式比较。

A：首闸边孔两次关闭，中间暂停2000s；边孔关闭后间隔4000s，关闭中孔。

B：首闸边孔一次关闭，之后间隔6000s，关闭中孔。

通过数值模拟分析两种不同关闸方式水力变化过程，计算结果如图5.74～图5.76所示。

从图5.74～图5.76中可知，相同的

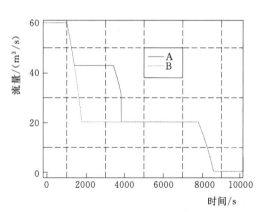

图5.74　不同闭闸下流量变化曲线

首闸关闭时间条件下，边孔两次关闭的首闸关闭方式所引起的水位变化相对平稳，水位波动幅度较小（最大约0.89m），不易引起脱空，边孔一次关闭的首闸关闭方式水位变化比较剧烈，水位波动幅度较大（最大约4.56m），并且8号堰后脱空。因此，相同的首闸关闭时间，应优先采用边孔两次关闭的首闸关闭方式。

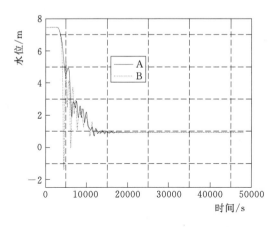

图5.75　不同闭闸下8号堰后水位
变化曲线

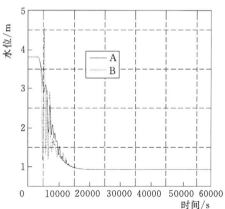

图5.76　不同闭闸方式下分流井水位变化过程

（2）西黑山进口闸最优关闭程序确定。西黑山进口闸紧急关闭，需要模拟一个合理的关闭程序，以使时间尽量短，且又保证全线整体的安全。通过上述研究可知首闸采用边孔分次的关闭程序是相对安全的，但是边孔关闭中间暂停时间、中孔滞后于边孔关闭的时间的取值分别是多少最为合理还需要进一步确定。不同时间组合下天津支线沿线各控制建筑物的水位变化见表5.28和图5.77～图5.84所示。

通过多组不同首闸关闭时间数值模拟分析计算得到如下结论：

1）当采用TZ1的首闸关闭方式时，8号保水堰水位波动比较剧烈，并且会发生脱空现象。连接井，分流井有较大的水力振荡现象，因此是不安全的。

139

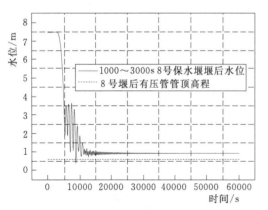

图 5.77　TZ1 关闭下 8 号堰后
水位变化

图 5.78　TZ2 与 TZ3 关闸下 8 号
堰后水位变化

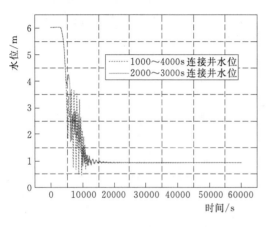

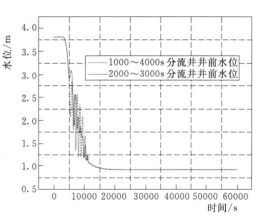

图 5.79　TZ2 与 TZ3 关闸下
连接井水位变化

图 5.80　TZ2 与 TZ3 关闸下
分流井水位变化

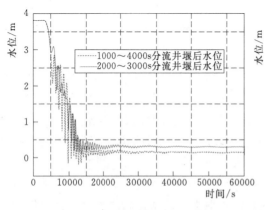

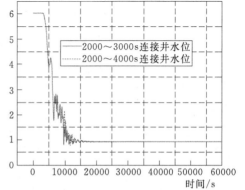

图 5.81　TZ2 与 TZ3 关闸下分流
井水位变化

图 5.82　TZ3 与 TZ4 关闸下连接
井水位变化

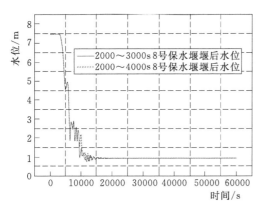

图 5.83　TZ3 与 TZ4 关闸下 8 号
堰水位变化

图 5.84　TZ3 与 TZ4 关闸下分流
井水位变化

表 5.28　　　　　　　　不同时间组合下的各控制建筑物的水位值　　　　　单位：m

桩号及名称	位置	1000~3000s (TZ1)	1000~4000s (TZ2)	2000~3000s (TZ3)	2000~4000s (TZ4)
14+000 1号保水堰	堰前	21.01/22.56	21.01/22.56	21.01/22.56	21.01/22.56
	堰后	18.76/21.91	18.76/21.91	18.76/21.91	18.76/21.91
25+950 2号保水堰	堰前	18.76/20.34	18.76/20.34	18.76/20.34	18.76/20.34
	堰后	14.96/19.88	14.96/19.88	14.96/19.88	14.96/19.88
38+965 3号保水堰	堰前	14.96/18.19	14.96/18.18	14.96/18.18	14.96/18.18
	堰后	9.86/18.19	9.86/18.18	9.86/18.18	9.86/18.18
53+575 4号保水堰	堰后	9.86/16.31	9.86/16.31	9.86/16.31	9.86/16.31
	堰前	9.41/16.31	9.41/16.31	9.41/16.31	9.41/16.31
76+040 5号保水堰	堰后	9.41/13.36	9.41/13.36	9.41/13.36	9.41/13.36
	堰前	6.66/13.36	6.66/13.36	6.66/13.36	6.66/13.36
89+886 6号保水堰	堰后	6.66/11.59	6.66/11.56	6.66/11.56	6.66/11.59
	堰前	4.16/11.59	4.16/11.59	4.16/11.59	4.16/11.59
106+000 7号保水堰	堰后	4.16/9.45	4.16/9.46	4.16/9.46	4.16/9.46
	堰前	1.76/9.46	1.10/9.46	1.10/9.46	1.76/9.46
121+000 8号保水堰	堰后	1.76/7.47	1.76/7.47	1.76/7.47	1.76/7.46
	堰前	0.41/7.47	0.78/7.47	0.81/7.47	0.75/7.47
132+019 连接井		−0.04/6.03	0.46/6.03	0.81/6.03	0.79/6.03
148+720 分流井	堰后	0.93/3.81	0.93/3.81	0.93/3.81	0.93/3.81
	堰前	−0.70/3.81	−0.17/3.81	0.09/3.81	0.08/3.81
外环河泵站前池		0.11/2.60	0.17/2.6	0.33/2.60	0.42/2.60
西河泵站前池		−0.07/2.37	0.01/2.37	0.17/2.37	0.31/2.37

注　A−B 中 A 为边孔关闭中间暂停时间，B 为中孔滞后边孔关闭的滞后时间。

　　A/B 中 A、B 为首闸关闭过程中的最低和最高水位。

2）当采用 TZ2、TZ3、TZ4 首闸关闭方式时，全线水位波动符合要求范围内，保水堰不会发生脱空现象。

3）对 TZ2、TZ3 方式，其总关闸时间相等，对其进行比较发现，TZ3 方式在保水堰、连接井、分流井等处水位波动要小很多，波动相对比较平稳。因此 TZ3 方式优于 TZ2。

4）对于 TZ3、TZ4 方式进行比较发现，延长中孔滞后边孔的滞后时间，在一定程度上可以减小水位波动，但效果不是很明显。

5）为保证保水堰不脱空，避免发生水力振荡现象，并考虑时间问题。推荐首闸关闭程序为：两边孔以 0.1m/min 的速度均速关闭一半，然后暂停 2000s，然后以 0.1m/min 的速度关闭。暂停 3000s，然后以 0.1m/min 关闭中孔。整个关闭过程所需时间大约为 6600s，外环河泵站和西河泵站滞后 11000s 开始关闭，关闭时间为 1500s。

5.2.3.2 中线总干渠水污染汇入天津支线应急调控快速决策模型

由于天津支线是全箱涵自流输水，沿线发生突发水污染事件几率很小；一旦中线总干渠西黑山节制闸上游发生突发性水污染事件，若处理不及时，污染物很可能会通过西黑山进口闸汇入天津支线从而造成天津支线突发水污染事件，因此在这种情况下需要制定天津支线应急调控快速决策模型，如图 5.85 所示；急调控快速决策模型步骤如下：

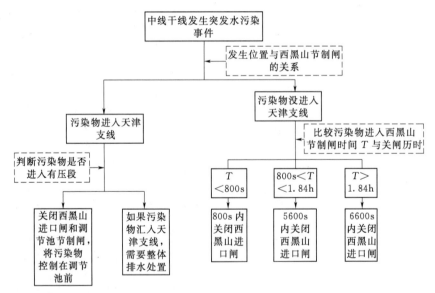

图 5.85 中线总干渠水污染汇入天津支线应急调控快速决策模型

（1）中线干线发生突发水污染事件后，首先判断污染事件发生位置与西黑山节制闸的关系，若位于西黑山节制闸下游，则天津支线无需考虑调控；若位于西黑山节制闸上游，则需要判断得知污染事件时污染物是否进入天津支线。

（2）当污染物没有进入天津支线，需要比较污染物到达西黑山进口闸的时间 T 与进口闸关闭历时。根据调研及计算得到进口闸最快关闭历时为 800s 和西黑山进口闸最优关闭历时为1.84h；若$T<800s$，立即关闭西黑山进口闸，关闭时间为800s，进口闸完全关闭后，外环河与西河开始抽流；若$800s<T<1.84h$，立即关闭西黑山进口闸，关闭时间为5600s，外环河泵站和西河泵站滞后11000s开始关闭，关闭时间为1500s；若$T>1.84h$，立即关闭西黑山进口闸，关闭时间为6600s，同样外环河泵站和西河泵站滞后11000s开始关闭，关闭时间为1500s。

（3）当污染物进入天津支线，需要判断污染物的位置。若污染物位于明渠段及调节池前，此时需要关闭西黑山进口闸和调节池节制闸将污染物控制在调节池前；若污染物已经通过调节池进入有压段，此时需要停止天津供水，天津支线整体排水处置。

5.3 南水北调东线一期工程江苏段突发水污染事件应急调控

5.3.1 南水北调中线干渠成果移植东线一期工程江苏段无分汊河段的可行性分析

5.3.1.1 中线和东线一期工程江苏段河渠特性对比

根据中线及东线一期工程江苏段输水工程的基本信息，归纳得到中线和东线输水河渠的相同点和差异，异同对比见表5.29。

表5.29　　　南水北调工程中线和东线一期工程江苏段河渠特性对比

类　型		中线总干渠	东线一期工程江苏段
相同点		梯形过流断面、平立交建筑物多、河段根据闸门和泵站可分段调控和处置、有无分汊单线型输水河段	
差别	渠段长度	20～30km	30km以上8条；50km以上4条；70km以上2条
	渠段底坡	固定底坡：1/20000	变底坡：$(-1/10000)$～$(-1/100000)$
	水流动力	自流	泵站抽提
	分汊	无	有

5.3.1.2 中线成果移植东线一期工程江苏段无分汊河段的可行性分析及验证

根据中线研究成果可知，突发污染物输移扩散规律仅与河渠水动力条件有关，水动力条件主要受河长、底坡及水流动力因素的影响。基于东线无分汊河段——宝应至金湖站河段，开展中线突发可溶水污染事件应急调控决策参数的快速量化成果移植东线无分汊河渠的可行性验证。河段基本信息及方案设置见表5.30。

表5.30　　　　可行性验证河段的基本信息及水动力条件

河　段	河长/km	粗糙系数	泵站设计流量/(m³/s)	泵站前池水位/m	泵站扬程	输水流量/(m³/s)	输水水位/m	平均流速/(m/s)
宝应泵站—金湖泵站	37	0.0225	150	0	7.6	150	6.50～5.70	0.22

采用一维水动力模型对宝应—金湖泵站突发可溶水污染事件进行模拟，污染物总量为 10t，污染位置距离下游金湖泵站 20km，计算得到该河段的纵向离散系数值为 $111.2m^2/s$。在正常输水情况下，对比可溶污染物应急调控决策参数的数值模拟值与中线快速量化公式的预测值，见图 5.86。

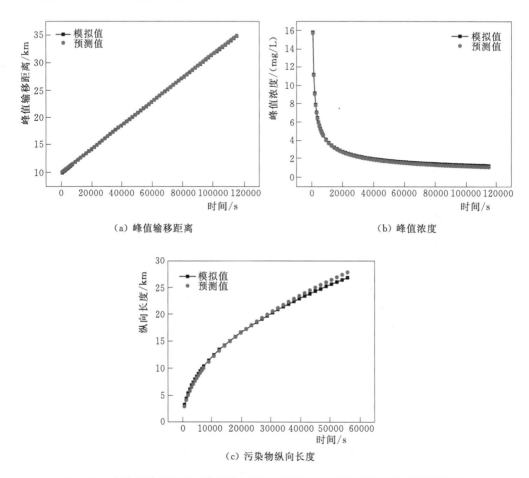

（a）峰值输移距离　　　　　　　　　　　　（b）峰值浓度

（c）污染物纵向长度

图 5.86　东线无分汊河段可溶污染物应急调控决策参数模拟值与公式预测值对比

根据数值模拟方案验证结果可知，东线无分汊河段可溶污染物应急调控决策参数模拟值与公式预测值的差值较小，能够满足预测精度要求，因此，中线干渠应急调控决策参数的快速量化成果可移植至东线无分汊河段，决策参数预测公式合理可行。

5.3.2　南水北调东线一期工程江苏段突发可溶性水污染事件应急调控

本节在中线无分汊输水干渠可溶污染物输移扩散规律研究的基础上，采用数值模拟和物理模型试验，研究可溶污染物在分汊河渠中的输移扩散规律，考虑正常输水和闸泵调控两种应急调控情景，提出适用于东线输水河网的基于决策参数快速量化的应急调控模型，并结合东线双线输水和沿线存在调蓄湖库的特性，形成包括闸泵调控方案和分段供水方案的应急调控预案库。

5.3.2.1　可溶污染物应急调控决策参数提出

分汊支流河段中可溶污染物的应急调控决策参数有：污染物峰值输移距离 D_d、污染物峰值浓度 C_d、污染物纵向长度 W_d，应急调控决策参数示意见图 5.87。

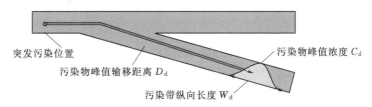

图 5.87　分汊支流河段突发可溶污染物应急调控决策参数示意

5.3.2.2　数值模型和物理模型试验

（1）数值模型选择及可行性分析。根据文献研究，水流分离区边界与占主流速最大值 7% 流速等值线相同。设置水动力工况见表 5.31，计算分离区尺寸和流速横向不均区域尺寸，开展一维数模验证。

表 5.31　　　　　　　　　　　分汊口水流条件研究工况设置

分汊型式	底宽/m	流量/(m³/s)	底高程/m	分汊支流水位/m	主流下游段水位/m
45°	100	400	−5.0	0.000	0.0
90°	70	200	−5.0	−0.025	0.0

通过二维水动力的数值模拟结果图 5.88 中可知，分汊口位置的水流分离区尺寸很

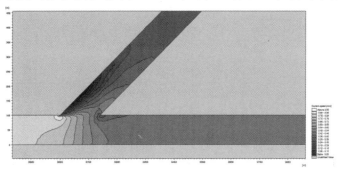

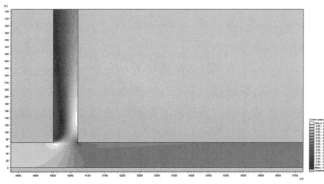

图 5.88　分汊口流速分布

小，尺度在 10m 以内，45°分汊口的紊动区尺度为 500m，90°分汊口的紊动区尺度为 1km，因此，分汊口处流速横向不均匀区域占分汊后河段长度的比值很小，可不考虑分汊型式对污染输移扩散过程的影响，采用一维模型开展分汊支流河段的应急调控决策参数快速量化。

（2）物理模型试验。

1）工况设置。为验证数值模型中分汊支流河段污染物特征应急调控决策参数的输移扩散特征与实际情况的匹配性，按照表 5.32 设定工况开展物理模型试验。

表 5.32　　　　　　　　　分汊河段污染物输移扩散物模试验工况设置

工　况	流量 /(m³/s)	下游水位/cm		投放量 /g	投放方式
		①	③		
WM3-1	0.0095	15	15	0.5	瞬时投放
WM3-2	0.0081	15	15	0.5	瞬时投放

2）试验结果分析。构建与物理模型一致的数值模型，粗糙系数为 0.008，纵向离散系数由 Fisher 公式计算可得，水动力条件按照表 5.32 设置，开展数值模拟，将物理模型试验结果与数值模拟结果进行对比，结果见表 5.33。工况 3-1 中流速的物理模型试验略小于数值模拟值，工况 3-2 的试验值与数值模拟水动力结果对应较好。

表 5.33　　　　　　　　　分汊河段水动力条件数模与物理模型试验对比

工　况	流量 /(m³/s)	流速/(m/s)			误　差		
		①	②	③	①	②	③
WM3-1	0.0095	0.039	0.032	0.028	−2.5%	−8.6%	3.7%
SM3-1	0.01	0.04	0.035	0.027			
WM3-2	0.0081	0.034	0.027	0.024	0.0%	0.0%	−4.0%
SM3-2	0.008	0.034	0.027	0.025			

根据水动力结果开展突发可溶污染模拟，监测断面 1~4 的模拟结果与物理模型试验实测值对比见图 5.89 和图 5.90。由图 5.89 可知，工况 3-1 的物理模型实测值与数值模拟值趋势一致，在断面 1，浓度实测过程略滞后于模拟值，这是由于物理模型试验的示踪剂投放过程与模型的瞬时点源污染略有区别造成的；断面 2、断面 3、断面 4 浓度过程的实测值与模拟值的误差较小。

由图 5.90 可知，工况 3-2 突发污染浓度过程的物理模型实测值与数值模拟值趋势一致，在断面 1 和断面 2 的物理模型实测浓度峰值略大于模拟值，这是由于在突发污染的初始阶段，一维模拟没有考虑其射流区和扩散区，直接进入离散区而导致的。断面 3 和断面 4 实测值与模拟值的浓度过程一致性较好，污染物特征参数的误差较小。

综上分析，分汊河道突发可溶污染物数值模拟值与物理模型实测值一致，数值模型合理，可用于预测突发水污染事件下分汊支流河段中的可溶污染物输移扩散特征参数的变化规律。

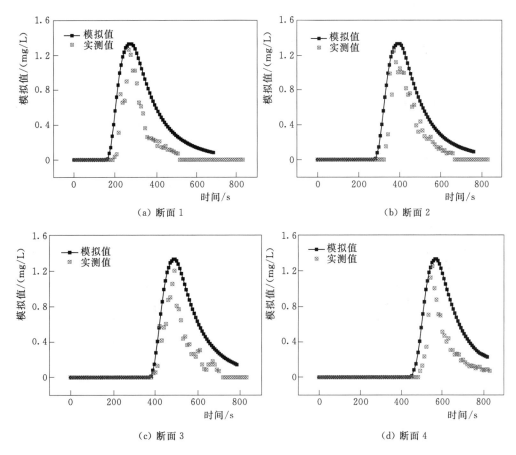

图 5.89 工况 3-1 分汊段物理模型实测值与数值模拟值对比

5.3.2.3 正常输水情况下应急调控决策参数快速量化

构建分汊河段，研究突发可溶污染情景下，不同类型分汊河段在不同分流比、不同突发污染位置下的污染物特征参数变化规律，模型构建及水动力工况设置见表 5.34，其中，主流段流速均为 $200 m^3/s$。

表 5.34　　　　　　　　　　　　　分汊河段水动力工况设置

工况	上游段河长 /km	下游段河长 /km	边坡	上游段底宽 /m	下游段底宽 /m	底高程 /m	堤顶高程 /m	上游流量 /(m³/s)	下游水位 /m	污染位置 /km
3-3	15	50	1:2	30.0	50.0	0.0	20	60.3	10.0	3.0
3-4	15	50	1:2	30.0	50.0	0.0	20	121.0	10.0	3.0
3-5	15	40	1:0	70.0	70.0	0.0	20	77.4	10.0	3.0
3-6	15	40	1:0	70.0	70.0	0.0	20	118.0	10.0	3.0
3-7	15	40	1:0	70.0	70.0	0.0	20	77.4	10.0	10.0

（1）分汊支流河段峰污染物值输移距离。污染物进入分汊支流后峰值输移距离的数

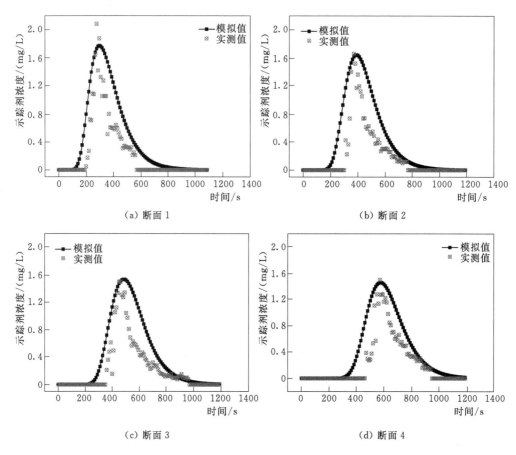

图 5.90　工况 3-2 分汊段物理模型实测值与数值模拟值对比

值模拟结果见图 5.91。并根据最小二乘法得到分汊支流河段峰值输移距离与其流速成正比，符合公式（5.27）：

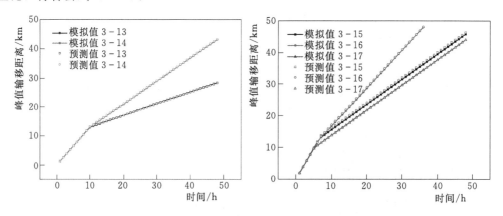

图 5.91　分汊河段污染物峰值输移距离模拟值与预测值对比

$$D_i = \sum_{n=1}^{i-1} D_n + v_i \left(t - \sum_{n=1}^{i-1} t_n \right) \tag{5.27}$$

式中：D_i 为第 i 段污染物峰值输移距离，m；n 为总河段数；v_i 为第 i 段河段平均流速，m/s；t_n 为污染物在第 n 河段输移扩散的时间，s。

（2）分汊支流河段污染物峰值浓度。通过数值模拟值，绘制分汊支流河段的峰值浓度与时间的变化关系图，分析可得分汊河段峰值浓度满足如下公式：

$$C_d(x,t) = \frac{M v_d}{Q_d \sqrt{4\pi D_{Ld}(t+a_d)}} \tag{5.28}$$

$$a_d = \left(\frac{v_d^2 D_{Lu}}{v_u^2 D_{Ld}} - 1 \right) t_u \tag{5.29}$$

式中：a_d 为分汊支流河段峰值浓度的时间修正值，s；t_u 为污染物峰值流出主流上游断面所用时间，s；v_d 为分汊支流河段流速，m/s；Q_d 为上游段总流量，m³/s；D_{Ld} 为分汊支流河段纵向离散系数，m²/s。

分汊支流河段污染物峰值浓度公式预测值与模拟值的对比见图 5.92，污染物峰值浓度的公式预测值在分汊口位置较模拟值略低，待污染范围完全进入分汊支流河段后，公式预测值与模拟值一致，能够满足预测精度要求。

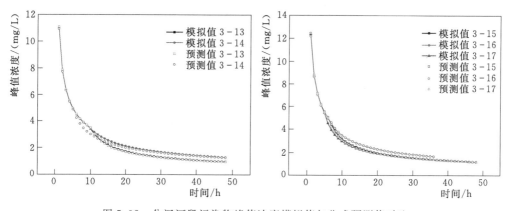

图 5.92　分汊河段污染物峰值浓度模拟值与公式预测值对比

（3）分汊支流河段污染物纵向长度。沿程断面尺寸变化和底坡变化等对污染物纵向长度影响较大，污染物纵向长度在分汊渠段中存在跨越两个渠段的情况，在过渡段，污染物纵向长度的前半段是按照分汊支流段渠池的离散系数进行输移扩散，而后半段按照主流上游段渠池的离散系数进行输移扩散，输移扩散规律及程度不同。由图 5.93 可知，在过渡段污染浓度不再服从正态分布，污染

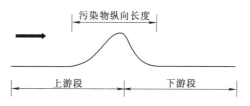

图 5.93　分汊河段污染物纵向长度示意

物纵向长度出现压缩或拉伸，待污染物完全进入下游段，污染物浓度将服从新的正态分布。

通过最小二乘法分析五组工况的数值模拟值可得，在暂不考虑分汊口水力过渡段对污染物纵向长度的影响，得到突发污染由上游主流进入分汊支流后的污染物纵向长度预测公式为

$$W_d = \delta \cdot 7.96 M_s^{0.0565} h_d \sqrt{2D_{Ld}(t+b_d)/A_d} \tag{5.30}$$

$$\delta = 0.22 \frac{Q_d'}{v_d} + 0.88 \tag{5.31}$$

$$b_d = \left(\frac{D_{Lu} - D_{Ld}}{D_{Ld}}\right) t_u \tag{5.32}$$

分汊支流河段中污染物纵向长度公式预测值与模拟值对比见图5.94。由图5.94可知，由于分流作用，支流下游河渠流量减小，纵向长度的压缩显著。对比工况3-3和工况3-4，流速比越小，纵向长度压缩量越小，分汊支流段模拟值与预测值越接近。在分汊口下游的水力过渡段内，公式预测误差较大，当污染物完全进入分汊支流后，污染物纵向长度的预测值与模拟值的差值逐渐较小，误差≤10%。

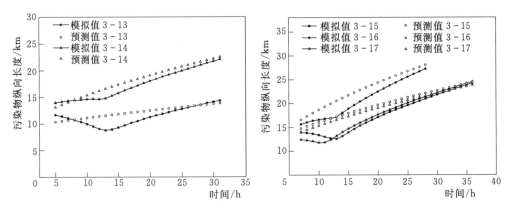

图 5.94 分汊河段污染物纵向长度预测值与模拟值对比

5.3.2.4 闸泵调控情况下应急调控决策参数快速量化

南水北调东线一期工程江苏段是泵站抽提型输水工程，突发水污染事件下闸泵的启停组合关系着输水总量的变化及污染范围的控制。基于中线闸泵调控下可溶污染物应急调控参数快速量化结果可知，在闸泵调控下，污染物范围将被控制在单一河渠内，不会存在污染物进入分汊的情况，而且，闸泵调控下单一河段内可溶污染物的输移扩散规律仅与该段水动力条件有关。因此，可将中线闸泵调控下决策参数的快速量化成果移植至东线开展应急调控快速决策的研究。

5.3.2.5 突发可溶水污染事件应急调控快速决策模型

突发水污染事件下，根据可溶污染物类型以及污染物对人体是否有害，东线一期工程江苏段应急调控可分为正常输水和闸泵调控两种情况：在正常输水情况下，根据应急调控决策参数快速量化公式，给出污染物峰值输移距离、纵向长度以及峰值浓度范围；在停泵闭闸调控时，考虑渠道实际情况，分别对事故段及非事故段进行调控；最终为应急处置提供信息支持，东线江苏段具体应急调控快速决策技术路线

如图 5.95 所示。

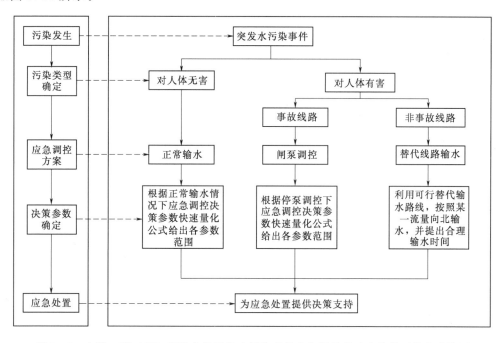

图 5.95 东线一期工程江苏段突发可溶水污染事件应急调控快速决策模型技术路线图

（1）江苏段应急调控原则。南水北调东线一期工程江苏段为复杂平原河网，底坡为逆坡、水流动力为泵站抽提。闸门在关停过程中，逆坡河道内水体在自重下逐渐趋稳，对输水干渠水力安全影响较小。因此，提出控制污染不过泵、且污染不进入分汊河道的应急调控原则，即在突发水污染事件下将突发污染控制在事故渠段，降低其影响范围。基于上述应急调控原则，对东线一期工程江苏段河网进行分段，识别沿线突发污染风险，结合洪泽湖和骆马湖的调蓄能力，提出应急调控预案，并形成预案库。

（2）江苏段河网分段及水动力条件。东线江苏段输水河段分为运河线和运西线，在两条输水线路的基础上，按照泵站和主要节制闸细分渠段，计算其水动力条件，为突发污染输移扩散规律预测及应急调控预案生成提供支持。具体分段情况和水动力条件见表 5.35。

（3）应急调控决策参数。基于污染物在正常输水和应急调控下输移扩散过程，用表征污染物输移扩散特征的峰值输移距离、纵向长度、峰值浓度来表示应急调控决策参数。

1）分汊支流峰值输移距离 D_d：

$$D_i = \sum_{n=1}^{i-1} D_n + v_i \left(t - \sum_{n=1}^{i-1} t_n \right) \tag{5.33}$$

2）污染物峰值浓度 C_d：

$$C_d(x,t) = \frac{M v_d}{Q_d \sqrt{4\pi D_{Ld}(t + a_d)}} \tag{5.34}$$

$$a_{d} = \left(\frac{v_{d}^{2} D_{Lu}}{v_{u}^{2} D_{Ld}} - 1 \right) t_{u} \qquad (5.35)$$

表 5.35　　　　　　　　　东线江苏段输水河渠信息及水动力条件

河段	河道名称	起止地点	河长/km	粗糙系数	泵站设计流量/(m³/s)	泵站前池水位/m	泵站扬程/m	输水水位/m	平均流速/(m/s)
运河线	里运河	江都泵站—南运西闸	67.8	0.0225	400	0.70	7.80	8.50~6.62	0.59
		南运西闸—北运西闸	28.6	0.0225	350	/	/	7.60~6.43	0.82
		北运西闸—淮安泵站	17.0	0.0225	250	/	/	6.43~6.00	0.80
		淮安泵站—淮阴二站	21.5	0.0225	80	5.11	4.12	9.13~9.00	0.69
	中运河	淮阴泵站—泗阳泵站	32.8	0.0225	230	8.82	4.68	11.50~10.50	0.59
		泗阳泵站—刘老涧泵站	32.4	0.025	230	10.25	6.30	16.50~16.00	0.36
		刘老涧泵站—皂河泵站	48.4	0.025	175	15.85	3.70	19.28~18.50	0.16
		皂河泵站—邳州泵站	46.2	0.0225	200~275	18.30	4.70	22.10~21.41	0.40
运西线	新通扬运河	江都站西闸下—宜陵	15.5	0.0225	550	/	/	1.97~1.94	0.80
	三阳河	宜陵—杜巷	66.5	0.0225	300~100	/	/	1.84~0.79	0.50
	潼河	杜巷—宝应泵站	15.5	0.0225	100	/	/	0.79~0.17	0.54
	金宝航道	宝应泵站—金湖泵站	36.9	0.0225	150	0.00	7.60	6.50~5.70	0.22
	三河	金湖泵站—洪泽泵站	30.0	0.0225	150	5.70	2.45	7.62~7.50	0.19
	徐洪河	顾勒河口—泗洪泵站	18.0	0.0225	120	/	/	11.90~11.60	0.36
		泗洪泵站—睢宁泵站	52.0	0.0225	120~110	7.10	6.00	14.50~13.50	0.22
		睢宁泵站—邳州泵站	50.0	0.0225	110~100	13.50	8.30	21.67~20.50	0.14
进出洪泽水道	苏北灌溉总渠	淮安泵站—淮阴一站	28.5	0.025	220	5.11	4.12	9.13~9.00	0.40
	二河	二河闸—淮阴二站	30.0	0.0225	150	7.52	4.80	12.10~11.70	0.34

3) 污染物纵向长度 W_{d}:

$$W_{d} = \delta \cdot 7.96 M_{s}^{0.0565} h_{d} \sqrt{2 D_{Ld}(t+b_{d})/A_{d}} \qquad (5.36)$$

$$\delta = 0.22 \frac{Q_{d}'}{v_{d}'} + 0.88 \qquad (5.37)$$

$$b_{d} = \left(\frac{D_{Lu} - D_{Ld}}{D_{Ld}} \right) t_{u} \qquad (5.38)$$

(4) 调控指标。为使决策者能够在应急调控原则下形成应急预案，需要提出指导实际操作的应急调控指标，主要包括闸门和泵站关停历时、闸泵最晚启停时间、闸泵关停河段、分段供水线路及可行的应急供水时长。

1) 泵站和闸门关停历时 t_{C}。为了保证关停时河渠边坡稳定而开展泵站异步调控，设置泵站机组关停的安全启闭时间应≥20min，具体值视输水工程及事故河段特征确定；综合考虑水力调控安全和控制污染扩散范围的目标上，采取同步闭闸的调控方式，

152

闸门的关闭历时应大于 2 倍水波传播时间。t_C 应满足：

$$\left.\begin{array}{l} t_{PC} \geqslant 20\text{min} \\ t_{GC} \geqslant 2t_{ww} \end{array}\right\} \tag{5.39}$$

式中：t_{PC}、t_{GC} 分别为泵站和闸门关停历时；t_{ww} 为河渠内的水波传播时间。

2）闸泵最晚启停时间 t_{CL}。闸泵最晚启停时间为控制污染范围或避免污染水体影响重要控制目标的输水安全下应在多长时间内开展闸泵调节的时间，本书中所提的闸泵最晚启停时间即为应急响应时间。

$$vt_{CL} + \frac{1}{2}W_{tR} \leqslant L_{pd} \tag{5.40}$$

式中：v 为正常输水时河渠流速，m/s；W_{tR} 为 t_{CL} 时刻下污染物纵向长度，m；L_{pd} 为突发污染位置距离重要控制断面或取水口的距离，m。

3）闸泵关停河段 N_C。根据突发污染位置及应急响应时间来确定闸泵关停河段以控制污染范围：

$$N_C = \begin{cases} N_{PS}, & t_{CL} > t_{GC} \\ N_{PS}+1, & t_{CL} < t_{GC} \end{cases} \tag{5.41}$$

式中：N_{PS} 为突发污染事故渠段；$N_{PS}+1$ 为突发污染事故下游河段。

4）分段供水线路。分段供水线路 N_s 为突发污染情况下，根据污染所处位置、闸泵调控方案、沿线有无调蓄工程和输水线路连通情况综合提出的应急响应下的可行输水线路。分段供水线路在一定应急时间内能保持继续输水，尽量减小突发污染事件对输水保证率、灌溉及其航运等的影响。

5）应急供水时长。应急供水时长 t_s 为污染段下游河渠水体存蓄量及沿线湖库调蓄库容下可行的应急输水时长，计算公式如下：

$$t_s = V_{as} / (Q_{out-p} - Q_{in-p}) \tag{5.42}$$

式中：t_s 为沿线湖库的应急供水时长，s；V_{as} 为调蓄库容，m³，当湖库下游泵站正常运行时前池平均水位大于调蓄湖库死水位，则取蓄湖库正常蓄水位与前池平均水位之间的库容，当下游连通泵站正常运行时前池平均水位小于调蓄湖库死水位，则取蓄湖库兴利库容；Q_{out-p}、Q_{in-p} 分别为连接调蓄湖库出流和入流的泵站流量，m³/s。

（5）其余调控参数设置。模型计算所需其余参数根据实际情况设置，如污染发生时间、突发污染类型、污染发生位置和污染量级等。

5.3.3　南水北调东线一期工程江苏段突发漂浮油类污染事件应急调控

根据风险源调查分析可知，南水北调东线一期工程江苏段水域开敞、平立交建筑物多、沿线加油站密集、同时承担航运功能，易突发漂浮油类污染。本节采用数值模拟和物理模型试验，研究漂浮油类污染物由上级河渠进入下级支流段后的运移扩展规律及进入分汊支流河段的分油量规律，综合考虑正常输水和闸泵调控两种应急调控情景，提出适用于东线输水河网的基于决策参数快速量化的应急调控模型，并结合东线双线输水和沿线存在调蓄湖库的特性，形成包括闸泵调控方案和分段供水方案的应急调控预案库。

5.3.3.1   漂浮油类污染物应急调控决策参数提出

为提出适用范围广的油膜特征参数预测公式，实现河渠突发溢油污染的油膜范围预测，针对静水开敞水域的油膜扩展、分汊口进油条件判断、分油比以及油膜在分汊支流河段内的运移扩展规律研究，提出东线一期工程江苏段突发溢油污染的应急调控决策参数，见图 5.96。

（1）油膜厚度。油膜厚度为静水中油膜从溢油点开始扩展至油膜大小稳定不变时的油膜最小厚度。不同油品油膜厚度不同，油膜厚度是衡量水面溢油范围的重要特征参数。油品不同，溢油所处水体不同，所受到的扩散力也不尽相同。

（2）分汊口分油宽度。分汊口分油宽度 B_{oil} 为油膜在分汊口上游断面至无分汊河岸的距离，是本研究提出的应急调控决策参数，见图 5.97。油膜运移扩展主要在水流表层进行，因此，提出以分油宽度作为分汊口油污是否进入分流河段的判断特征参数。可通过数值模拟和物理模型试验确定不同分汊型式的油膜分油宽度 B_{oil}，当油膜横向扩展范围位于远离汊口侧且小于等于分油宽度，则油污染不能进入分汊河段，对分汊后河段的水体没有影响。

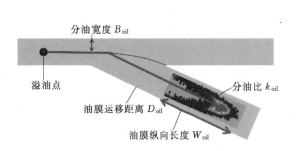

图 5.96   分汊河段漂浮油类污染油膜特征参数

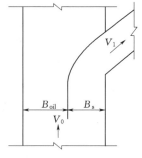

图 5.97   分汊口分油
宽度示意

（3）分汊河道分油比 k_{oil}。分汊河道分油比 k_{oil} 主要表示主流上游突发溢油污染事件下，油污染随水流进入分汊河段的油量与总溢油量之比。分油比的确定对污染预警、应急调控措施的制定和应急处置物资的配送具有重要的指导意义，是长距离河网型输水工程突发溢油污染控制的重要特征参数。分油比计算公式为

$$k_{oil} = \frac{V_d}{V} \tag{5.43}$$

式中：V_d 为进入分汊段的油量，m^3；V 为总溢油量，m^3。

（4）分汊支流河段油膜运移距离。分汊支流河段油膜运移距离为突发污染一段时间后从主流初始溢油点至分汊支流段油膜中心点的运移距离，通过量化油膜运移距离，能预测油膜在分汊支流河段中所处的河段位置。

（5）分汊支流河段油膜纵向长度。油膜纵向长度为运移过程中油膜由主流段进入支流段的顺河向长度，是反映油膜自身扩展及受水体表面张力影响而范围增大的特征参数，是突发溢油污染范围的重要决策参数。通过量化分汊支流河段油膜纵向长度，在突

发溢油污染事件下，可预测油膜范围及影响程度。

5.3.3.2 数值模型和物理模型试验

（1）数值模型。南水北调东线一期工程江苏段突发漂浮油类污染模拟采用的数值模型为 MIKE 21 SA，本节不再详述。

（2）物理模型试验。

1）油膜厚度。试验水温为 20℃，通过测定不同溢油量下油膜的大小，观察油膜扩展速率，研究不同油品下不同溢油量与油膜直径关系，得到不同油品扩展稳定后的油膜厚度。试验过程见图 5.98。试验完成后，用吸油毡吸附水面上的废油膜，减少水面油类污染。

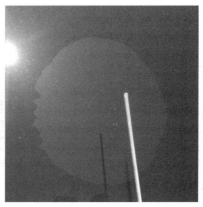

图 5.98　油膜厚度测定试验

2）分油宽度。试验水温为 20℃，在距分汊口上游 0.5m 处设置投放装置，将少量试验用油投放至试验装置内，保证油膜扩展稳定后横向宽度可控制在一定范围内，迅速提起投放装置，通过油膜进入分汊口比例测定不同水动力条件下分汊口分油宽度。

本书以试验水槽为矩形 45°分汊水槽为例进行验证。通过调节上游来流量改变水动力条件进行重复多次试验，观察并记录相应的分油宽度，根据实测流速，推求矩形 45°分汊口分油宽度的快速量化公式，物理模型试验见图 5.99。

3）分汊河段分油比。将耐高温纯羊毛吸油毡按试验水槽宽度裁剪成若干块并编号待用，分别称出每一块吸油毡的质量。水温为 20℃，距离分汊口上游 4m 处投放润滑油，在分汊口后采用耐高温纯羊毛吸油毡进行吸油，待分汊水槽中的溢油基本吸净后将吸油毡放置于烘箱烘干，反复测其质量，待吸油毡质量不再变化时认为吸油毡已烘干，称出各块烘干的质量，用吸油毡烘干质量减去吸油毡初始质量，即可计算出吸油毡吸油量，而后根据投放量计算出分油比。物理模型试验见图 5.100。

5.3.3.3 正常输水情况下应急调控决策参数量化

针对东线河网型输水工程的特性，研究突发溢油污染在静止且边壁不受限的水域中油膜的扩展规律及油膜在分汊口是否进入分汊支流河段且分油比的规律。

（1）油膜厚度。选择开阔水域开展静水中油膜扩展物理模型试验，试验用油为植物

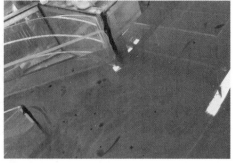

图 5.99　分汊河道分流宽度测定物理模型试验

图 5.100　分汊河道分油比测定物理模型试验

油、润滑油、废机油和柴油。开敞水域中不同油品油膜扩展形态不同，具体油膜扩展形态见图 5.101。油膜直径实测成果见表 5.36。

表 5.36　　　　　　　　　　　静水中不同油品油膜扩展实测值

油品种类	溢油量/mL	扩展时间/s	油膜直径/cm	油品种类	溢油量/mL	扩展时间/s	油膜直径/cm
植物油	0.0025	18.00	100.0	废机油	0.04	10.62	89.3
	0.06	28.00	150.0		0.06	14.00	130.0
	0.10	44.80	208.0		0.10	17.30	169.0
润滑油	0.04	6.46	27.0	柴油	0.04	1.45	11.3
	0.06	8.08	38.0		0.06	1.96	18.5
	0.50	18.72	118.5		0.50	7.21	31.5
	1.00	33.40	187.0		1.00	16.21	67.0
	/	/	/		2.00	23.61	114.3

由图 5.101 和表 5.36 可知，在 20℃静水中，相同油品溢油量增大，则油膜面积增大，油膜扩展时间增加；四类油品中，相同油量下植物油油膜面积最大，经一段时间扩展后油膜破碎不完整，油膜由小油滴组成，各小油滴之间分离不相连，油膜扩展形态见

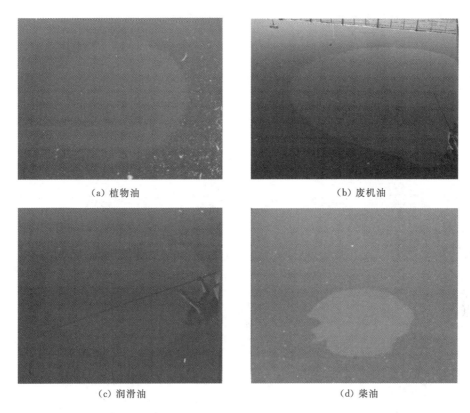

（a）植物油	（b）废机油
（c）润滑油	（d）柴油

图 5.101 静水中不同油品油膜扩展形态

图 5.101（a）；柴油、润滑油和废机油油膜为连续完整油膜，水油边界明显清晰，在阳光下呈现七彩颜色，如图 5.101（b）～图 5.101（d）所示；油膜面积与扩展时间成正比，油膜面积大小关系为柴油＜润滑油＜废机油＜植物油。

根据表 5.36 物理模型试验值计算不同油品稳定后的油膜厚度，计算公式为

$$h_{oil} = \frac{V_{oil}}{\pi \left(\dfrac{d_{oil}}{4} \right)^2} \tag{5.44}$$

式中：h_{oil} 为油膜厚度，m；V_{oil} 为试验溢油量，m^3；d_{oil} 为油膜直径，m。

由表 5.37 可知，原油及其炼制品的油膜厚度随油品密度增大而稳定后的油膜厚度增加；针对植物油，油膜形态与原油及其炼制品的形态差别较大，油膜由互不相连的小油滴组成，物理模型试验测定的油膜面积实际为油膜最外层小油滴围成的面积，油滴之

表 5.37　　　　　　　　　　　　物理模型试验测定油膜厚度

油品	密度/(g/cm³)	油膜厚度/mm	油品	密度/(g/cm³)	油膜厚度/mm
植物油	0.92	3.2×10^{-5}	废机油	0.80	4.4×10^{-5}
润滑油	0.82	4.7×10^{-5}	柴油	0.86	2.4×10^{-5}

间存在缝隙，由此算出的油膜厚度较实际油滴厚度值偏小。

（2）分油宽度。

1）数值模拟。针对梯形和矩形 45°、90°分汊口，设置不同渠段尺寸、水动力条件，模拟分汊口分油情况，根据最小二乘法推求分油宽度快速预测公式，模型局部网格图见图 5.102。在分汊口上游 50m 设置溢油点，溢油点由无分汊一侧开始逐渐向分汊口一侧靠近，根据模拟结果推求不同工况下分油比为零时的临界溢油位置，确定分油宽度，判断油膜是否进入分汊支流河段。数值模拟成果见表 5.38。

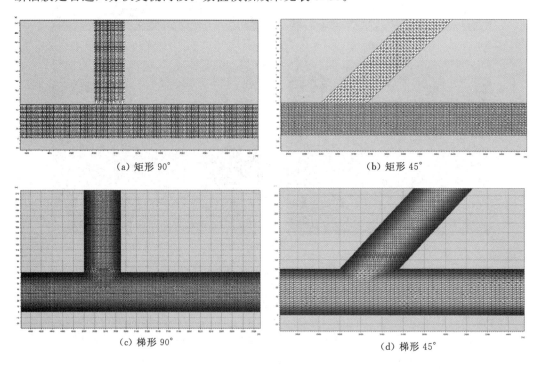

（a）矩形 90°　　　　　　　（b）矩形 45°

（c）梯形 90°　　　　　　　（d）梯形 45°

图 5.102　分汊口分油宽度数值模型局部网格划分

表 5.38　　　　　　　　　　　　分汊口分油宽度模拟值

工况	分汊河道型式	Q_u/m^3	Q_d/m^3	$v_u/(\text{m}^3/\text{s})$	$v_d/(\text{m}^3/\text{s})$	B/m	B_d/m	B_{oil}/m	B_s/m
3-8-1	矩形 90°	200	50.0	0.57	0.14	70	70	55.00	15.00
3-8-2	矩形 90°	200	77.4	0.57	0.22	70	70	45.00	25.00
3-8-3	矩形 90°	200	118.7	0.57	0.34	70	70	36.00	34.00
3-8-4	矩形 90°	200	181.5	0.57	0.52	70	70	20.00	50.00
3-9-1	矩形 45°	200	52.9	0.57	0.14	70	70	54.00	16.00
3-9-2	矩形 45°	200	95.9	0.57	0.27	70	70	45.00	25.00
3-9-3	矩形 45°	200	137.4	0.57	0.38	70	70	40.00	30.00
3-9-4	矩形 45°	200	176.0	0.57	0.50	70	70	34.00	36.00
3-10-1	梯形 90°	200	76.1	1.32	0.53	50	45	35.50	14.50

续表

工况	分汊河道型式	Q_u/m^3	Q_d/m^3	$v_u/(m^3/s)$	$v_d/(m^3/s)$	B/m	B_d/m	B_{oil}/m	B_s/m
3-10-2	梯形90°	200	91.0	1.32	0.64	50	45	33.50	16.50
3-10-3	梯形90°	200	99.2	1.32	0.70	50	45	32.75	17.25
3-10-4	梯形90°	200	105.7	1.32	0.75	50	45	32.00	18.00
3-11-1	梯形45°	200	76.1	1.32	0.53	50	45	37.50	12.50
3-11-2	梯形45°	200	82.8	1.32	0.58	50	45	41.00	9.00
3-11-3	梯形45°	200	91.0	1.32	0.64	50	45	39.00	11.00
3-11-4	梯形45°	200	99.2	1.32	0.70	50	45	37.25	12.75

　　根据数值模拟结果，绘制 4 种分汊口表层分流宽度与分汊宽度的比值随流速比变化的关系曲线，见图 5.103。

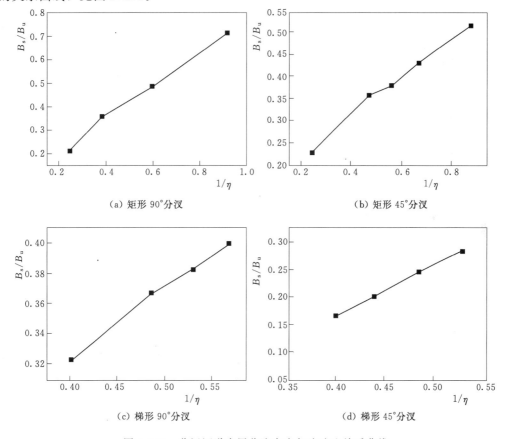

图 5.103　分汊河道表层分流宽度与流速比关系曲线

　　运用最小二乘法对图 5.103 中 4 种分汊河段的流速比和 B_s/B_d 的关系进行拟合，得出表 5.43 中的分汊河道分油宽度的预测公式。

　　根据分油宽度定义，B_s 与 B_{oil} 之和为上游主流河道宽度，由此，可以推求出油膜在远离分汊口侧且当油膜宽度小于等于 B_{oil} 时，溢油污染不会进入分汊河道。

表 5.39 分汊渠道 B_s 与 B_{oil} 的预测公式

断面及分汊型式	B_s/B_d	B_{oil}	公式编号
矩形 90°	$0.72/\eta+0.05$	$B-B_d(0.72/\eta+0.05)$	式 (5.45)
矩形 45°	$0.45/\eta+0.13$	$B-B_d(0.45/\eta+0.13)$	式 (5.46)
梯形 90°	$0.49/\eta+0.13$	$B-B_d(0.49/\eta+0.13)$	式 (5.47)
梯形 45°	$0.92/\eta-0.20$	$B-B_d(0.92/\eta-0.20)$	式 (5.48)

2）物理模型试验。为验证表 5.39 中分汊河道表层分流宽度的预测结果，开展分汊口分油宽度物理模型试验。改变水动力条件进行重复多次试验，根据实测流速，推求矩形 45°分汊口分油宽度的快速量化公式。矩形 45°分汊口分油宽度物理模型试验结果见表 5.40，预测结果与物理模型试验值得对比见表 5.41。

表 5.40 矩形 45°分汊分油宽度物理模型试验测定值

方案	渠段	流速/(cm/s)	水位计读数/cm	实测水深/cm	流量/(m³/s)	B_{oil}物理模型试验值/cm
3-12-1	主流上游	2.60	19.30	22.30	0.0058	
	主流下游	2.10	19.20	22.80	0.0048	88.2
	支流	0.32	20.30	21.70	0.0007	
3-12-2	主流上游	3.60	19.62	21.98	0.0079	
	主流下游	2.90	19.60	22.40	0.0065	85.1
	支流	0.90	20.60	21.40	0.0019	
3-12-3	主流上游	4.30	19.75	21.85	0.0094	
	主流下游	3.10	19.70	22.30	0.0069	83.4
	支流	1.70	20.70	21.30	0.0036	
3-12-4	主流上游	5.10	19.92	21.68	0.0111	
	主流下游	2.90	19.80	22.20	0.0064	80.1
	支流	2.50	21.30	20.70	0.0052	

表 5.41 矩形 45°分汊水槽分油宽度物理模型试验与数模计算值对比

工况	B_d	η	B_s	B_{oil}—物理模型试验值	B_{oil}—快速公式计算值	相对误差/%
3-12-1	40.0	8.1	7.4	88.2	92.6	8.9
3-12-2	40.0	3.8	10.0	85.1	90.0	5.9
3-12-3	40.0	2.2	13.3	83.4	86.7	4.5
3-12-4	40.0	1.6	16.45	82.1	83.55	1.8

由表 5.41 可知，在矩形 45°分汊水槽中，分油宽度的预测公式与试验值误差精度满足预测要求，快速预测公式合理，能够适用于多种水动力条件下分油宽度预测。

（3）分汊河道分油比。

1）理论推导及数值模拟。本节提出了分汊河道分油宽度的预测公式，可用来快速判断油污染是否进入分汊河段。分汊河段油膜随表层水流分流的过程见图5.104。

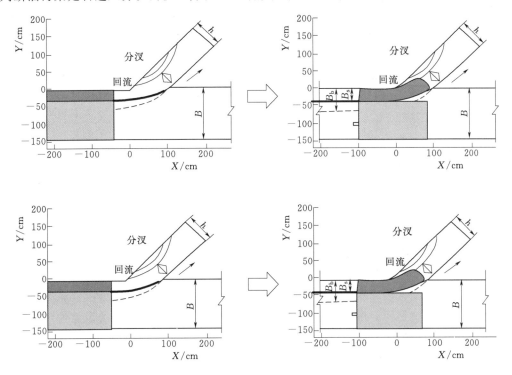

图 5.104　分汊河段油膜随表层水流分流过程

根据油膜漂浮于水体表层随水流漂移的特性，提出当突发污染位置距分汊口有一定距离，油膜到达分汊口时铺满整个横断面，此时，分油比 k_{oil} 与分汊口表层分流宽度 B_s 与主流油膜宽度 B_{u-oil} 成正比，公式如下：

$$k_{oil} = B_s / B_{u-oil} \qquad (5.45)$$

式中：B_{u-oil} 为主流上游油膜横向扩展宽度，m。

以工况 3-8-3、工况 3-9-3、工况 3-10-3、工况 3-11-2 的水动力条件为基础，计算距分汊口上游 2km 处突发溢油污染情境下分油比的模拟值，与式（5.49）的计算值进行对比，结果见表5.42。

表 5.42　　　　　　　　　　　分油量模拟值与公式预测值成果

工况	分汊型式	B_{oil} /m	B_s /m	B_{u-oil} /m	溢油量模拟值/m³		k_{oil}模拟值	k_{oil}预测值	相对误差 /%
					主流上游	分汊河道			
3-8-3	矩形 90°	36.00	34.00	70.0	700.0	364.2	0.52	0.49	6.64
3-9-3	矩形 45°	40.00	30.00	70.0	700.0	315.5	0.45	0.43	4.91
3-10-3	梯形 90°	32.75	17.25	50	449.6	146.8	0.33	0.35	-5.66
3-11-2	梯形 45°	41.00	9.00	50	449.2	75.1	0.17	0.18	-7.66

由表 5.42 可知，采用公式预测的分油比和数值模型结果一致，公式具有一定的普适性。

2）物理模型验证。通过调节流量测定稳定后水动力条件，共开展两组溢油物理模型试验，分汊河段分油比物理模型试验工况设置及试验结果见表 5.43。

表 5.43　　　　　　　　　　　分汊河道分油比测定物理模型试验结果

工况	溢油量 /g	河段	河宽 /cm	流速 /(m/s)	油毡原重 /g	吸油后油毡总重/g	所吸油重 /g	分油比 k_{oil} 试验值	分油比 k_{oil} 预测值
4－13	477.8	支流	70.0	0.032	282.9	434.5	151.6	0.317	0.363
		主流上游	100.0	0.037	716.8	1028.0	311.2	0.651	0.637
4－14	796.3	支流	70.0	0.034	261.7	516.9	255.2	0.320	0.359
		主流上游	100.0	0.04	562.0	1071.2	509.2	0.639	0.641

对比分油比的公式预测值和物理模型试验值可知，预测公式计算值要略大于物理模型试验值，二者误差小于等于 15%，能够满足预测精度要求，分汊口分油比预测公式合理可行。

（4）分汊支流河段油膜运移扩展特征预测。油膜由上级河渠进入分汊支流后，开展油膜的运移扩展特征研究可为应急调控及处置提供信息支持。油品种类设置为柴油，采用 45°分汊河段开展数值模拟，工况设置见表 5.44。

表 5.44　　　　　　　　　　分汊支流油膜运移扩展特征分析数模工况设置

工况	河长 /km	流量 /(m³/s)	边坡	粗糙系数	底高程 /m	水位 /m	溢油量 /m³	D_L /(m²/s)	D_T /(m²/s)	溢油距分汊口距离 /km	分汊支流水位/m
4－21	10	200	1:2	0.015	0.0	10.0	100	0.25	0.1	2.5	9.9
4－22	10	200	1:2	0.015	0.0	10.0	100	0.25	0.1	2.5	8.0

根据上表构建数值模型，模拟油膜由分汊口进入支流河段后的运移扩展特征参数。数值模拟结果见图 5.105。

由图 5.105 所示，待油膜由上级主流河段完全进入分汊支流后，油膜运移距离与分汊支流流速相关，约为流速的 1.15 倍；油膜纵向长度变化率为分汊支流中间流速的 0.5 倍。在溢油初期油膜完全进入分汊支流后，油膜运移距离与纵向长度变化规律与无分汊河段中的一致。

5.3.3.4　闸泵调控情况下应急调控决策参数快速量化

南水北调东线一期工程江苏段是泵站抽提型输水工程，突发水污染事件下闸泵的启停组合关系着输水总量的变化及污染范围的控制。基于中线闸泵调控下漂浮油类应急调控参数快速量化结果可知：在闸泵调控下，油膜将被控制在单一河渠内，不会存在进入分汊的情况。因此，可将中线闸泵调控下漂浮油类污染应急调控决策参数的快速量化成果移植至东线开展应急调控快速决策研究。

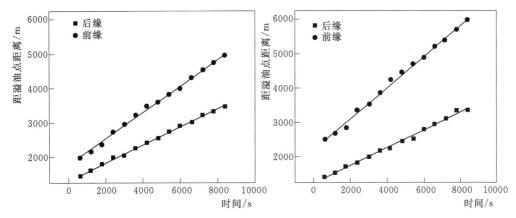

图 5.105　分汊支流油膜运移扩展特征

5.3.3.5　突发漂浮油类水污染事件应急调控快速决策模型

突发水污染事件下，漂浮油类污染物的应急调控快速决策模型的整体框架与可溶污染物一致，油类污染为对人体有害的污染类型而开展，结合沿线调蓄湖库寻找替代输水线路，分别对事故段及非事故段进行调控，最终为东线漂浮油类应急处置提供信息支持。

江苏段应急调控决策参数在 5.2.2 节的基础上，考虑正常输水情况下东线调蓄湖库及分汊型河道的油膜运移扩展规律特征参数，包括静水中的油膜厚度、分汊口分油宽度和分油比。

（1）油膜厚度 h_{oil}。通过物理模型试验实测，常见油品在静水边界不受限水域中的油膜厚度可由表 5.41 确定。

（2）分油宽度 B_{oil}。通过数值模拟和物理模型试验验证，分汊支流河渠中的分油宽度可由表 5.39 确定，以此判断在突发溢油污染情况下，油膜是否能够进入分汊支流河段。

（3）分油比 k_{oil}：

$$k_{oil} = \frac{B_s}{B_{u-oil}} \tag{5.46}$$

5.4　本章小节

开展了南水北调中线水源区库群水质水量多目标调控技术研究，建立丹江口水库坝前水动力和水质耦合模拟模型，分析不同污染规模下常规调度和应急调度对污染物输移扩散的影响，提出保障中线供水安全和缩短恢复中线供水时间的应急调度准则和应急调度预案库。

开展了南水北调中线输水工程突发水污染应急调控技术研究，主要包含以下几方面。

（1）针对突发可溶性水污染事件应急调控，基于正常输水和应急闸泵调控下可溶性污染物输移扩散过程，用表征污染物输移扩散特征的峰值输移距离、纵向长度、峰值浓度来表示应急调控决策参数，并根据数值分析成果，提出应急调控决策参数快速量化公式和应急调控快速决策模型；设定应急调控准则。

（2）针对突发漂浮油类水污染事件应急调控，基于正常输水和应急闸泵调控下漂浮油类污染物输运移规律和下潜规律，用油膜运移距离、油膜长度、油膜下潜条件来表示应急调控决策参数，并根据数值分析结果，提出应急调控决策参数的快速量化公式（条件）和应急调控快速决策模型；设定应急调控准则。

（3）针对南水北调中线工程天津支线突发水污染事件应急调控，基于不同工况下各计算断面以及调节池、保水堰、分流井等局部的水位和流量随时间变化的过程，提出西黑山进口闸最优关闭程序；根据天津支线实际情况和西黑山进口闸运行情况，形成中线总干渠水污染汇入天津支线应急调控快速决策模型；设定应急调控准则。

开展了南水北调东线输水工程突发水污染应急调控技术研究，主要包含以下几方面。

（1）采用一维水动力水质数值模型及物理模型试验，结合中线干渠与东线无分汊河段的相似特性，针对无分汊河段，可采用中线成果移植东线并验证其可行性；针对分汊河段，构建数值模型研究正常输水情况下分汊支流河段内的可溶污染物输移扩散过程，提出分汊支流河段的应急调控决策参数，提出决策参数快速量化公式；提出基于决策参数快速量化公式的应急调控快速决策模型。

（2）构建漂浮油类运移扩展模型，研究油膜在分汊支流河段中的应急调控决策参数：油膜厚度、油膜输移距离、油膜纵向长度、分油宽度和分油比，结合物理模型试验，对应急调控决策参数进行统计分析得到决策参数快速量化公式，提出基于决策参数快速量化公式的应急调控快速决策模型。

第6章
突发水污染事件应急处置技术

突发水污染的应急处置技术有别于常规的城市污水或者工业污水处理技术，它有着可快速组装投放、处理高效、符合水工水力特点等特殊要求。同时污染物随事态演化，在不同阶段需要采用不同的处置技术，并且需要将原位处置和异位处置相结合。

本章研发的水污染事件预警及应急处置技术，可以为高效应对突发水污染提供技术支撑，对保障南水北调输水水质安全具有重要的现实意义。

6.1 南水北调工程不同类型突发水污染应急处置技术

南水北调工程的突发污染具有很强的不确定性和严重的社会经济危害，主要表现为现场情况复杂（包括中线干渠、东线河网和湖库等），沿线潜在污染类型众多、污染方式多样和不同输水段突发污染事件概率的差异大等，这就加大了应急处置的难度。但目前应急处置中普遍使用的颗粒状应急材料（如活性炭）在施用时需要大型的处理装备（如固定吸附坝）和缓慢的水流速度，存在着流阻大、不便施用和较难回收等现实问题，这使得其在大流量的南水北调工程中现场适用性不高，处置效果较差。因此，研发一种水流通量大、处理效率高、能适应不同应急现场条件的系统化处置技术显得尤为重要。

6.1.1 突发水污染应急处置材料的性能表征与新材料研发

为保障南水北调输水工程应急处置预案的顺利实施，以处置难度最大、风险程度最高的水溶性重金属和芳环类有机物为目标污染物，在通过文献检索、实地调研和实验室测试等方法对多种现有的应急处置材料进行性能表征的基础上；针对现有应急处置材料的局限性，以去除效率高、原料易获得、改性制备速度快、使用方便易回收等为目标，重点研发了10种污染物吸附功能材料，为应急处置预案的制定和工程实施，提供应急物资保障。

6.1.1.1 突发水污染应急处置材料的性能表征

目前可以在我国水处理材料市场上大量采购的吸附材料是突发水污染应急处置技术实施的重要物质基础，对这些材料的性能进行调研与抽样测定，是保障应急处置预案的顺利实施和确定新材料研发方向的必要过程。在相关文献资料检索和市场调查基础上，对文献中及市售的应急处置材料进行了性能表征，结果见表6.1。

表 6.1　　　　　　　　　　　　应急处置材料的性能表征结果

筛选的处置材料		污染物	pH 值	温度 /K	平衡时间 /min	吸附容量 /(mg/g)	沿线厂家地址	备注（来源）
颗粒状	001×7 离子交换树脂	铜（Ⅱ）	6～8	293～303	30	85.46	河北省沧州市	实验室自测
	花生壳	铜（Ⅱ）	4.5	293	120	21.25	—	梁鹏，2012
	疏水性多糖	铜（Ⅱ）	4.38	288	30	384.61	—	何荣，2007
	粉煤灰	铜（Ⅱ）	6	298	30	1.25	—	齐广才，1997
	硅藻土	铜（Ⅱ）	6	293	50	8.5	—	周正国，2009
	煤质柱状活性炭	砷（Ⅲ）	2～5	293	300	4.99	河南省巩义市	张萃，2009
	四氧化三铁	砷（Ⅲ）	6～8	293	240	46.06	—	Feng L，2012
	钛改性蒙脱土	砷（Ⅲ）	8～11	293	1440	3.94	—	贾秀敏，2008
	镁铝阴离子黏土	砷（Ⅴ）	6～8	293	30	12.34	—	彭书传，2005
	含氮纤维素	铬（Ⅵ）	2.5	298	30	34.22	—	曾清如，1996
	分子筛	汞（Ⅱ）	3～6	283～303	15～40	76.5	河南省巩义市	江伟武，2000
	阳离子壳聚糖	汞（Ⅱ）	5	318.5	20	262.5	—	邵坚，2007
	D113 离子交换树脂	锰（Ⅱ）	6～8	293	30	203.00	河北省沧州市	实验室自测
	甘肃深红凹凸棒石	锰（Ⅱ）	6	298	60	11.64	—	秦好静，2011
	椰壳活性炭	苯酚	6～8	293	60	73.58	河南省巩义市	实验室自测
纤维状	强酸性阳离子交换纤维	铜（Ⅱ）	6～8	293	30	89.44	北京市	实验室自测
	小麦秸秆	铜（Ⅱ）	5	303	240	24.6	—	张继义，2011
	玉米秸秆	铬（Ⅵ）	1	298	180	14.46	—	李荣华，2009
	小麦秸秆	铬（Ⅵ）	1	303	360	13.98	—	张继义，2010
	巯基改性玉米秸秆	汞（Ⅱ）	6	285	240	80.04	—	李荣华，2012
	聚丙烯腈纤维	铜（Ⅱ）	6～8	293	60	5.00	山东省泰安市	实验室自测
	活性炭纤维毡	苯胺	6～8	293	60	150.00	天津市	实验室自测
	PP-2 吸油毡	重柴油	6～8	293	油渗透时间小于 50s～1min	吸油量为自重的 10～20 倍	山东省青岛市	厂家提供

6.1.1.2　突发水污染应急处置新型材料的研发

根据前期文献调研和实验室检测结果，针对目前现有应急处置材料的局限性，以污染物去除效率高、原料易于获得、改性制备速度快、施用方便易回收等为目标，研发了现场适用性较强的 10 种污染物吸附功能材料，结果见表 6.2。

表 6.2   新型应急处置材料的研发

研发处置材料		污染物	吸附容量/(mg/g)	图片
颗粒状	氨基化交联壳聚糖	铬（Ⅵ）	148.00	
	氨基化木屑	铬（Ⅵ）	238.00	
		砷（Ⅴ）	70.00	
	微波改性椰壳活性炭	苯酚	83.15	
	木屑-β-环糊精材料	苯胺	84.03	
	$MnO_2/\gamma-Al_2O_3$	草甘膦	86.00	
纤维状	羧基改性黄麻	苯胺	149.00	
	铁氧化物负载黄麻	砷（Ⅲ）	12.66	
	均苯四甲酸酐改性黄麻	铅（Ⅱ）	150.16	
		镉（Ⅱ）	80.02	
	氨基改性黄麻	铜（Ⅱ）	80.00	
	氨羧改性腈纶	铜（Ⅱ）	106.03	
		汞（Ⅱ）	251.08	

（1）用于去除水中六价铬离子的氨基交联壳聚糖吸附材料。

1）氨基交联壳聚糖的制备。将原壳聚糖溶解在 2％的乙酸溶液中，在温度 30～50℃条件下均匀混合。将混合液置于微波反应器中反应 20min，微波辐照后，加入一定浓度的戊二醛溶液使壳聚糖交联成块状，制得氨基交联改性壳聚糖。

2）氨基交联壳聚糖的结构表征。对原壳聚糖和氨基交联壳聚糖进行红外表征，材料红外谱图如图 6.1 所示。

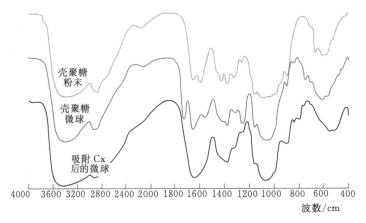

图 6.1　原壳聚糖和氨基交联壳聚糖的红外谱图

由图 6.1 可知，对于原壳聚糖和改性壳聚糖，3463cm^{-1} 处强而宽的吸附峰是由于—OH 和—NH 的伸缩振动；改性前后 1650～1590cm^{-1} 处 N—H 键的弯曲振动吸收峰有比较明显的变化；1655cm^{-1} 处的吸收峰强度明显增加。改性后在 1731cm^{-1} 处出现了新的吸收峰，为羰基 C＝O 的伸缩振动吸收峰，证明了交联剂戊二醛的存在。

3）氨基交联壳聚糖去除水中六价铬离子的性能研究。

a. 氨基交联壳聚糖去除水中六价铬离子的吸附容量测试。氨基交联壳聚糖对水中六价铬的吸附等温线如图 6.2 所示。随着六价铬初始浓度的升高，氨基交联壳聚糖对水中六价铬离子的吸附量逐渐加大，当六价铬的初始浓度为 400mg/L 时，吸附容量达到 150mg/g。

b. 氨基交联壳聚糖去除水中六价铬离子的吸附速率测试。氨基交联壳聚糖在不同初始浓度条件下对水中六价铬离子吸附速率曲线如图 6.3 所示。由图 6.4 可知，随着吸附时间的延长，氨基交联壳聚糖对水中六价铬砷离子的吸附容量逐渐加大，大约 2h 后达到吸附平衡。吸附平衡的到达时间和初始浓度没有明显的关联，在初始浓度分别为 50mg/L，100mg/L，200mg/L 时，吸附反应均在 2h 左右达到平衡。

（2）去除水中六价铬和五价砷离子的氨基化木屑吸附材料。

1）氨基改性木屑的制备。原木屑经过氢氧化钠溶液预处理后，提高了木屑表面纤维素的反应可及度。环氧氯丙烷化学性质活泼，可与木屑表面的羟基发生醚化反应引入离去基团氯原子，二乙烯三胺作为亲核试剂可取代醚化木屑表面的氯原子，从而将氨基接枝到木屑表面，制得氨基改性木屑。

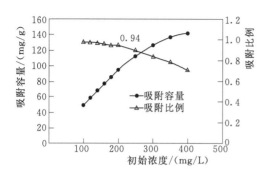

图 6.2 吸附等温线

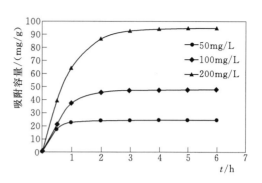

图 6.3 吸附速率曲线

2）氨基改性木屑的结构表征。对原木屑和氨基改性木屑进行红外表征，材料的红外谱图如图 6.4 所示。

由图 6.4 可知，对于原木屑，$3399cm^{-1}$ 处是一个强而宽的伸缩振动吸收峰，这是醇羟基—OH 和—NH 的伸缩振动；在 $2901cm^{-1}$ 处出现 C—H 伸缩振动吸收峰；在 $1034cm^{-1}$ 出现了 C—O 的吸收峰。氨基改性木屑红外分析光谱发生了明显的变化，在 $2828cm^{-1}$ 处出现了新的吸收峰，为脂肪酸 C—H 的伸缩振动；$1459cm^{-1}$ 的新峰是季胺基的伸缩振动吸收峰，表明季胺基成功地接枝到了木屑的表面。

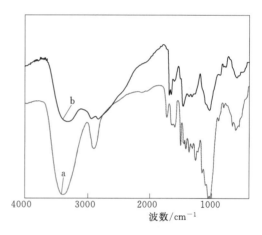

图 6.4 原木屑 a 和氨基 b 改性
木屑的红外谱图

3）氨基改性木屑去除水中六价铬和五价砷离子的性能研究。

a. 氨基改性木屑对水中六价铬和五价砷离子的吸附量测试。氨基改性木屑在不同温度下对水中六价铬和五价砷离子的吸附等温线如图 6.5 所示。随着温度的升高，氨基改性木屑对水中六价铬和五价砷离子的吸附量逐渐加大，在 pH 值为 7、温度为 323K 的反应条件下，达到最大，对六价铬和五价砷的吸附容量可分别达到 220mg/g 和 70mg/g。

b. 氨基改性木屑对水中六价铬和五价砷离子的吸附速率测试。氨基改性木屑在不同温度下对水中六价铬和五价砷离子吸附速率曲线如图 6.6 所示。随着温度的升高，氨基改性木屑对水中六价铬和五价砷离子的吸附速率逐渐加大，在 pH 值为 7、温度为 323K 的反应条件下，对六价铬和五价砷离子的吸附速率达到最大，吸附平衡在 60min 内达到。

（3）用于去除水中苯酚的微波改性椰壳活性炭。

1）微波改性活性炭的制备。微波加热改性不仅可以改变活性炭的孔隙结构及其表面化学性质，使活性炭表面的酸性含氧官能团减少，生产更多的微孔和中孔结构，而且

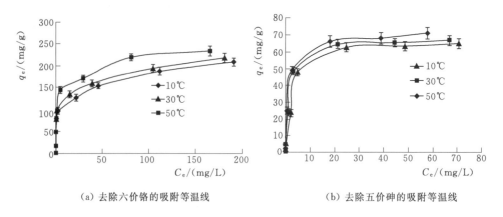

（a）去除六价铬的吸附等温线　　　　　　　（b）去除五价砷的吸附等温线

图 6.5　氨基改性木屑去除水中六价铬和五价砷的吸附等温线

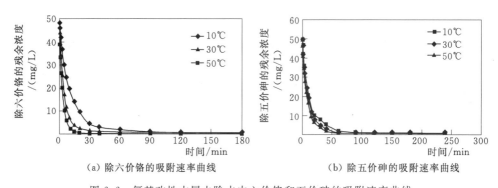

（a）除六价铬的吸附速率曲线　　　　　　　（b）除五价砷的吸附速率曲线

图 6.6　氨基改性木屑去除水中六价铬和五价砷的吸附速率曲线

具有加热速度快、时间短、效率高、穿透能力等优点，是一种应急处理时可行的活性炭改性方法。

2）微波改性活性炭的结构表征。采用扫描电镜观察了微波改性前后活性炭的微观表面形貌，结果如图 6.7、图 6.8 所示。

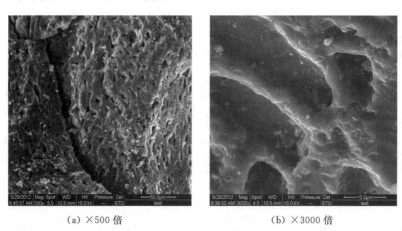

（a）×500 倍　　　　　　　　　　（b）×3000 倍

图 6.7　原活性炭扫描电镜图

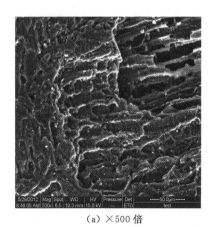
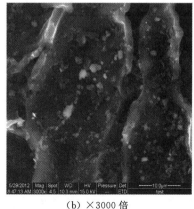

（a）×500 倍　　　　　　　　　（b）×3000 倍

图 6.8　微波改性炭扫描电镜图

由图 6.7、图 6.8 可知，原活性炭的表面和孔隙内壁比较光滑，表面和孔道内杂质较多，孔结构较小，经过微波改性后的活性炭表面和孔结构变得粗糙、杂质大部分被清除，孔隙变多，且都形成了向内延伸的狭缝，这些都有利于苯酚进入活性炭的中孔和微孔，提高了活性炭的吸附能力，增加了其吸附容量。

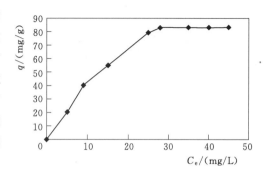

图 6.9　微波改性椰壳活性炭去除
苯酚的吸附等温线

3）微波改性活性炭去除水中苯酚的性能研究。微波改性活性炭对水中苯酚的吸附等温线如图 6.9 所示。

针对水中苯酚的去除，研发了微波改性椰壳活性炭，该材料在 pH 值为 7、温度为 298K 的反应条件下，其吸附容量可达到 83.15mg/g。

（4）用于去除水中苯胺的 β-环糊精改性木屑吸附材料。

1）β-环糊精改性木屑的制备。原木屑经过氢氧化钠溶液预处理后，提高了木屑表面纤维素的反应可及度。选用柠檬酸为交联剂，利用其上的羧基和原木屑表面的羟基发生缩合酯化反应，用磷酸二氢钠为催化剂，将同样含有羟基的 β-环糊精与木屑表面已接枝的柠檬酸发生反应，从而将 β-环糊精接枝到木屑表面，制得 β-环糊精改性木屑。

2）β-环糊精改性木屑的结构表征。对原始木屑（SD）、β-环糊精（β-CD）以及 β-环糊精改性木屑（SD-β-CD）进行红外表征，材料的红外谱图如图 6.10 所示。

由图 6.10 可知，通过比较原始木屑，环糊精和 β-环糊精改性木屑的红外谱图在 1145cm^{-1} 处出现了 C—O—C 伸缩振动引起的特征吸收峰；相比于环糊精和原始木屑的光谱图，β-环糊精改性木屑在 1735cm^{-1} 处出现了 C=O 的拉伸振动峰，这是由于 SD-β-CD 中出现了较强的酯羧基吸收峰，表明了 β-环糊精改性木屑中有酯基的存在，进一步证实了通过以酯化反应已成功将环糊精接枝到木屑上。

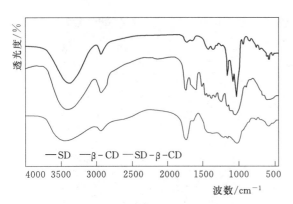

图 6.10 SD、β-CD 和 SD-β-CD 的红外谱图

3) β-环糊精改性木屑的去除水中苯胺的性能研究。

β-环糊精改性木屑对水中苯胺的吸附量测试。β-环糊精改性木屑对水中苯胺的吸附等温线及吸附速率曲线如图 6.11 和图 6.12 所示。由图 6.11 可知，随着温度的降低，β-环糊精改性木屑对水中苯胺的吸附量逐渐加大，在 pH 值为 7、温度为 288.15K 的反应条件下，达到最大，对苯胺的吸附容量可达到 64.1mg/g。

由图 6.12 可知，针对不同浓度的苯胺溶液，β-环糊精改性木屑在 pH 值为 7、温度为 298K 的反应条件下，对苯胺的吸附平衡在 60min 内达到。

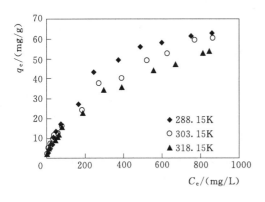

图 6.11 吸附等温线

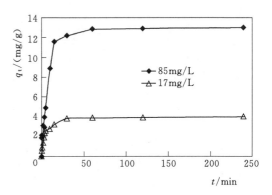

图 6.12 吸附速率曲线

（5）用于去除水中草甘膦的 $MnO_2/\gamma-Al_2O_3$ 吸附材料。

1) $MnO_2/\gamma-Al_2O_3$ 的结构表征。采用扫描电镜观察了 $MnO_2/\gamma-Al_2O_3$ 改性材料的微观表面形貌，结果如图 6.13 所示。

由图 6.13 可知，MnO_2/Al_2O_3 的粒径多集中在 100nm 之内，分散比较均匀，表面比较疏松，孔隙较多，因而有更大的比表面积，能够为吸附提供较大的比表面积和吸附位点，有利于对草甘膦的吸附。

2) $MnO_2/\gamma-Al_2O_3$ 改性材料去除水中草甘膦的性能研究。

a. $MnO_2/\gamma-Al_2O_3$ 对水中草甘膦的吸附速率曲线。不同 MnO_2 含量的 $MnO_2/\gamma-Al_2O_3$ 对水中草甘膦的吸附速率曲线如图 6.14 所示。不同 MnO_2 含量的 $MnO_2/\gamma-Al_2O_3$ 在 pH 值为 7、温度为 293K 的反应条件下，在 4～6h 左右达到吸附平衡，其平衡吸附量在 81～86mg/g 之间。

b. $MnO_2/\gamma-Al_2O_3$ 的投加量对水中草甘膦的吸附效果的影响。$MnO_2/\gamma-Al_2O_3$ 的投加量对水中草甘膦的吸附效果的影响如图 6.15 所示。当草甘膦溶液 1000mg/L，体

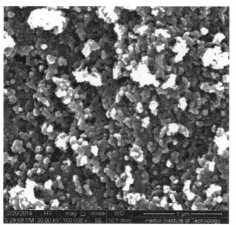
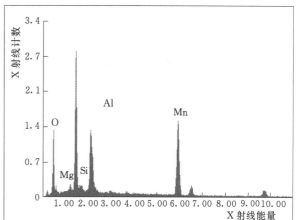

图 6.13 $MnO_2/\gamma - Al_2O_3$ 改性材料的扫描电镜图谱与 EDS 能谱图

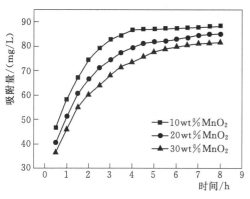
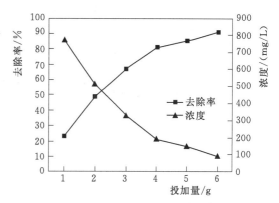

图 6.14 $MnO_2/\gamma - Al_2O_3$ 改性材料
去除草甘膦的吸附速率曲线

图 6.15 $MnO_2/\gamma - Al_2O_3$ 的投加量对水中
草甘膦的吸附效果的影响

积为 200mL，MnO_2 的含量为 10%，溶液温度 25℃，MnO_2/Al_2O_3 的用量为 6g 时，溶液中草甘膦去除率为 91%，草甘膦终点浓度低于 100mg/L，吸附效果明显。

（6）用于去除水中苯胺的羧基改性黄麻吸附材料。

1）羧基改性黄麻的制备。原麻经过氢氧化钠溶液预处理后，提高了黄麻表面纤维素的反应可及度。酸酐化学性质活泼，可与黄麻表面的羟基发生酯化反应引入羧基，从而制得羧基改性黄麻。

2）羧基改性黄麻的结构表征。对黄麻和羧基改性黄麻进行红外表征，材料的红外谱图如图 6.16 所示。

对比黄麻纤维（a）、NaOH 预处理黄麻纤维（b）和 PMDA 改性黄麻纤维（c）的红外光谱图发现，黄麻在 1733cm^{-1} 处有 C=O 键对称伸缩振动峰，但经过 NaOH 预处理之后，C=O 键的对称伸缩振动峰消失，表明黄麻纤维中的 C=O 键在预处理过程中被破坏。而在改性黄麻纤维的谱图中，1733cm^{-1} 处出现了 C=O 键的伸缩振动峰，且较黄麻有明显增强，表明羧基被成功接枝。

173

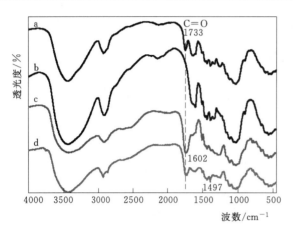

图 6.16 材料的红外谱图（一）

a—黄麻；b—NaOH 预处理黄麻；c—羧基改性黄麻；
d—吸附苯胺后的羧基改性黄麻

3）羧基改性黄麻去除水中苯胺的性能研究。

改性黄麻对水中苯胺的吸附量测试。羧基改性黄麻在不同温度下对水中苯胺的吸附等温线及吸附速率曲线如图 6.17 和图 6.18 所示。随着温度的升高，羧基改性黄麻对水中苯胺的吸附量逐渐加大，在 pH 值为 7、温度为 45℃ 的反应条件下，其吸附容量可达到 149mg/g。随着反应时间的延长，羧基改性黄麻对水中苯胺的吸附量逐渐加大，反应 30min 后羧基改性黄麻对苯胺的吸附量可达到饱和容量的 80%～90%。

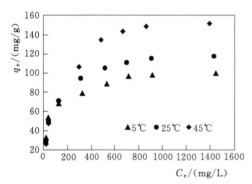

图 6.17 吸附等温线

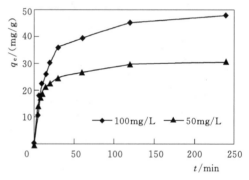

图 6.18 吸附速率曲线

（7）用于去除水中三价砷离子的铁氧化物负载黄麻吸附材料。

1）铁氧化物负载黄麻吸附材料的制备。原木屑经过氢氧化钠溶液预处理后，提高了木屑表面纤维素的反应可及度。采用水热法，在吡啶回流的条件下，原处理后的黄麻纤维与丁二酸酐反应接枝羧基，与铁离子络合反应后，加入碱溶液陈化反应生成铁氧化物，制得铁改性黄麻纤维。

2）铁氧化物负载黄麻吸附材料的结构表征。对原黄麻纤维和铁氧化物负载黄麻进行红外表征，材料的红外谱图如图 6.19 所示。对于原木屑，

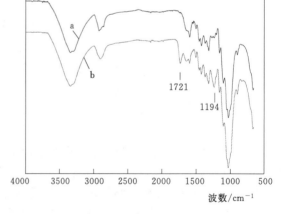

图 6.19 材料的红外谱图（二）

a—原黄麻纤维；b—铁氧化物负载黄麻纤维

$3400cm^{-1}$处是一个强而宽的伸缩振动吸收峰，这是纤维素羟基的伸缩振动；在$2901cm^{-1}$处出现C—H伸缩振动吸收峰；在$1034cm^{-1}$处出现了纤维素骨架的特殊吸收峰。接枝羧基后红外分析谱图发生了明显的变化，在$1721cm^{-1}$和$1194cm^{-1}$处出现了新的吸收峰，为羧基的特殊吸收峰，表明羧基成功地接枝到了黄麻纤维的表面。

3）铁氧化物负载黄麻纤维去除水中三价砷的性能研究。不同铁负载量的铁改性黄麻纤维对水中三价砷的吸附等温线及吸附速率曲线如图6.20和图6.21所示。随着铁负载量的升高，铁氧化物负载黄麻纤维去除水中三价砷的吸附量逐渐加大，当铁负载量达到208mg/g时吸附容量达到最大，对三价砷的吸附容量可分别达到13.6mg/g。当三价砷的初始浓度为10mg/L，初始pH值为7.1、室温条件下，对三价砷的吸附平衡在300min内达到。吸附动力学过程符合拟二级动力学方程，表明吸附反应过程以化学吸附为主。

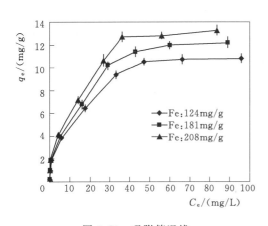

图6.20　吸附等温线　　　　　　　　　　图6.21　吸附速率曲线

（8）用于去除水中铅和镉离子的均苯四甲酸酐改性黄麻吸附材料。

1）均苯四甲酸酐改性黄麻的制备。黄麻经过微波辅助氢氧化钠溶液快速预处理后，提高了黄麻表面纤维素的反应可及度。进一步，在微波辐照的作用下，黄麻纤维素表面的羟基可与均苯四甲酸酸酐发生酯化反应引入羧基基团，从而将羧基接枝到黄麻表面。

2）均苯四甲酸酐改性黄麻的结构表征。对原黄麻、预处理黄麻和均苯四甲酸酐改性黄麻进行红外表征，材料的红外谱图如图6.22所示。与预处理后的黄麻相比，均苯四甲酸酐改性黄麻在$1726cm^{-1}$处出现了新的吸收峰，这是羧基上的—C=O双键伸缩振动峰，而$1338cm^{-1}$处的醇羟基消

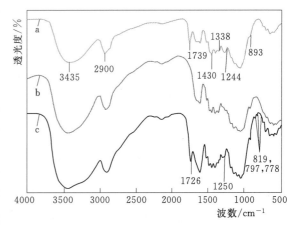

图6.22　材料的红外谱图（三）
a—原黄麻；b—预处理黄麻；c—均苯四甲酸酐改性黄麻

失，说明该基团参与反应。同时，波数为 $819cm^{-1}$、$797cm^{-1}$ 和 $778cm^{-1}$ 处是苯环上的 C—H 键的震动峰；波数为 $1256cm^{-1}$ 处的是酯基中 C—O 单键伸缩震动峰，说明微波改性后黄麻中增加了含有苯环的酸酐。但同时发现，黄麻的红外谱图中在 $1739cm^{-1}$ 处也有较弱的羧基—C=O 双键伸缩振动峰，这是因为黄麻中的果胶等成分含有羧基；但是这些非纤维素成分会阻碍纤维素分子参与反应，因此需要预处理去除它们。综上，红外谱图的结果表明，在微波条件下黄麻表面的羟基与均苯四甲酸酐发生了酯化反应，从而在黄麻纤维表面引入了羧基官能团。

3）均苯四甲酸酐改性黄麻材料去除水中铅和镉离子的性能研究。均苯四甲酸酐改性黄麻对水中铅和镉离子的吸附等温线和吸附速率曲线如图 6.23 和图 6.24 所示。均苯四甲酸酐改性黄麻在 pH 值为 7、温度为 298K 的反应条件下，对水中铅和镉离子的吸

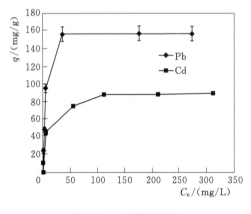

图 6.23　吸附等温线

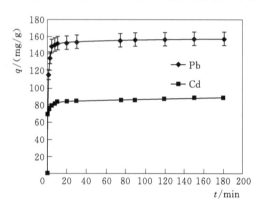

图 6.24　吸附速率曲线

附容量可分别达到 160mg/g 和 90mg/g。均苯四甲酸酐改性黄麻对水中铅和镉离子的吸附速率曲线如所示。均苯四甲酸酐改性黄麻在 pH 值为 7、温度为 298K 的反应条件下，对二者的吸附平衡在 20min 内达到。

（9）用于去除水中铜离子的氨基改性黄麻吸附材料。

1）氨基改性黄麻的制备。原黄麻经过氢氧化钠溶液预处理后，提高了黄麻表面纤维素的反应可及度。环氧氯丙烷化学性质活泼，可与黄麻表面的羟基发生醚化反应引入离去基团氯原子，三乙烯四胺作为亲核试剂可取代醚化黄麻表面的氯原子，从而将氨基接枝到黄麻表面，制得氨基改性黄麻。

2）氨基改性黄麻的结构表征。对原黄麻和氨基改性黄麻进行红外表征，材料的红外谱图如图 6.25 所示。改性前黄麻和改性后黄麻的红外分析光谱发生了显著变化。改性后黄麻在

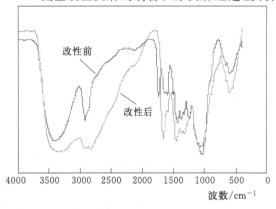

图 6.25　原黄麻和氨基改性黄麻的红外谱图

$3200\sim3700cm^{-1}$ 因—NH键的伸缩振动而明显变宽，$1600cm^{-1}$ 附近为—NH_2 弯曲振动峰，$1568cm^{-1}$ 处为—NH弯曲振动吸收峰，$1260cm^{-1}$ 处为—CN伸缩振动峰。红外谱图分析表明，黄麻表面经反应后接枝上了氨基。

3）氨基改性黄麻去除水中铜离子的性能研究。氨基改性黄麻对水中铜离子的吸附等温线和吸附速率曲线分别如图 6.26 和图 6.27 所示。氨基改性黄麻在 pH 值为 7，温度为 298K 的反应条件下，对水中铜离子的吸附容量可达到 112.98mg/g。氨基改性黄麻在 pH 值为 7、温度为 298K 的反应条件下，对铜离子的吸附平衡在 20min 内达到。氨基改性黄麻对铜离子的吸附容量为 97.512mg/g，远高于改性前黄麻平衡吸附量7.694mg/g，说明改性效果比较明显。

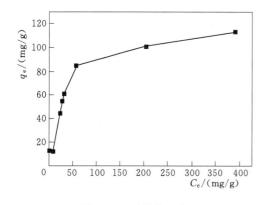

| 图 6.26 吸附等温线 | 图 6.27 改性前后的吸附速率曲线 |

（10）用于去除水中铜和汞离子的氨羧改性聚丙烯腈吸附材料。

1）氨羧改性聚丙烯腈的制备。采用微波辅助法，首先将一定比例的二乙烯三胺和去离子水与 PAN 共热，使胺基被引入到纤维基体上，得到胺化改性的聚丙烯腈纤维（PANaF）；第二步是将胺化纤维与氯乙酸钠和碳酸氢钠溶液在微波反应器中反应，使羧甲基与胺基相连，得到氨羧改性聚丙烯腈纤维（PANacF）。

2）氨羧改性聚丙烯腈的结构表征。对原聚丙烯腈纤维（PAN）、氨羧改性聚丙烯腈纤维（PANaF）和胺化-羧甲基化螯合纤维（PANacF）进行红外表征，材料的红外谱图如图 6.28 所示。从 PANacF 的谱图上可以看出 $3700\sim3100cm^{-1}$ 处吸收峰变宽，这是由于羧基的引入而引起的，而$1750\sim1500cm^{-1}$ 处形成宽的吸收峰为羰基的特征吸收峰，且$690cm^{-1}$ 处的—COOH 变角振动峰增强，这些结果均表明羧甲基化反应的发生。综上所述，在微波辅助加热下，胺基和羧基在短时间内快速高效地接枝在了 PAN 纤维的表面。

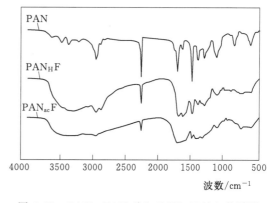

图 6.28 PAN、PANaF 和 PANacF 的红外谱图

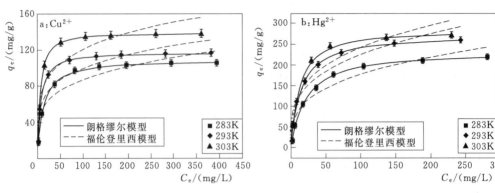

（a）去除铜离子的吸附等温线　　　　　　（b）去除汞离子的吸附等温线

图 6.29　氨羧改性聚丙烯腈纤维去除水中铜和汞离子的吸附等温线

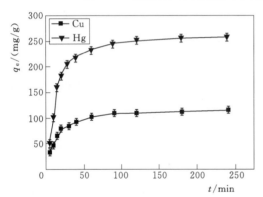

图 6.30　氨羧改性聚丙烯腈纤维去除水中铜
和汞离子的吸附速率曲线

3）氨羧改性聚丙烯腈纤维去除水中铜和汞离子的性能研究。

a. 氨羧改性聚丙烯腈纤维对水中铜和汞离子的吸附量测试。氨羧改性聚丙烯腈纤维对水中铜和汞离子的吸附等温线如图 6.29 所示。随着温度的升高，氨羧改性聚丙烯腈纤维对水中铜和汞离子的吸附量逐渐加大，在 pH 值为 7，温度为 303K 的反应条件下，达到最大，对铜和汞离子的吸附容量可分别达到 130mg/g 和 260mg/g。

b. 氨羧改性聚丙烯腈纤维对水中铜和汞离子的吸附速率测试。氨羧改性聚丙烯腈纤维对水中铜和汞离子的吸附速率曲线如图 6.30 所示。氨羧改性聚丙烯腈纤维在 pH 值为 7、温度为 298K 的反应条件下，对铜和汞离子的吸附平衡在 60min 内达到。

6.1.2　突发水污染应急处置技术体系构建与新技术研发

针对南水北调的典型工况，基于污染物在水中的扩散规律与吸附传质机理等理论基础，构建以污染物源头控制技术、污染物防扩散技术、污染物消除技术和应急废物处置技术为主的应急处置技术体系，重点开展适用于现场可快装投放的应急处置关键技术装置实验室模型研发。

6.1.2.1　突发水污染应急处置技术体系的构建

基于污染物在水中的扩散规律与吸附传质机理等理论基础，构建了以污染物源头控制技术、污染物防扩散技术、污染物消除技术和应急废物处置技术为主的应急技术体系，如图 6.31 所示，重点研发了污染物防扩散技术和污染物消除技术，包括原位处置技术（扩散限制技术、移动处置技术和固定处置技术）、异位处置技术（导流退水技术、退水处置技术、移动处置技术和固定处置技术）。

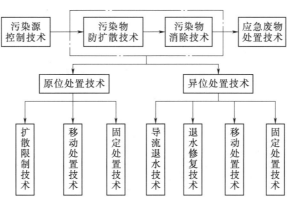

图 6.31 突发水污染应急处置技术体系

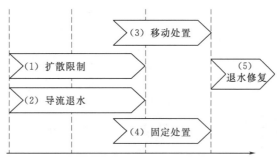

开始竖向扩散 开始横向扩散 开始纵向扩散

图 6.32 突发水污染应急处置技术的实施

突发水污染应急处置技术的实施过程如图 6.32 所示，具体步骤是：污染发生后，在污染团完成横向混合前，及时采取扩散限制技术防止污染范围进一步扩大，并通过调节污染发生地附近的泵站降低输水流量，将污染团导流分水至附近的河网来处置，在处置过程中可采取跟踪移动处置或固定处置技术削减污染团浓度，退出总干渠的水在进入退水区之前和之后都要进行净化修复处理。

6.1.2.2 突发水污染应急处置新技术的研发

针对南水北调输水工程潜在突发水污染的典型工况，研发了 5 套用于突发水污染控制的应急处置技术装置实验室模型。

（1）扩散限制技术方案研究。将污染物在充分扩散前限制在一定范围内，是高效处置重要前提。

1）现有的扩散限制装置。现有的扩散限制装置有针对漂浮性污染物（溢油）污染的围油栏和针对溶解性污染物的水体围隔软帘。

a. 围油栏。围油栏可阻挡溢油的漂移或尽可能地减小漂移速度，从而为溢油类应急处置赢得时间，如图 6.33 所示。围油栏的使用方法如下：可采用两艘作业船（船只可在附近航道协商获取）拖曳移动法拦油，但一定注意尽量在离溢油源头较近的地点设置围油栏。

b. 水体围隔软帘。水体围隔软帘可阻止溶解类污染物蔓延、漂移、扩散，为后期

179

图 6.33　针对漂浮性污染物（溢油）污染的围油栏

图 6.34　针对溶解性污染物污染的水体围隔软帘

处置做准备。同时，它也可以防止后期处置材料（如吸附剂等）扩散至其他水域，如图 6.34 所示。水体围隔软帘的使用方法如下：浮体可选择单个组合式或柔性浮材一体式；围隔软帘每节长度、裙体高度、浮体大小等具体参数可根据实际水域的深度、流速、波高、风力等条件确定。

2）扩散限制技术方案——基于组装式浮筒的悬挂式纤维吸附帘的设计。

a. 模型设计与工作原理。基于组装式浮筒的悬挂式纤维吸附帘设计模型如图 6.35 所示。其工作原理是利用浮筒可快速组装搭建与随水移动的优势，第一时间到达污染发生现场，通过快速布设悬挂式纤维吸附帘将受污染的水限制到一定范围内，防止污染的进一步扩散，使其具有更强的现场适用性。该装置实验室模型设计成组装式，便于作为应急储备物资进行运输与存放，而且施工作业简单快捷。

b. 运行流程。基于组装式浮筒的悬挂式纤维吸附帘的运行流程如下：按照图 6.35 所示，用浮筒拼接成浮排，再将从市场上购置的成卷的彩条布、麻袋等直接挂载安装在特制的卷帘机构上面，垂入水中形成围幕来限制污染物的扩散。卷帘机构使用时可与马达相连，便于卷帘的收放，既减少了人力投入，提高了工作效率，同时也保障了施工人员水上作业的安全。

（2）导流退水技术方案研究。输水干渠一旦发生污染，在条件允许的情况下，应首选将污染团退出到渠外以保障干渠的水质安全。

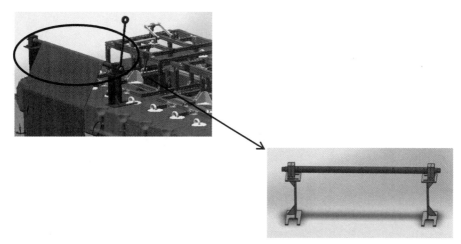

图 6.35　基于组装式浮筒的悬挂式吸附帘模型设计图

1）现有的导流退水技术。可采用的现有技术有针对湖库的软体导流坝技术和针对明渠的分期围堰技术。

a. 软体导流坝技术。软体导流坝具有导流功能，可将带有污染物的水流引流到某个区域，进行后续的集中处置，适合用于流速较小的湖库，如图 6.36 所示。

b. 分期围堰技术。分期围堰技术就是将河床围成若干个施工基坑，分段进行施工，适合用于流速较大的河道中，如图 6.37 所示。

图 6.36　针对湖库的软体导流坝　　　　图 6.37　针对河道的分段围堰

2）导流退水技术数值模拟与优化。通过采用 SMS 软件进行模拟仿真，考察导流坝的布局对污染团导流效果的影响，得到有利于污染团导出的导流坝的最佳布设位置与角度，为应急处置的实施提供了技术支撑。

原始渠道模型针对的是不开启右侧退水闸的情况。当退水闸完全开启时，其相应的模型将发生变化，将变化后的模型命名为模型 A。在实际渠道中，为了保证下游供水量，此处将导流坝拦截断面面积取为渠道断面面积的 $1/2$，并使其在模型 B、模型 C 和模型 D 中保持不变。考虑到导流坝需要配合退水渠来限制水体的流动，所以导流坝的设置位置可以是退水渠的前端、中间和后端这三种情况，分别针对这 3 种情况建立模型

B、模型 C、模型 D。

　　4 种模型下导流坝-退水渠局部流场图和流线图如图 6.38 所示。

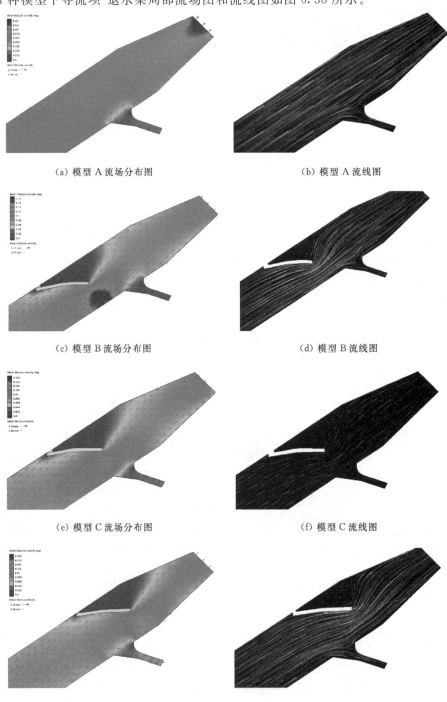

(a) 模型 A 流场分布图　　　　　　　　　　(b) 模型 A 流线图

(c) 模型 B 流场分布图　　　　　　　　　　(d) 模型 B 流线图

(e) 模型 C 流场分布图　　　　　　　　　　(f) 模型 C 流线图

(g) 模型 D 流场分布图　　　　　　　　　　(h) 模型 D 流线图

图 6.38　4 种模型局部流场分布和流线图

由图 6.38 可知，设置了导流坝后，局部流场不再均匀，将发生剧烈变化。相同的是流速均沿着导流坝逐渐增大，在通过缺口时流速最高，但不同模型流速数值大小有所不同。涡流区域面积的大小与渠道形状有关，模型 D 中在导流坝的作用范围内，渠道的断面开始收缩，故而涡流区域面积增大。另外，在相同的退水闸开度下，不同的设置位置，退水渠的流速和水量有明显区别。

在模型 C 的基础上，考虑不同的布设角度。分别将角度设为 30°、45° 和 60°。上述 3 种模型导流坝局部流场分布图和流线示意图如图 6.39 所示。

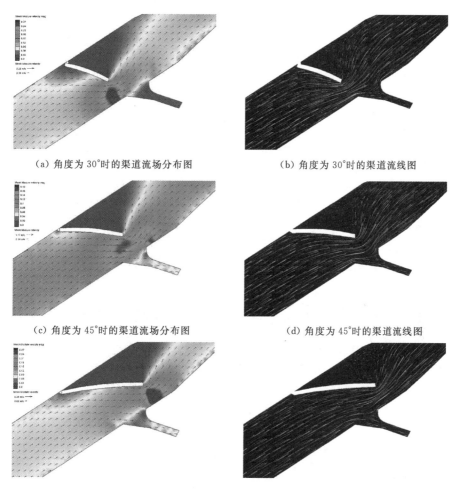

(a) 角度为 30°时的渠道流场分布图 　　　　　(b) 角度为 30°时的渠道流线图

(c) 角度为 45°时的渠道流场分布图 　　　　　(d) 角度为 45°时的渠道流线图

(e) 角度为 60°时的渠道流场分布图 　　　　　(f) 角度为 60°时的渠道流线图

图 6.39　不同角度模型局部流场流线图

由图 6.39 可知，当各模型导流坝缺口的过流断面面积保持不变时，坝后形成的涡流区域中，60°时面积最大，其次是 45°，30°时面积最小。干渠中污染物浓度变化的比较如图 6.40 所示。

由图 6.40 可知，30°和 60°两模型污染物浓度相差不大，效果接近。结合流场分析

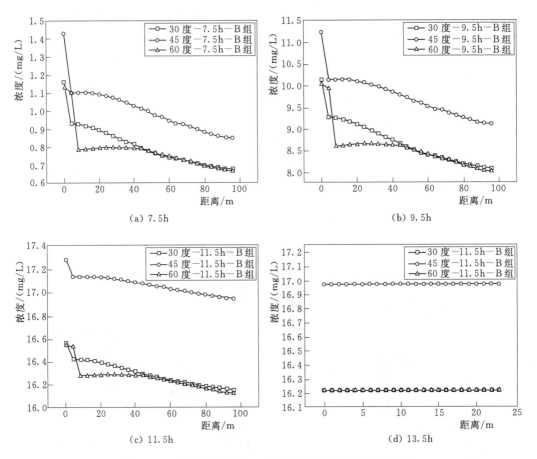

图 6.40　不同时刻下 A 组工况各模型干渠沿程浓度变化图

结果，故认为角度为 30°时效果较好。

综上，研究结果表明，为保证较好的导流效果，建议导流坝的位置设置在退水渠的中间且布设角度为 30°。

（3）移动处置技术与装置实验室模型。当污染团还未充分扩散而随水流迁移时，对其进行扩散限制，同时采取移动跟踪处置，是一种在大流量工况下实现低流阻削减水中污染物的高效处置方式。

1）现有的移动应急处置装置。现有的移动应急处置装置有悬挂式吸附船（专利授权号：CN201395233Y）和竹排式吸附筏（专利授权号：CN201395237Y）等。

a. 悬挂式吸附船。悬挂式吸附船的制作技术方案是：在船体的船舷上用铁丝绳连接聚乙烯丝网袋，在聚乙烯丝网袋中装填颗粒吸附剂。装备如图 6.41 所示。

该装备可跟随污染团迁移，进行原位处置，制作简单，但袋内的颗粒吸附剂因紧密堆积而传质效果较差，这将制约其在突发水污染应急处置中的应用。

b. 竹排式吸附筏。竹排式吸附筏的制作技术方案是：首先将 6～10 根竹竿用铁丝绳依次并列捆绑制成竹筏，然后在竹筏两边的竹竿上用铁丝绳连接装填有颗粒吸附剂的聚乙烯丝网袋。装备如图 6.42 所示。

该装备虽也能随污染团进行迁移处置，但同样存在袋内的颗粒吸附剂因紧密堆积而传质效果较差的问题，而且竹竿捆绑存在一定的安全隐患。

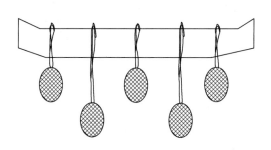 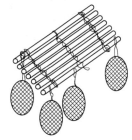

图 6.41　悬挂式吸附船　　　　　图 6.42　竹排式吸附筏

为提升处置效果，针对不同的典型工况研发了新的装备：针对明渠研发设计了基于组装式浮筒的振荡吸附装置实验室模型；针对湖库，提出了"应急船"的思想，研发设计了适于船载的、使用颗粒状吸附材料的流化吸附床与使用活性炭纤维毡的折流式固定吸附床；此外，还对移动式收油机对收集浮油的效果进行了模拟仿真。

2) 围油栏-收油机联合收油技术数值模拟与优化。为了快速去除水中的漂浮性污染物（溢油），提出了利用围油栏和收油机进行联合收油处置的技术方案，并采用 Fluent 仿真技术对技术方案进行了研究。

参数设置：围油栏长为 12.56m，油膜尺寸为半径 2m、厚 0.05m 的半圆柱体，溢油体积为 0.628m^3，收油机入口段尺寸不变。模拟步长为 0.01s，迭代 2500 步，共 25s。收油机在 25s 内的收油情况，如图 6.43 所示。

由图 6.43 可知，围油栏和收油机联合处置效果回收效率远大于不加入围油栏的单一收油机回收效率。随着抽取时间的增加，油不断地被抽取到收油机中，渠道中的油膜由最初的红色（体积分数为 100%）逐渐变成浅绿色（体积分数为 70%），同时油膜扩展面积越来越大，油膜形状也发生了变化，由最初的半圆形变成了近似椭圆形。但其扩散速度与扩展面积比单一收油机的模拟要小得多，这样有利于提高收油机的工作效率，达到理想的收油效果。通过对模拟数据进行后处理得出，收油机入口处混合物进入速率为 233.46kg/s，油相速率为 134.78kg/s，其回收效率为 57.73%，远大于不加入围油栏的单一收油机回收效率 18.73%。

综上，研究结果表明，为保证收油机高效率运行，必须得借助围油栏进行组合以保证及时有效地去除油污，从而达到应急处置的要求。

3) 移动处置装置实验室模型-船载折流式吸附固定床的研发。为了解决现有突发性水污染应急处理装置过流能力小、施工难度大、机动灵活性差的问题，研发了一种应用于突发性水污染应急处理的船载折流式吸附固定床。折流式吸附固定床如图 6.44 所示。

折流式吸附固定床是利用多孔板在实现布水功能的同时，能避免活性炭纤维因水力冲击折断而离散的问题，并促进侧向漫流的形成以增强污染物与活性炭纤维间的传质吸

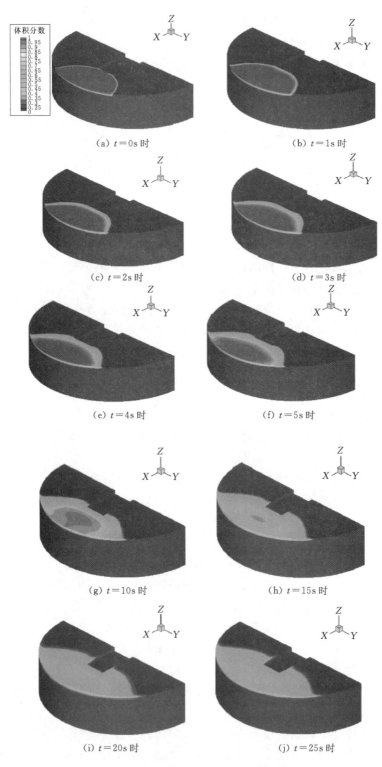

图 6.43 收油机收油效果随时间的变化

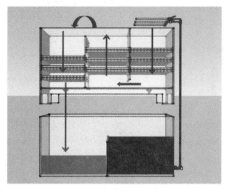

(a) 模型图　　　　　　　　　　　　　(b) 实物图

图 6.44　折流式固定吸附床图

附，提高处置效率。该装置实验室模型施工作业简单快捷。

折流式吸附固定床的运行流程如下：按照图 6.44（a）所示，研制折流式吸附固定床。折流式吸附固定床有 4 种不同的操作方式，如图 6.45 所示。

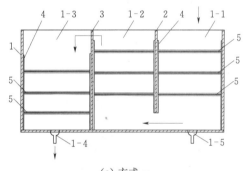

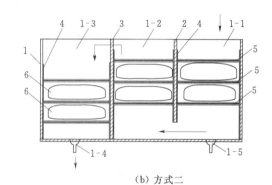

(a) 方式一　　　　　　　　　　　　　(b) 方式二

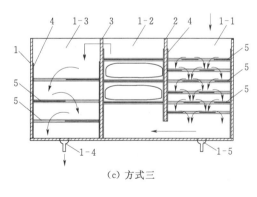

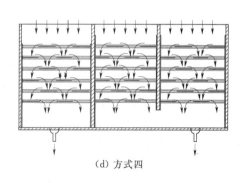

(c) 方式三　　　　　　　　　　　　　(d) 方式四

图 6.45　折流吸附装置实验室模型操作方式示意图

1—箱体；2—第一分隔板；3—第二分隔板；1-1—第一级吸附槽；1-2—第二级吸附槽；

1-3—第三级吸附槽；4—网板架；1-4、1-5—孔洞为出水口；

5—吸附网板；5-1—两个网板；5-2—吸附纤维；6—滤袋

选择亚甲基蓝为目标污染物，活性炭毡为吸附材料，在设计制作完成的折流式固定吸附床内进行了吸附实验，4 种不同操作方式下结果如图 6.46 所示。

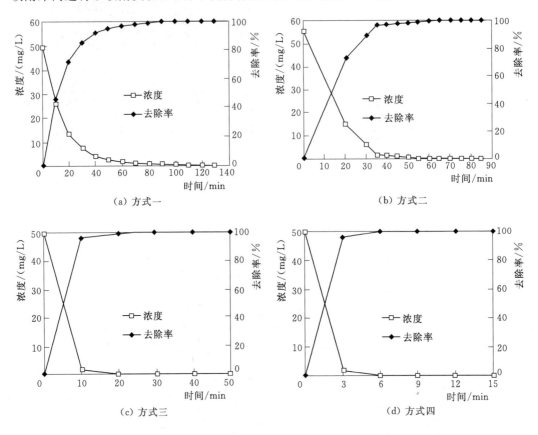

图 6.46　不同操作方式下折流式吸附固定床对亚甲基蓝的去除效果图

由图 6.46 可知，4 种不同操作方式下的折流式固定吸附床中活性炭毡对亚甲基蓝的去除率在 60min 内均可达到 95% 以上，尤其是在操作方式三和四下，反应在 10min 内，去除率可接近 100%。

综上，研究结果表明，折流式吸附固定床具有较高的应急处置效率。

4) 移动处置装置实验室模型——船载高效吸附流化床的研发。当污染团还未充分扩散而随水流迁移时，对其进行扩散限制，同时采取移动跟踪处置，是一种在大流量工况下实现低流阻削减水中污染物的高效处置方式。为了解决现有突发水污染应急处理装置中存在的流阻大、传质效果差等问题，研发了一种应用于突发性水污染应急处理的船载高效吸附流化床，即将制备的高效吸附流化床安放到船体上进行应急处置。高效吸附流化床如图 6.47 所示。

高效吸附流化床的工作原理是利用水泵将受污染的水抽入吸附流化床，通过实现液固流化来促进水中污染物与吸附剂之间的传质吸附，缩短污水的处理时间，使其具有更强的现场适用性。该装置实验室模型操作简单、去除效率高、水流通量大。

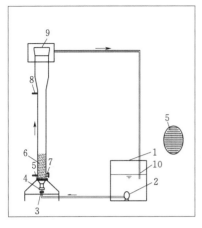

（a）模型图

（b）实物图

图 6.47 高效吸附流化床装置实验室模型

1—水箱；2—潜水泵；3—阀门；4—下部进水口；5—布水板；6—001×7 树脂；

7—出料口；8—测压孔；9—溢流口；10—出水口

高效吸附流化床的运行流程如下：按照图 6.47（a）所示，流化床开启前，在 5 布水板处上端放有一定质量的 6 活性炭；开启 2 潜水泵后，水由 4 下部进水口自下往上由 5 布水板均匀布水，通过 6 001×7 树脂床层使其达到流化状态，水与床层充分接触后由上部 9 溢流口回流至 1 水箱，在 10 出水口取样测定有机物浓度，压降和床层高度变化分别可由 8 测压孔外的压差计和床层外部的刻度尺读出，关闭 2 潜水泵后，流化床则停止工作，可从 7 出料口中取出吸附饱和后的活性炭，更换新的活性炭。

选择苯酚作为目标污染物，活性炭为吸附材料，在设计完成的流化床装置实验室模型内进行了吸附实验，结果如图 6.48所示。流化床中活性炭对苯酚的去除率在 30min 内均可达 99.1%；在 15min 内已经达到 90%。

综上，研究结果表明，高效吸附流化床具有较高的应急处置效率。

为了使移动应急船上的高效吸附流化床尽可能抽取较大范围的污染团来提高应急处置效率，船体下的抽水管布置需要合理，处置方案的合理设计应充分考虑主要

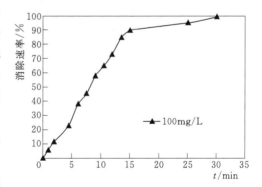

图 6.48 吸附流化床装置实验室模型对苯酚的处置效果图

是根据污染物在水体中的运动特征。本书用 fluent 软件对其进行模拟，最好的布置方案结果如图 6.49 所示。

由图 6.49 可知，在速度在 0.01～0.35m/s 范围内，抽水作用范围分布较好，能抽

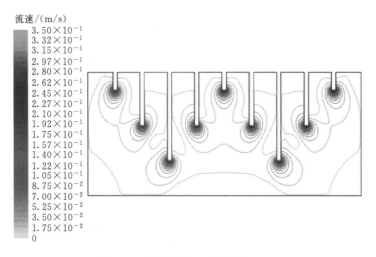

图 6.49　抽水管布局与抽水效果图

取到渠道各部位,从而使得船载流化床处置效果最好。

5)移动处置装置实验室模型——基于组装式浮筒的振荡吸附装置实验室模型的研发。为了解决现有突发性水污染应急处理装置中颗粒状材料因紧密堆积而传质效果差和投放吸附剂不易回收等问题,研发了一种应用于突发性水污染应急处理的基于组装式浮筒的振荡吸附装置实验室模型。

基于组装式浮筒的振荡吸附装置实验室模型结构、组装和现场布设方式如图 6.50和图 6.51 所示。

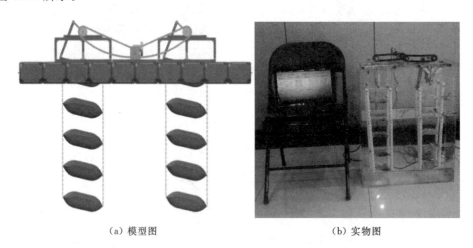

(a) 模型图　　　　　　　　　　　(b) 实物图

图 6.50　基于组装式浮筒的振荡吸附装置

基于组装式浮筒的振荡吸附装置实验室模型的工作原理是利用安装到浮排上的马达对置于水中的麻袋进行传导振荡,通过增强水力扰动作用来促进水中污染物与麻袋内吸附材料之间的传质吸附从而快速削减水中污染物;设计中还考虑了安装的过程、麻包的更换、振荡的驱动与传递等现场适用性问题。该装置实验室模型具有便于储运、块状投

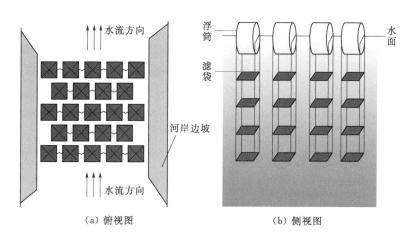

（a）俯视图　　　　　　　　（b）侧视图

图 6.51　振荡吸附装置实验室模型布设方式

放施用的功能。

　　基于组装式浮筒的振荡吸附装置实验室模型的运行流程如下：首先，将市场上可及时获取的颗粒状吸附材料装入黄麻麻袋；其次，将上述装有吸附材料的黄麻袋、链条、组装式浮筒、马达等大宗处置物资按照图 6.50（a）所示快速组装出振荡吸附装置实验室模型，其基本结构是将多个麻袋等间距垂直悬挂，装置实验室模型最顶端设计有传动组件；最后，开启马达使传导组件驱动麻袋在水中进行振荡，进行应急处置。选择铜离子作为目标污染物，001×7 树脂为吸附材料，在设计制作完成的振荡吸附实验室模型内进行了吸附实验，在转速为 16r/min 和 0 状态下的处置效果如图 6.52 所示。

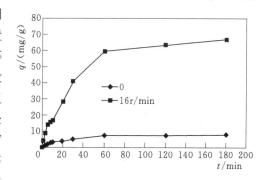

图 6.52　振荡吸附装置实验室模型对铜的处置效果图

　　由图 6.52 可知，振荡吸附装置实验室模型中 001×7 树脂除铜的动态吸附容量最多可达到 70mg/g，反应 60min 左右就能达到平衡，吸附材料的吸附性能与流场特性有较大的关系，处于振荡状态的吸附材料对于污染物有较好的吸附效果。

　　综上，研究结果表明，振荡吸附装置实验室模型具有较高的应急处置效率。

　　为了探究实际渠道中放置振荡吸附装置实验室模型之后的流场特征，本书设计了 4 种工况利用 Fluent 软件进行模拟研究。模拟渠道水深方向上的二维平板振荡运动。取渠道长度为 L_1m，假定水深 6m，水流流速为 1m/s。模拟振荡所用平板尺寸为长 1m，高 0.1m，为刚性平板，每个平板上下间距 0.8m，模型的上边界条件设置为固壁面条件，同渠底边界条件。形成一个狭长的二维平面通道，坐标原点是模型中心位置处。模型示意图如图 6.53 和图 6.54 所示。

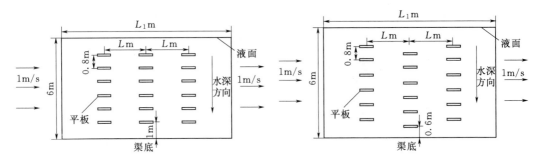

图 6.53　A组——平板顺排布　　　　图 6.54　B组——平板叉排排布

故本书设置如下 4 种模拟工况，工况参数设置见表 6.3。

对两组工况下的平衡位置处的模拟结果如图 6.55～图 6.59 所示。

表 6.3　　　　　　　　　　　工　况　参　数

工　　况		渠长 L_1/m	间距 L/m
A	1	10	1
	2	12	2
B	1	10	1
	2	12	2

　　结果表明，当平板位于平衡位置处时，液面和渠底附近流速较大，每排平板前水域的压力值依次递减。平板附近湍流强度值较上一个时刻大。这一位置处的速度场和湍流强度场较最大位移处更为不均匀，平板附近有更多的低速度流场和旋涡。原因是平板的运动是正弦振荡，当其运动到平衡位置处时速度达到最大，其扰流也比较大。比较 $L=2m$ 和 $L=1m$ 的湍流强度云图可以看出，前者平板附近的湍流强度较后者大。进一步从流场特征参数速度、压力以及湍流强度值的大小分析后得知，平板平行对齐布置方案A2工况优于A1工况。

　　结果表明，从整个速度流场看，在速度云图中蓝色低流速区域面积比 A 工况平板运动到平衡位置处的低速度流场区域小。且在平板附近处更为显著。也就是说，从来流方向上看，错排布置使得渠道断面过流面积减小平板间流速增大。由于过流面积的减小导致渠道流动阻力加大，从而使得 B 组工况压力场大于 A 组。压力的增大有利于提高吸附效果。B 组 $L=2m$ 的蓝色低湍流强度场比对应的 A 组所占区域更大，B 组工况在第二、第三排平板后部都有较低的湍流强度场，这种低湍流强度场不利于污染物的掺混，会对后面的吸附产生影响。进一步分析得到，B1 工况各排湍流强度值大于 B2 工况。

　　由于 A2 和 B1 工况有间距和是否交错布置两个不同的变量，所以计算每排平板表面的参数平均值，见表 6.4。

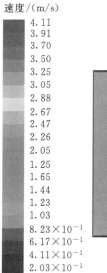
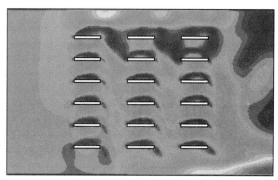

（a）A1

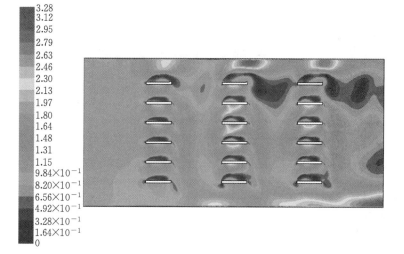

（b）A2

图 6.55 A 组工况速度云图对比

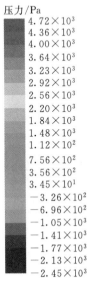

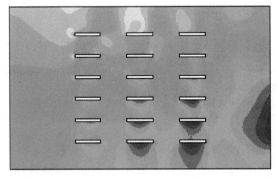

（a）A1

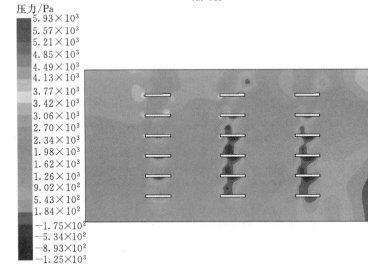

（b）A2

图 6.56　A 组工况压力云图对比

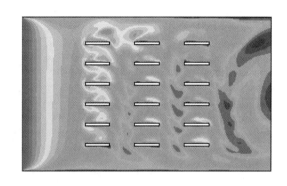

（a）A1

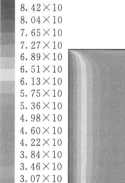
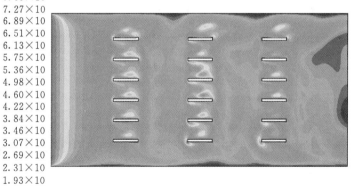

（b）A2

图 6.57　A 组工况湍流强度云图

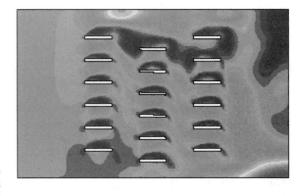

（a）B1

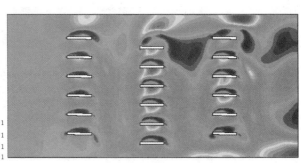

（b）B2

图 6.58　B 组工况速度云图

压力/Pa

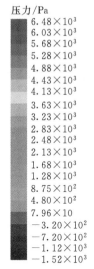
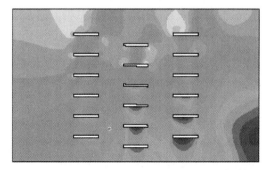

（a）B1

压力/Pa

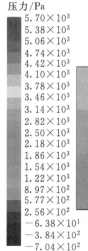
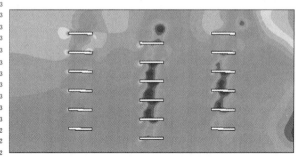

（b）B2

图 6.59 B组工况压力云图

表 6.4　　　　　　　各工况各排平板流场参数均值

工况	参数	第一排	第二排	第三排
A2	流速/(m/s)	1.025	1.237	1.118
	压力/Pa	532	350	466
	湍流强度	0.392	0.407	0.362
B1	流速/(m/s)	0.722	1.321	0.690
	压力/Pa	853	643	736
	湍流强度	0.351	0.473	0.292

由表 6.4 可以看出，B1 工况的压力值大于 A2 工况，而其他两组参数稍小于 A2 工况。考虑到较大的流速可能会使得污染物在吸附剂表面的停留时间缩短进而降低吸附效果，故综合分析 B1 布置方案略优于 A2 方案。

（4）固定处置技术与装置实验室模型。如果污染团已经大范围扩散，通过固定吸附拦截进行处置是有效削减水体污染物的重要手段。

1）现有的固定应急处置装置有适用于明渠（如小径流河道）的传统吸附坝、沙袋土坝（专利授权号：CN101838026A）和水平流吸附坝（专利授权号：CN201485307U）等。

a. 传统吸附坝。传统吸附坝在实际应急处置中已经得到了应用。坝体的材料可采用焦炭、活性炭、桔梗等吸附材料单独或混合筑坝（吸附材料可根据具体情况筛选），可根据实际情况建造一道或多道吸附坝，同时可在吸附坝前加药，搅拌沉淀等，达标水体溢流排放。但吸附坝适合在水流量不大，水流速度较小的情况下使用，因此在实际应用中可先对纳污水体进行分流处理，其结构图和现场图如图 6.60 和图 6.61 所示。

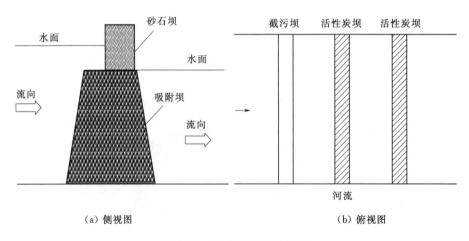

（a）侧视图　　　　　　　　　　（b）俯视图

图 6.60　固定吸附坝结构图

b. 沙袋土坝。沙袋土坝包括沙袋土坝、布水堰、支撑架和吸附过滤装置。布水堰由单体拼接而成，每个单体上均设有挡水板；吸附过滤装置由单个吸附过滤模块连接而成，吸附过滤模块包括上连板、配水槽、下连板和吸附过滤芯，在上连板和下连板之间安装有一组吸附过滤芯，配水槽安装在上连板的上方，单个吸附过滤芯包括套装在一起的内筒和外筒，内筒内填充有活性炭颗粒，内筒与外筒之间填充有金属吸附材料。装置如图 6.62 所示。

c. 水平流吸附坝。修筑水平流吸附坝的技术方案是：在突发性污染河道底部及岸堤的边坡上均铺上一层防水膜，在防水土工膜上按纵横交错的方式摆放用聚乙烯丝网袋装填的吸附剂筑成吸附墙。在吸附墙的上部铺一层防水土工膜，在防水土下膜上部堆放装有碎石或细砂或黏土的袋作为挡水墙，在挡水墙的迎水面铺一层防水土工膜。在吸附墙的背面用脚手架固定以增强稳定性，该装置方便地应用到突发性污染河流应急处理上，具有处理效率高、成本低、无底泥污染、操作简单且不会对河流生态环境造成二次污染与破坏等特点。装置如图 6.63 所示。

图 6.61 传统吸附坝现场图

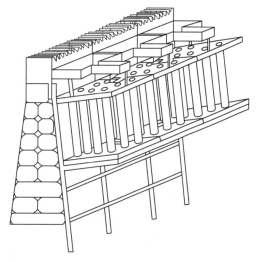

图 6.62 沙袋土坝

2）固定处置装置实验室模型——基于组装式浮筒的悬挂式纤维吸附帘的研发。为了解决上述固定处置装备存在的施工时间长和产生的流阻大等问题，本书研发了基于组装式浮筒的悬挂式纤维吸附帘技术，该技术成果已成功应用于南水北调中线京石段应急处置。基于组装式浮筒的悬挂式纤维吸附帘如图 6.64 所示。

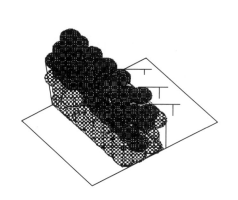

图 6.63 水平流吸附坝

图 6.64 纤维吸附帘装置的现场图片

基于组装式浮筒的悬挂式纤维吸附帘的工作原理是该装置实验室模型利用浮筒可快速组装搭建的优势，通过快速布设悬挂式纤维帘将受污染的水限制到一定范围内，既能对污染物进行扩散限制，还能对污染物进行吸附截留，具有便于储运、块状投放施用的功能。

以蔗糖为示踪物，经过布设基于组装式浮筒的悬挂式纤维吸附帘后，污染物（蔗糖）总量有明显的削减。渠道左侧污染物经过两排吸附坝后依次削减了 26.2% 和

40.3%，整体削减 66.5%；河道中间污染物经过两排吸附坝后依次削减了 21.2% 和 17.8%，整体削减 39.0%；河道右侧污染物经过两排吸附坝后依次削减了 41.8% 和 17.5%，整体削减了 59.3%。

综上，研究结果表明，基于组装式浮筒的悬挂式纤维吸附帘具有较高的应急处置效率。

3）固定处置装置实验室模型——活性炭无害化再生装置实验室模型的研发。为了解决现有突发性水污染的吸附剂消耗量大和吸附法会产生二次固体污染物的问题，以及微波辅助光催化氧化水处理和废气处理方法能耗高、易产生热污染和污染物降解不彻底等问题，研发了活性炭快速无害化再生装置实验室模型。活性炭无害化再生装置实验室模型如图 6.65 所示。

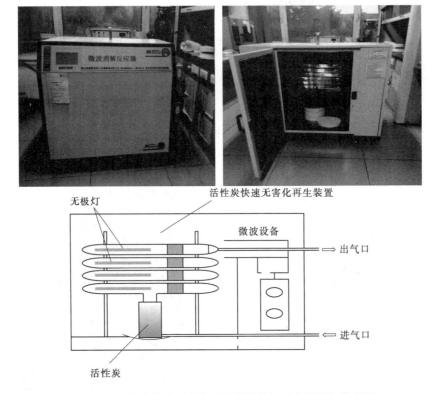

图 6.65 活性炭快速无害化再生微波消解反应器图与模型图

活性炭无害化再生微波消解反应器的工作原理是利用微波和紫外辐照技术将吸附了有机物后的活性炭进行再生，同时之前的有机物得到彻底矿化。即微波辐射渗入到活性炭的内部，活性炭在较短的时间内温度迅速上升达到很高的温度，吸附在活性炭表面的吸附质在高温的作用下降解和解吸，一部分有机污染物彻底降解为二氧化碳和水，还有一部分被降解为小分子有机物或中间产物被高能紫外辐射及产生的臭氧及自由基深度氧化，其降解程度取决于吸附剂和有机污染物的性质。活性炭无害化再生微波消解反应器能提高活性炭再生使用率，减轻应急物资运输压力。

活性炭无害化再生微波消解反应器的运行流程是将吸附有机物的活性炭放在石英反应器中；将湿度为 30%～100% 的空气通过进气管通入石英反应器中，调节微波紫外反应时间在 10～60min 之间，微波功率为 100～2000W；开启微波反应器，微波激发无极紫外灯产生紫外光，在微波、紫外光的共同作用下，将有机物彻底矿化。

选择 3-NBSA 为目标污染物，活性炭为吸附材料，在进行完吸附实验后，将吸附饱和的活性炭放在活性炭无害化再生装置实验室模型中进行活性炭再生实验，实验结果见表 6.5。

表 6.5 不同体系中 3-NBSA 矿化度均值和方差结果

组	观测数	矿化度平均值/%	标准方差/%
MW+UV	12	31.61	8.63
MW	12	3.68	3.95

由表 6.5 所示，微波紫外耦合辐照作用下 3-NBSA 矿化度平均值为 31.61%，只有微波作用下 3-NBSA 矿化度仅为 3.68%。说明微波紫外耦合辐照作用与微波单独作用相比，对 3-NBSA 的矿化度存在显著性差异，微波紫外耦合辐照作用下活性炭再生效果最好。

研究结果表明，活性炭无害化再生装置实验室模型有着较高的处置效率。

（5）退水修复技术与装置实验室模型。为解决退水污染困局而设计的，在退水闸后的退水渠中构筑一个支撑坝体，在坝体上铺满装有吸附材料的麻包。开启退水闸后，通过平铺式吸附坝实现削减退水中污染物的目的。平铺式吸附坝可与其他技术（如混凝沉淀等）联用，做进一步退水修复，如图 6.66 所示。

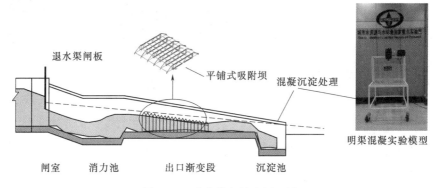

图 6.66 退水修复技术原理图

平铺式吸附坝结构示意图如图 6.67 所示。

平铺式吸附坝的工作原理是让水沿着坝的迎水坡面漫流过整个平铺坝体，其间废水会在重力作用下不断渗滤经过平铺的滤层，削减了污染物的水从滤层以下的空间流入退水区。与传统吸附坝相比，平铺式吸附坝大大增加了过滤面积。

平铺式吸附坝的运行流程为：按照图 6.67（b）所示，开启离心泵后，水箱中水在泵的作用下沿管道进入水槽，流经平铺式吸附坝后，再流回水箱，完成一个循环。在此

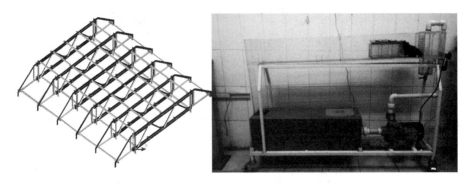

（a）模型图　　　　　　　　　　　　（b）实物图

图 6.67　平铺式吸附坝图

过程中，吸附材料会通过吸附作用去除水中的污染物。

选择铜离子作为目标污染物，001×7 树脂为吸附材料，在设计制作完成的平铺式吸附坝实验室模型内进行了吸附实验，反应前后 001×7 树脂材料颜色的变化如图 6.68 所示。平铺式吸附坝中 001×7 树脂对铜离子的去除率在 50min 内可达到 80% 以上。

在后续混凝环节，采用氧化钙和絮凝剂 PAM 联用工艺对排泥水进行调质，并与原水进行比较，观测污泥絮体沉降过程如图 6.69 所示。

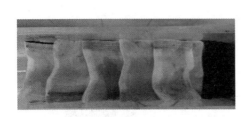

（a）未调质　　　　（b）调质后

图 6.68　平铺式吸附坝除铜
效果图（俯视图）

图 6.69　排泥水沉降效果图

由图 6.69 可见，未调质的排泥水呈现胶体状态，污泥颗粒细小密实；经调质后污泥絮体颗粒大，出现了明显的矾花，泥水能够实现快速分离，达到了强化混凝的效果。

综上，研究结果表明，平铺式吸附坝有较高的应急处置效率，且与混凝技术联用，退水修复效果更好。

6.2　本章小结

以南水北调中线一期工程和东线一期工程江苏段为研究对象，以水质水量自动化调控和应急调控处置为重点，研发了突发水污染事件动态预警技术、应急处置预案智能生成技术、应急处置技术体系和相关关键技术，建设了突发污染应急处置预案库，完成了突发水污染应急处置技术体系及关键技术构建与研发。针对南水北调输水工程潜在突发污染典型工况，基于污染物在水中的扩散规律与吸附传质机理等理论基础，构建了以污染物源头控制技术、污染物防扩散技术、污染物消除技术和应急废物处置技术为主的应急处置技术体系。

针对南水北调典型工况，在现有装备的基础上，研发了 5 项用于突发水污染控制的应急处置实验装备：①用于扩散限制和固定处置的"悬挂式纤维吸附帘"；②用于移动处置的"悬挂振荡吸附装置"；③用于移动处置的"高效吸附流化床"；④用于移动处置的"折流式吸附固定床"；⑤用于应急物资再生的"活性炭快速无害化再生装置"。借助数值模拟优化设计了现有的两种用于突发水污染控制的技术：分别是导流退水技术和围油栏-收油机联合处置技术。为保障南水北调输水工程应急处置预案的顺利实施，以污染物去除效率高、原料易获得、改性制备速度快、使用方便易回收等为目标，对多种现有的应急处置材料进行性能表征；针对现有应急处置材料的局限性，研发出 10 种污染物吸附功能材料，为应急处置预案的制定和工程实施，提供应急物资保障。

第 7 章
结语

7.1 主要成果

本书主要成果如下。

（1）构建了完成考虑闸泵控制作用的中线总干渠和东线干线的一维河渠水质水量联合模拟模型、水库二维水质水量联合模型，对常规富营养化或突发水污染事件情况下不同污染物在渠道内输移扩散规律进行模拟。研究表明，考虑闸泵控制作用的南水北调中线水库、总干渠和东线江苏段河-库-渠复杂水域的水量水质联合模拟的应用模块，适用于中线水源区、中线干渠等典型水域的应对多情景突发事件的水量水质模拟模块研发，实现了自动化平台集成的接口开发，开展了适用多场景的水库调度对库区水动力和污染物输移扩散的影响研究。

（2）从南水北调输水工程实际出发，开展南水北调工程重点研究区域风险源调查、数据库建设、风险源分级和水质安全评价诊断等研究工作，形成了南水北调工程风险源数据库。

（3）分别对中线水源区、中线总干渠及东线水网区水污染事件水质水量快速预测及水污染事件追踪溯源分析，构建了基于污染物特征的丹江口库区水动力学水质模型、建立了中线水源区追踪溯源模型；研发了南水北调中线总干渠的突发污染事件快速预测技术、提出了河渠的突发污染事件追踪溯源技术，建立了南水北调中线总干渠水污染事件预警预案库；开发了针对洪泽湖大型湖泊水系和突发污染特征的平面二维水动力水质数学模型等。并集成了以上成果，开发了可业务化运行的水污染事件水质水量快速预测子系统和追踪溯源子系统，包含了污染源库及其水质水量快速预测与追踪溯源模型组件等。该成果与其他成果共同形成集模拟、评价、预测、调控和应急处置于一体的东、中线一期工程水质水量联合调控自动化运行系统，实现了南水北调东线（江苏段）、中线总干渠水量水质快速预测与追踪溯源的预期目标。

（4）基于融合丹江口水库及上游库群基础资料等多源信息及丹江口水库径流资料分析成果，提出考虑南水北调中线供水、水库自身兴利和下游生态需水等多目标的丹江口水库长期、短期及其上游库群多目标优化调度模型、典型调度方案；针对丹江口水库突发污染事件，建立丹江口水库坝前水动力和水质耦合模拟模型，分析丹江口水库坝前污染物输移扩散规律，提出保障中线供水安全和缩短恢复中线供水时间的应急调度准则、应急调度预案库；构建了复杂输水工程突发多类型水污染事件应急调控快速决策模型和预案库，并集成以上成果开发了突发多类型水污染事件应急调控快速决策模块和预案库模块。

（5）以南水北调中线一期工程和东线一期工程江苏段为研究对象，以水质水量自动化调控和应急调控处置为重点，研究了突发水污染事件动态预警技术、应急处置预案智能生成技术、应急处置技术体系和相关关键技术，建立了突发水污染事件"风险预警-预案生成-处置技术"综合应急技术系统，形成突发水污染事件"风险预警-预案生成-处置技术"综合应急技术系统的成套技术与装置实验室模型；构建并研发了突发水污染应急处置技术体系及关键技术。

7.2　展望

南水北调工程线路长、涉及面广、技术要求高，涉及长江、淮河、黄河、海河 4 大流域以及众多省（直辖市）。不仅仅是一项跨流域调水的水利工程，而且是一项宏大的社会工程、经济工程和生态环境工程，具有重要的战略意义。

（1）加强南水北调水源区及工程全线的水质水量联合调控技术研究。对于南水北调工程这样一项万众瞩目，节水、调水、治污并重的复杂调水体系，必然要求高质量的科学管理，而南水北调工程的运行管理涉及众多流域、地区及机构，各地区对供水的需求在时空间上差异巨大，此外，南水北调涉及河道、湖泊及各类水工建筑物众多，工程调水又与防洪、排涝、灌溉和航运等功能相互结合，整个工程水量调度关系复杂，需要进一步加强南水北调水源区及工程全线的水质水量联合调控技术研究并应用于实践，为南水北调工程的正常运行和供水质量监护提供有力的技术支撑。

（2）加快建设基于"互联网＋"的智慧南水北调。从南水北调供水安全保障实际需求出发，以现代化信息技术为支撑，构建基于物联网、大数据、云计算和移动互联等新一代信息技术的供水安全综合智能保障体系，重点研究南水北调水源区和输水干渠等的水质监测和工程安全监测的智能感知技术，构建南水北调动态数据中心，研究由感知数据经过活化处理的数据后确定应对各种情景下的智能预警体系，研究针对已发生或即将发生的安全事件的智能调度与处置关键技术，研究物联网技术支撑下的水质安全和工程安全的智能诊断关键技术，研究集智能感知、智能诊断、智能预警、智能处置及智能控制为一体的智能信息处理中心，为南水北调工程高效安全运行提供科技支撑。

（3）进一步开展突发水污染事件应急调控技术研究。为确保工程供水安全，建议进一步开展针对其他污染物的突发水污染事件应急调控研究，本次主要研究的是可溶性污染物和漂浮油类，没有考虑发生生化反应，建议考虑研究发生生化反应的污染物输移扩散规律，并考虑其他类型的污染物，比如可溶性重金属、漂浮性难溶污染物以及高密度污染物等，进一步开展对可能涉及的各类污染物的突发水污染事件应急调控技术研究。

（4）加强对其他突发事件的应急调控技术研究。建议针对其他类型的突发事件，例如工程事故、气象灾害、地质灾害、社会事件等，加强对各类突发事件情景下的应急调控技术研究。

（5）加强应急处置装备产业化及其应急物资存储调配研究。加强应急处置物资库布点建设与应急调配方案研究。按照风险源调查结果，在南水北调沿线设立应急处置物资库，保证突发污染发生后的应急处置物资迅速到位。物资库包括沿线生产厂家、和应急物资储备点，物资库的布设应当综合考虑物资储备能力、运输时间、多物资库协同提供方案、附近是否有对应物资生产厂家等方面的因素。重视加强应急处置装备产业化。应急处置工作是在短时间内完成大量处置装备与材料的布设。考虑到目前突发水污染应急处置装备少，自动化程度低，在应急处置过程中耗费大量的人力而且效率低下，因此，需要加强应急处置装备自动化与快速组装技术的研发。

开展应急处置物资在线存储。以风险源为中心，考虑突发污染应急物资需求，调查南水北调工程沿线应急物资，包括物资类型、物资仓储、物资提供能力、物资调运时间、联系方式等详细信息，并定时更新信息。对没有生产厂家提供或对应物资生产厂家距离较远的，应当在物资库存储一定数量的应急物资，物资的存储方案应当有科学的方法指导。

（6）建立南水北调水质水量联合调控系统平台的长期运维机制。需要建立长期的平台运维机制，保障在今后的系统运行使用过程当中，能够随时发现问题、总结问题，从而形成系统修改需求，并最终通过技术手段来解决问题、完善功能、优化系统。由此，该系统平台才能够在长期运行使用的同时，变得更加稳定、安全、实用。

参 考 文 献

［1］ 李广成，严福章. 南水北调工程概况及其主要工程地质问题［J］. 工程地质学报，2004，12
（04）：354 - 360.

［2］ 黄留芳. 湖泊群水动力及水质分析［D］. 扬州：扬州大学，2010.

［3］ R. Venugopal，R. K. Rajamani. 3D Simulation of charge motion in tumbling mills by the discrete
element method. Powder Technology，1979，115：157 - 166.

［4］ 万金保，李媛媛. 湖泊水质模型研究进展［J］. 长江流域资源与环境，2007，16（6）：805
- 809.

［5］ 黄留芳. 湖泊群水动力及水质分析［D］. 扬州：扬州大学，2010.

［6］ 史晓军，朱党生，张建永. 现代水资源保护规划［M］. 北京：化学工业出版社，2005.

［7］ 敖静. 浅水湖泊二维水流—沉积物污染水质耦合模型研究与应用［D］. 南京：河海大
学，2005.

［8］ Thomas J R，Victor J B Jr. A preliminary modeling analysis of water quality in Lake Okeechobee，
Florida：Calibration results［J］. Water Research，1995，29（12）：2755 - 2766.

［9］ George B A，Michael T B. Eutrophication model for Lake Washington（USA）：Part Ⅱ - model
calibration and system dynamics analysis［J］. Ecological Modelling ，2005，187（223）：179
- 200.

［10］ Magnus D，DavidI. W，Lars H，et al. A combined suspended particle and phosphorus water
quality model：Application to Lake Vanern［J］. Ecological Modelling，2006，190（122）：55
- 71.

［11］ Hakanson L，Carlsson L. Fish farming in lakes and acceptable total phosphorus loads：Calibra-
tions，simulations and predictions using the LEEDS model in Lake Southern Bullaren，Swe-
den. AquaEcosyst Health Man，1998（1）：9 - 22.

［12］ Hakanson L. Water Pollution - Methods and Criteria to Rank，Model and Remediate Chemical
Threats to Aquatic Ecosystems. Leiden：Backhuys.

［13］ Malmaeus JM，Hakanson L. 2004. Development of a Lake Eutrophication model. Ecol Mod，
1999，171（1）：35 - 63.

［14］ Hā Kanson L，Carlsson L. Fish farming in lakes and acceptable total phosphorus loads：Calibra-
tions，simulations and predictions using the LEEDS model in Lake Southern Bullaren，Sweden
［J］. Aquatic Ecosystem Health & Management，1998，1（1）：1 - 24.

［15］ Håkanson L，Bryhn A. WATER POLLUTION — methods and criteria to rank，model and re-
mediate chemical threats to aquatic ecosystems［J］. Quarterly Review of Biology，1999，26
（26）：225 - 227.

［16］ 刘玉生，唐宗武，韩梅. 生态系统动力学模型在滇池的应用［J］. 环境科学研究，1991（4）：
1 - 7.

［17］ 陈永灿，张宝旭，李玉梁. 密云水库富营养化分析与预测［J］. 水力学报，1998（7）.

［18］ 陈云波. 完全均匀混合质量平衡水质模型在滇池中的应用［J］. 环境科学研究，1999（5）.

［19］ 阮景荣，蔡庆华，刘建康. 东湖磷-浮游植物动态模型［J］. 水生生物学报，1988，12（4）：

289 – 307.

[20] 马生伟，张秀敏. 深水湖泊水质模型研究及其在抚仙湖中的应用 [J]. 云南科学，1997，16 (3)：37 – 39.

[21] 杨具瑞，方铎. 滇池二维分层水质模拟研究 [J]. 环境科学学报，2000，20 (5)：533 – 536.

[22] 洪晓瑜. 利用二维模型求解太湖水质 COD_{Mn} 的研究 [J]. 新疆环境保护，2004，26 (3)：1 – 4.

[23] 邢可霞，郭怀成，孙延枫，等. 流域非点源污染模拟研究——以滇池流域为例 [J]. 地理研究，2005，24 (4)：549 – 55.

[24] 沈一凡. 河流突发污染事故溯源关键技术研究 [D]. 杭州：浙江大学，2016.

[25] Moussa R，Bocquillon C. Approximation zones of the Saint – Venant equations f flood routing with overbank flow [J]. Hydrology & Earth System Sciences & Discussions，2000，4 (2)：251 – 260.

[26] Moussa R，Bocquillon C. Approximation zones of the Saint – Venant equations f flood routing with overbank flow [J]. Hydrology & Earth System Sciences & Discussions，2000，4 (2)：251 – 260.

[27] 闫欣荣，史忠科. 反演-遗传算法在河流水质 BOD – DO 耦合模型参数识别中的应用 [J]. 水资源与水工程学报，2007，18 (2)：41 – 43.

[28] 刘建国，刘建华，郭洪光. 改进的 S – P 模型的参数识别与对比研究 [J]. 长春师范大学学报，2006，25 (12)：16 – 21.

[29] 孙久勋. Thomas – Fermi 模型的相对论修正 [J]. 高压物理学报，1993，7 (1)：47 – 53.

[30] 罗英明，罗麟，程香菊. Dobbins – Camp 水质模型的修正 [J]. 环境科学学报，2003，23 (2)：273 – 275.

[31] 赵秀娟，李树文，袁成稳，等. 多河段 BOD – DO 模拟信息系统研制 [J]. 环境导报，2003 (9)：7 – 8.

[32] 颜润润，逢勇. 基于 EOS/MODIS 资料的太湖藻类动态模拟 [J]. 环境科学与技术，2007，30 (7)：29 – 31.

[33] 廖振良，徐祖信，高廷耀. 苏州河环境综合整治一期工程水质模型分析 [J]. 同济大学学报自然科学版，2004，32 (4)：499 – 502.

[34] 杨家宽，肖波，刘年丰，等. WASP6 预测南水北调后襄樊段的水质 [J]. 中国给水排水，2005，21 (9)：103 – 104.

[35] 喻良. 基于地表水环境模型系统 (SMS) 的城市内河水污染控制研究 [D]. 福州：福州大学，2002.

[36] 金士博. 水环境数学模型 [M]. 北京：中国建筑工业出版社，1987.

[37] 史海鑫，潘文斌. 关于 QUAL 系列模型研究与应用的中文文献统计与分析研究 [J]. 环境科学与管理，2013，38 (9)：71 – 75.

[38] 王长德，宋光爱，张礼卫. 自动闸门步进控制的设计原理 [J]. 中国农村水利水电，1997 (6)：20 – 22.

[39] 韩延成，周黎明. 远距离调水工程的调度运行研究 [C]. 山东水利学会优秀学术. 2004.

[40] 姚雄，王长德，丁志良，等. 渠系流量主动补偿运行控制研究 [J]. 四川大学学报（工程科学版），2008，40 (5)：41 – 47.

[41] 丁志良，王长德，谈广鸣，等. 渠系蓄量补偿下游常水位运行方式研究 [J]. 应用基础与工程科学学报，2011，19 (5)：700 – 711.

[42] 黄会勇，刘子慧，范杰，等. 南水北调中线工程输水调度初始控制策略研究 [J]. 人民长江，

2012，43（5）：13-18.

[43] 侯国祥，张勇传，翁立达，等. 自然河流中污染物排放的一种远区计算模型［J］. 水文，2002，22（1）：23-26.

[44] 王惠中，宋志尧，薛鸿超. 考虑垂直涡黏系数非均匀分布的太湖风生流准三维数值模型［J］. 湖泊科学，2001，13（3）：233-239.

[45] 郭永彬，王焰新. 汉江中下游水质模拟与预测——QUAL2K 模型的应用［J］. 安全与环境工程，2003，10（1）：4-7.

[46] 杨家宽，肖波，刘年丰，等. WASP6 水质模型应用于汉江襄樊段水质模拟研究［J］. 水资源保护，2005，21（4）：8-10.

[47] 韩龙喜，蒋莉华，朱党生. 组合单元水质模型中的边界条件及污染源项反问题［J］. 河海大学学报（自然科学版），2001，29（5）：23-26.

[48] Jin X Q，Vong S W. Conjugate Gradient Method［J］. Wiley Interdisciplinary Reviews Computational Statistics，2009，1（3）：348-353.

[49] Qiu C J，Lei Z，Shao A M. An explicit four-dimensional variational data assimilation method［J］. Science China Earth Sciences，2007，50（8）：1232-1240.

[50] 张向阳，刘鸣. 贝叶斯推理研究综述［J］. 心理科学进展，2002，10（4）：388-394.

[51] Hey J，Nielsen R. Integration within the Felsenstein equation for improved Markov chain Monte Carlo methods in population genetics．［J］. Proceedings of the National Academy of Sciences，2007，104（8）：2785-2790.

[52] 赵昕. 水力学［M］. 北京：中国电力出版社，2009.

[53] 张市芳. 直觉模糊多属性群决策的 VIKOR 方法［J］. 西安工业大学学报，2015（3）：182-185.

[54] 孙红霞，张强. 区间数型模糊 VIKOR 方法［J］. 模糊系统与数学，2011，25（5）：122-128.

[55] 李东，胡铭曾. 一个基于 MPI 网络并行计算的图形函数库［J］. 哈尔滨工业大学学报，1998（6）：98-100.

[56] 汤克明. 分布式并行计算环境 MPIBD 的设计、实现及应用［D］. 扬州：扬州大学，2002.

[57] 张娟娟，万伟锋. 确定河流纵向离散系数的快速 SA 法［J］. 地下水，2005，27（5）：396-398.

[58] 郭建青，王洪胜，李云峰. 确定河流纵向离散系数的相关系数极值法［J］. 水科学进展，2000，11（4）：387-391.

[59] 陈永灿，朱德军. 梯形断面明渠中纵向离散系数研究［J］. 水科学进展，2005，16（4）：511-517.

[60] 林克宝. 应用 ADI 法计算潮流污染扩散的数值分析［J］. 工业工程，1987（1）：1-13.

[61] 姚仕明，张超，王龙，等. 分汊河道水流运动特性研究［J］. 水力发电学报，2006，25（3）：49-52.

[62] 姚仕明，余文畴. 分汊河道水沙运动特性及其对河道演变的影响［J］. 长江科学院院报，2003，20（1）：7-9.

[63] 张秋燕. 河流中污染物输移扩散规律的模拟研究［D］. 哈尔滨：哈尔滨工业大学，2006.

[64] 廖国祥，高振会. 水下溢油事故污染物输移扩散的数值模拟研究［J］. 海洋环境科学，2011，30（4）：578-582.

[65] 余常昭. 水环境中污染物扩散输移原理与水质模型［M］. 北京：中国环境科学出版社，1989.

[66] 郭艳红，邓贵仕. 基于事例的推理（CBR）研究综述［J］. 计算机工程与应用，2004，40（21）：1-5.

［67］ 迟国泰，祝志川，张玉玲. 基于熵权－G1 法的科技评价模型及实证研究［J］. 科学学研究，2008，26（6）：1210－1220.

［68］ 刘仁涛，郭亮，姜继平，等. 环境污染应急处置技术的 CBR－MADM 两步筛选法模型［J］. 中国环境科学，2015，35（3）：943－952.

［69］ 巩奕成. 基于数据驱动和数值分析耦合的水环境决策方法研究［D］. 北京：北京工业大学，2016.

［70］ 陈晓红，阳熹. 一种基于三角模糊数的多属性群决策方法［J］. 系统工程与电子技术，2008，30（2）：278－282.

［71］ 要瑞璞，沈惠璋. 基于区间值三角模糊数的多属性群决策方法［J］. 数学的实践与认识，2015，45（20）：197－203.

［72］ 张利萍，郑彦玲. 一种基于三角模糊数的模糊多属性群决策方法［J］. 数理医药学杂志，2011，24（1）：15－18.

［73］ Opricovic S，Tzeng G H. Extended VIKOR method in comparison with outranking methods［J］. European Journal of Operational Research，2007，178（2）：514－529.

［74］ Sayadi M K，Heydari M，Shahanaghi K. Extension of VIKOR method for decision making problem with interval numbers［J］. Applied Mathematical Modelling，2009，33（5）：2257－2262.

［75］ 夏建军，傅学成，陈涛，等. 围油栏在溢油应急响应中的应用［C］//2011 中国消防协会科学技术年会论文集. 2011.

［76］ 唐思. 流化吸附法去除水中苯酚的材料及工艺研究［D］. 哈尔滨：哈尔滨工业大学，2012.

［77］ 丁爱中，豆俊峰，许新宜，等. 应用于突发性污染河流应急处理的水平流吸附坝：CN201485307U［P］. 2010.

［78］ 刘书明，刘文君，吴雪. 水域除污拦截吸附坝及其拼装组件：CN101761060A［P］. 2010.

［79］ Jie L，Liang G，Jiang J，et al. Emergency material allocation and scheduling for the application to chemical contingency spills under multiple scenarios［J］. Environmental Science & Pollution Research International，2016，24（1）：1－13.